Dreamweaver CC 2018 中文版入门与提高实例教程

三维书屋工作室

杨雪静　张玲　胡仁喜 等编著

机械工业出版社

Adobe Dreamweaver CC 2018 是继 Adobe Dreamweaver CC 2017 之后推出的完美的网站及网络应用程序制作软件，新版本更加易用快捷。本书以理论与实践相结合的方式，循序渐进地讲解了使用 Dreamweaver CC 2018 制作静态、动态网页网站的方法与技巧。

全书分为 3 篇 17 章，全面、详细地介绍了 Dreamweaver CC 2018 的特点、功能、使用方法和技巧。具体内容为：第 1 篇快速入门，介绍了 Dreamweaver CC 2018 最基本的功能，内容包括网页制作基础知识、Dreamweaver CC 2018 简介、网站的构建与管理、HTML 与 CSS 基础、处理文字与图像以及制作超链接。第 2 篇技能提高，介绍了 Dreamweaver CC 2018 的高级功能，内容包括表格与 IFRAME、Div+CSS 布局、应用表单、Dreamweaver 的内置行为、制作多媒体网页、统一网页风格以及动态网页基础。第 3 篇实战演练，介绍了旅游网站、儿童教育网站、时尚资讯网站和电子商务网站 4 个不同风格网站综合实例的详细制作步骤。本书实例丰富、内容翔实、操作方法简单易学，不仅适合对网页制作和网站管理感兴趣的初、中级读者学习使用，也可供从事网站设计及相关工作的专业人士参考。

本书随书配送有电子资料包，内容为综合实例部分所有网页文件的源代码和操作过程录音讲解动画，以及专为教师授课准备的 PPT 文件，供读者学习和教师授课使用。

图书在版编目（CIP）数据

Dreamweaver CC 2018 中文版入门与提高实例教程/杨雪静等编著. —4 版. —北京：机械工业出版社，2019.6
　　ISBN 978-7-111-62599-5

　Ⅰ. ①D… 　Ⅱ. ①杨… 　Ⅲ. ①网页制作工具—教材 　Ⅳ. ①TP393.092.2

中国版本图书馆 CIP 数据核字(2019)第 080446 号

机械工业出版社（北京市百万庄大街 22 号　邮政编码 100037）
策划编辑：曲彩云　　　责任编辑：曲彩云
责任校对：刘秀华　　　责任印制：孙　炜
北京中兴印刷有限公司印刷
2019 年 6 月第 4 版第 1 次印刷
184mm×260mm · 27.25 印张 · 674 千字
标准书号：ISBN 978-7-111-62599-5
定价：99.00 元

凡购本书，如有缺页、倒页、脱页，由本社发行部调换
电话服务　　　　　　　　　　网络服务
服务咨询热线：010-88361066　机工官网：www.cmpbook.com
读者购书热线：010-68326294　机工官博：weibo.com/cmp1952
编辑热线：　　010-88379782　金书网：www.golden-book.com
封面无防伪标均为盗版　　教育服务网：www.cmpedu.com

前 言

随着宽带的普及，上网变得越来越方便，以前只有专业公司才能提供的 Web 服务现在许多普通的宽带用户也能做到。也许你会觉得网页制作很难，然而如果使用 Dreamweaver CC 2018，即使制作一个功能强大的网站也是一件非常容易的事情。

Dreamweaver CC 2018 是著名影像处理软件公司 Adobe 最新推出的网页设计制作工具，是 Dreamweaver CC 2017 的升级版本，是目前较完美的网站制作工具之一。Dreamweaver 是一种专业的 HTML 编辑器，用于对 Web 站点、Web 页和 Web 应用程序进行设计、编码和开发。无论是喜欢直接编写 HTML 代码，还是偏爱"所见即所得"工作环境的用户，Dreamweaver CC 2018 都会为其提供许多方便的工具，助其迅速高效地制作网站。

全书由 3 篇共 17 章组成，全面、详细地介绍了利用 Dreamweaver CC 2018 制作静、动态网页网站的方法与技巧。

第 1 章介绍了网页制作的基础知识，包括网页与网站的关系、网站建设的基本步骤等。

第 2 章简单介绍了 Dreamweaver CC 2018，包括 Dreamweaver CC 2018 的启动、工作界面以及创建与保存文件的方法等。

第 3 章介绍了网站管理的基本知识及构建本地站点的方法，包括站点的概念和功能，站点规划和网站制作流程，创建、删除、修改、编辑和复制本地站点，以及对站点内文件的操作方法等。

第 4 章介绍了 HTML 和 CSS 的基本知识，包括 HTML 语法结构、常用的 HTML 标签的属性及使用方法、CSS 样式的语法规范及创建方法等。

第 5 章介绍了文本与图像的基本操作，包括插入文本、特殊符号和日期，设置文本格式，在网页中应用图像、导入 Fireworks HTML 的方法。

第 6 章介绍了超链接的基本知识及使用方法，包括各种超链接的概念与功能，创建各种超级链接的方法。

第 7 章介绍了表格与 IFRAME 的作用及使用方法，包括插入表格、拆分与合并单元格、复制和粘贴单元格、删除行列以及插入行等操作，设置表格和单元格的属性，导入文本数据到表格和输出表格数据到文本文件，以及使用 IFRAME 显示页面内容等。

第 8 章介绍了 Div+CSS 的基本概念及使用方法，包括 CSS 盒模型的概念、常用的盒模型属性、CSS 层叠顺序、CSS 布局块的创建及常用的 CSS 布局版式等。

第 9 章介绍了表单的基本知识及使用方法。包括表单的创建，各种表单对象的添加及属性设置，以及表单的简单处理等。

第 10 章介绍了内置行为的基本知识及使用方法，包括行为和事件的基本知识、编辑行为、设置和修改行为的属性，以及各个内置行为的使用方法。

第 11 章介绍了图像和声音等媒体的基本知识及使用方法，包括在网页中添加声音和 Flash 对象的方法，以及 HTML5 音频和视频的使用方法。

第 12 章介绍了模板和库的基本知识及使用方法，包括创建模板、定义模板的可编辑区域、可选区域和重复区域，以及库的创建及使用等。

第 13 章介绍了动态网页基础。包括安装配置 IIS 服务器、设置虚拟目录、连接数据库、定义数据源，以及动态文本和动态图像的制作方法。

第 14 章～第 17 章为综合实例，详细介绍了旅游网站、儿童教育网站、时尚资讯网站和电子商务网站 4 个不同风格网站的制作过程。

为了配合学校师生利用本书进行教学，随书配送的电子资料包中包含了所有实例的素材源文件，并制作了全程实例动画 AVI 文件，总时长超过 500min。其内容丰富，是读者配合本书学习提高的最方便的帮手。读者可以登录百度网盘地址 https://pan.baidu.com/s/ 1NZN4PxeIBp9Ol_RXpfdLJw（密码：gwtp）进行下载。

读者还可以登录三维书屋图书学习交流群（QQ：512809405）进行交流，编者随时在线提供本书的学习指导以及诸如软件下载、软件安装、授课 PPT 下载等一系列的后续服务。

本书由杨雪静、张玲、胡仁喜老师主要编写，王敏、康士廷、张俊生、王玮、孟培、王艳池、阳平华、袁涛、闫聪聪、王培合、王义发、王玉秋、刘昌丽、卢园、张日晶、王渊峰、王兵学、孙立明、甘勤涛、李兵、徐声杰、李亚莉等参加了部分章节的编写工作。

书中主要内容来自于编者几年来使用 Dreamweaver 的经验总结，也有部分内容取自于国内外有关文献资料。由于时间仓促，加上编者水平有限，书中不足之处在所难免，望广大读者登录www.sjzswsw.com或联系 win760520@126.com予以指正，编者将不胜感激。

编　者

目　录

前言

第1篇　Dreamweaver CC 2018快速入门

第1章　网页制作基础知识 2

1.1　网页与网站 3

1.2　网站建设的基本步骤 3

1.2.1　确定网站的主题和目标用户 4

1.2.2　规划网站的栏目与版块 5

1.2.3　组织站点结构 6

1.2.4　收集整理建站资源 6

1.2.5　网页版面布局与设计 7

1.2.6　测试网站 9

1.2.7　发布与推广网站 9

第2章　Dreamweaver CC 2018简介 10

2.1　初次启动Dreamweaver CC 2018 11

2.2　Dreamweaver CC 2018的窗口组成 11

2.2.1　菜单栏 12

2.2.2　文档工具栏 13

2.2.3　通用工具栏 15

2.2.4　标准工具栏 15

2.2.5　"插入"面板 16

2.2.6　工作区 17

2.2.7　状态栏 17

2.2.8　"属性"面板 19

2.2.9　浮动面板组 20

2.2.10　标尺、网格与辅助线 22

2.3　文件操作 24

2.3.1　新建、打开文档 24

2.3.2　导入文件 26

2.3.3　保存、关闭文档 26

2.3.4　设置文档属性 27

第3章　网站的构建与管理 29

3.1　站点相关术语 30

3.1.1　Internet服务器和本地计算机 30

3.1.2　本地站点与远端站点 30

3.2　构建本地站点 31

3.3　管理本地站点和站点文件 37

3.3.1　管理站点 37

3.3.2 使用"文件"面板 38

3.3.3 操作站点文件或文件夹 40

3.4 测试站点 41

3.4.1 管理网页链接 42

3.4.2 配置浏览器 43

3.4.3 检查浏览器的兼容性 43

3.5 站点发布 44

3.5.1 配置远程站点 44

3.5.2 上传、下载与同步更新 46

3.6 全程实例——将已有文件组织为站点 48

第4章 HTML与CSS基础 50

4.1 HTML语言概述 51

4.2 HTML的语法结构 52

4.2.1 <标签>对象</标签> 52

4.2.2 <标签 属性1=参数1 属性2=参数2>对象</标签> 53

4.2.3 <标签> 53

4.2.4 标签嵌套 54

4.3 常用的HTML标签 55

4.3.1 文档的结构标签 55

4.3.2 注释标签 56

4.3.3 文本格式标签 57

4.3.4 排版标签 59

4.3.5 列表标签 61

4.3.6 表格标签 62

4.3.7 框架标签 64

4.3.8 表单标签 65

4.3.9 其他标签 68

4.4 CSS规则 71

4.4.1 基本语法规范 72

4.4.2 创建CSS规则 75

4.4.3 定义媒体查询 77

4.4.4 设置CSS属性 80

4.4.5 全程实例——创建样式表 82

4.5 CSS样式的应用 82

4.5.1 变化的鼠标 83

4.5.2 背景不跟随内容滚动 85

第5章 处理文字与图像 87

5.1 在网页中加入文本 88

5.1.1 插入文本 88

5.1.2 设置文本属性 88

5.1.3 创建列表项 91

5.1.4 插入日期 92

5.1.5 全程实例——插入日期时间 94

5.1.6 插入特殊字符 95

5.2 在网页中应用图像 99

5.2.1 网页中可以使用的图像格式 99

5.2.2 插入水平线 100

5.2.3 插入图像 100

5.2.4 设置图像属性 102

5.2.5 设置外部编辑器 103

5.2.6 插入鼠标经过图像 104

5.2.7 导入Fireworks HTML 105

第6章 制作超链接 107

6.1 认识超链接 108

6.2 创建、管理链接 109

6.2.1 创建文本超链接 109

6.2.2 创建图像链接 110

6.2.3 链接到命名锚点 111

6.2.4 创建E-mail链接 112

6.2.5 虚拟链接和脚本链接 114

6.2.6 使用"URLs"面板管理超链接 114

6.3 使用热点制作图像映射 116

6.4 全程实例——制作导航条 117

第2篇 Dreamweaver CC 2018技能提高

第7章 表格与IFRAME 124

7.1 创建表格 125

7.2 设置表格和单元格属性 128

7.3 表格的常用操作 131

7.3.1 选择表格元素 131

7.3.2 调整表格的尺寸、行高和列宽 132

7.3.3 使用扩展表格模式 133

7.3.4 表格数据的导入与导出 135

7.3.5 增加、删除行和列 136

7.3.6 复制、粘贴与清除单元格 138

7.3.7 合并、拆分单元格 138

7.3.8 表格数据排序 140

7.4 表格布局实例 141

7.5 全程实例——使用表格布局主页 145

7.6 创建IFRAME 151

7.7 全程实例——使用IFRAME显示页面 152

第8章 Div+CSS布局 156

8.1 Div+CSS概述 157

8.2 CSS盒模型 158

8.2.1 CSS盒模型简介 158

8.2.2 常用的盒模型属性 159

8.3 CSS层叠顺序 164

8.4 CSS布局块 165

8.4.1 创建Div标签 166

8.4.2 编辑Div标签 167

8.4.3 可视化 CSS 布局块 168

8.5 常用CSS布局版式 170

8.5.1 一列布局 170

8.5.2 两列布局 172

8.5.3 三列布局 174

8.6 Div标签应用实例 176

第9章 应用表单 184

9.1 创建表单网页 185

9.1.1 插入表单 185

9.1.2 文本字段和文件域 188

9.1.3 选择框 190

9.1.4 单选按钮与复选框 192

9.1.5 按钮 195

9.1.6 图像按钮 195

9.1.7 隐藏域 197

9.2 处理表单 197

9.3 全程实例——制作留言板 201

第10章 Dreamweaver的内置行为 207

10.1 事件与动作 208

10.2 "行为"面板 209

10.3 附加行为到页面元素 210

10.4 编辑行为 211

10.5 Dreamweaver CC 2018的内置行为 211

10.5.1 改变属性 211

10.5.2 交换图像/恢复交换图像 213

10.5.3 弹出信息 213

10.5.4 打开浏览器窗口 214

10.5.5 jQuery效果 216

10.5.6 显示-隐藏元素 ……………………………………………………218
10.5.7 检查插件 …………………………………………………………219
10.5.8 检查表单 …………………………………………………………220
10.5.9 设置文本 …………………………………………………………222
10.5.10 调用JavaScript …………………………………………………224
10.5.11 转到URL ………………………………………………………224
10.5.12 预先载入图像 ……………………………………………………225
10.6 全程实例——动态导航图像 ………………………………………226
第11章 制作多媒体网页 ………………………………………………………228
11.1 在网页中使用声音 …………………………………………………229
11.1.1 网页中音频文件的格式 ……………………………………………229
11.1.2 在网页中添加声音 …………………………………………………230
11.1.3 全程实例——背景音乐 ……………………………………………231
11.2 插入Flash对象 ……………………………………………………234
11.2.1 添加Flash动画 ……………………………………………………234
11.2.2 插入Flash视频 ……………………………………………………234
11.3 插入HTML5媒体对象 ……………………………………………236
11.3.1 添加HTML5视频 …………………………………………………237
11.3.2 添加HTML5音频 …………………………………………………238
第12章 统一网页风格 …………………………………………………………239
12.1 模板和库的功能 ……………………………………………………240
12.2 创建模板 ……………………………………………………………241
12.2.1 创建空模板 …………………………………………………………241
12.2.2 将网页保存为模板 …………………………………………………242
12.2.3 定义可编辑区域 ……………………………………………………243
12.2.4 定义可选区域 ………………………………………………………244
12.2.5 定义重复区域 ………………………………………………………246
12.2.6 定义嵌套模板 ………………………………………………………247
12.3 应用模板 ……………………………………………………………249
12.3.1 基于模板创建文档 …………………………………………………249
12.3.2 应用模板到页 ………………………………………………………250
12.3.3 修改模板并更新站点 ………………………………………………252
12.3.4 全程实例——使用模板生成其他页面 ……………………………252
12.4 管理模板 ……………………………………………………………255
12.4.1 重命名模板文件 ……………………………………………………255
12.4.2 删除模板 ……………………………………………………………255
12.4.3 分离文档所附模板 …………………………………………………255
12.5 应用库项目 …………………………………………………………256
12.5.1 "库"面板的功能 …………………………………………………256

12.5.2　创建库项目 257

12.5.3　使用库项目 258

12.6　管理库项目 258

12.6.1　编辑库项目 258

12.6.2　重命名、删除库项目 259

12.6.3　重新创建库项目 259

12.6.4　更新页面和站点 260

12.6.5　将库从源文件中分离 260

12.6.6　全程实例——版权声明 261

12.7　模板与库的应用 263

第13章　动态网页基础 266

13.1　动态网页概述 267

13.2　安装IIS服务器 267

13.3　配置IIS服务器 269

13.4　设置虚拟目录 276

13.5　制作动态网页的步骤 278

13.6　连接数据库 279

13.7　定义数据源 280

13.7.1　定义记录集 281

13.7.2　定义变量 281

13.8　设置实时视图 282

13.9　制作动态网页元素 283

13.10　全程实例——"我的店铺"页面 284

第3篇　Dreamweaver CC 2018实战演练

第14章　旅游网站设计综合实例 294

14.1　实例介绍 295

14.2　准备工作 297

14.3　制作模板 297

14.3.1　制作导航条 297

14.3.2　制作左侧边栏 304

14.3.3　制作正文和右侧边栏 305

14.3.4　制作库项目 310

14.4　制作首页 311

14.5　制作其他页面 312

第15章　儿童教育网站设计综合实例 314

15.1　实例效果 315

15.2　创建站点 317

15.3　制作首页 318

15.4　制作页面布局模板 333

15.4.1 制作库项目 333

15.4.2 制作模板 334

15.4.3 制作嵌套模板 339

15.5 基于模板制作页面 341

15.5.1 制作咨询留言页面 341

15.5.2 制作信息显示页面 344

第16章 时尚资讯网站设计综合实例 346

16.1 实例介绍 347

16.2 准备工作 349

16.3 制作模板 350

16.3.1 设计基本布局 350

16.3.2 制作导航菜单 353

16.3.3 插入模板元素 359

16.3.4 制作嵌套模板 361

16.4 制作库文件 362

16.5 制作网站主页 364

16.6 制作其他页面 368

第17章 电子商务网站设计综合实例 370

17.1 实例介绍 371

17.1.1 客户登录、注销和注册管理 373

17.1.2 客户浏览、查询和选购商品 373

17.1.3 商品展示、添加和信息维护 376

17.1.4 网站配置管理 377

17.2 数据库设计 378

17.3 技术要领 379

17.3.1 #include指令 379

17.3.2 权限控制 380

17.3.3 MD5加密算法介绍 380

17.3.4 实现验证码登录 380

17.4 导航条 382

17.5 客户注册和登录 383

17.5.1 填写注册信息 383

17.5.2 注册信息提交 386

17.5.3 客户登录和注销 390

17.6 客户中心 394

17.6.1 进入客户中心 394

17.6.2 个人资料维护 395

17.6.3 修改密码 397

17.6.4 取回密码 399

    17.6.5 "我的订单"界面 401

    17.6.6 购物车的实现 405

    17.6.7 收货人信息 407

17.7 收藏和购买商品 409

    17.7.1 浏览商品 409

    17.7.2 购买商品 411

    17.7.3 填写收货人信息 412

    17.7.4 订单提交 413

17.8 商品查询 416

    17.8.1 普通查询 416

    17.8.2 高级查询窗口 417

    17.8.3 高级查询处理 418

17.9 信息统计 420

    17.9.1 销售排行 420

    17.9.2 关注排行 421

17.10 程序发布 421

第 1 篇　Dreamweaver CC 2018
快速入门

- 第 1 章　网页制作基础知识
- 第 2 章　Dreamweaver CC 2018 简介
- 第 3 章　网站的构建与管理
- 第 4 章　HTML 与 CSS 基础
- 第 5 章　处理文字与图像
- 第 6 章　制作超链接

第1章　网页制作基础知识

 本章导读

　　本章首先介绍了网页制作的基础知识、基本术语和基本步骤，然后简要介绍了制作网页的常用工具，重点介绍了 Adobe 公司最新推出的 Dreamweaver CC 2018。它涵盖了网页制作与站点管理，是目前使用最多的网页制作工具之一。

 学 习 要 点

📖 网页与网站

📖 网站建设的基本步骤

1.1　网页与网站

在学习网页制作的方法和技巧之前,读者(尤其是网页设计的初学者)很有必要先了解网页与网站的联系与区别。

网页是网络上的基本文档,包含文字、图片、声音、动画、影像以及链接等元素,通过对这些元素进行组合,就构成了包含各种信息的网页。简单地说,通过浏览器在网络上看到的每一个超文本文件都是一个网页,通过超链接连接在一起的若干个网页的集合构成网站。

网站都有一个连接到网络的唯一编码,即IP地址。IP地址由32位二进制数组成,通常把它分为4组,每组8位,每组之间用小数点隔开,如202.14.5.7。由于IP地址非常不便于记忆,所以通常用一串文字来代替,如www.sina.com,这就是域名。域名也必须是唯一的,由固定的网络域名管理组织在全世界范围内进行统一管理。

通常人们看到的网页,都是以.htm、.html和.shtml等为扩展名的文件。在网站设计中,这种纯粹HTML格式的网页通常被称为静态网页。静态网页的内容是固定的,浏览网页内容时,服务器仅仅是将已有的静态HTML文档传送给浏览器供用户阅读。若网站维护者要更新网页的内容,就必须手动更新所有的HTML文档。因此,静态网页的致命弱点就是不易维护,为了不断更新网页内容,就必须不断地重复制作HTML文档。随着网站内容和信息量的日益扩增,网页维护的工作量无疑是非常巨大的。

在HTML格式的网页上,也可以出现各种动态的效果,如.GIF格式的动画、Animate动画和滚动字母等,但这些动态效果只是视觉上的,与下面将要介绍的动态网页是完全不同的概念。

所谓动态网页,是指服务器会针对不同的使用者以及不同的要求执行不同的程序,从而提供不同的服务,一般与数据库有关。这种网页通常在服务器端以扩展名asp、jsp或aspx等存储。动态网页的页面自动生成,无须手工维护和更新HTML文档;不同的时间、不同的人访问同一网址时会产生不同的页面。

动态网页与静态网页的最大不同,就是Web服务器和用户之间的动态交互,这也是Internet强大生命力的体现。

1.2　网站建设的基本步骤

在如今这个Internet时代,网站和个人主页浩如烟海。要使访问者从众多的网站中选择访问您的站点,并不是一件简单的事情。因此,要想设计出达到预期效果的站点和网页,需要在建立网站前对用户需求有深刻理解,明确建设网站的目的,确定网站的功能,确定网站规模、投入费用,进行必要的市场分析等,并对人们上网时的心理进行认真的分析研究。在设计时,遵循一些基本原则和流程也是很有必要的。只有精心的策划,才能避免在网站建设中出现的很多问题,使网站建设能顺利进行。

本书将一个网站实例的制作贯穿各个章节,在讲解各章的知识点的同时,引导读者完成一个个人网站的制作。

Dreamweaver CC 2018 中文版入门与提高实例教程

1.2.1 确定网站的主题和目标用户

一个网站的成功与否，与建站之前的网站规划有着极为重要的关系。建立网站，首先要对网站及网页的内容、风格进行规划。这一阶段的任务主要是明确网站的主题和名称，并对网站的技术可行性、经济可行性和时间可行性进行分析。

网站的主题就是网站要包含的主要内容。内容是网站的根本，一个成功的网站在内容方面一定有独到之处，如新浪的新闻、百度的搜索等。不同的Web站点有不同的浏览群体，特定的浏览群体意味着有特定的主题内容，根据站点服务的对象进行设计定位，才能有的放矢。例如，要设计一个面向年轻人的个人网站，可以通过查资料或调查，了解到年轻人一般都喜欢时尚资讯、在线交流、写博客日志、网上购物等。如果面面俱到，势必要花费很多的时间和精力，而且会导致主题不够明确，所以可以找到一个突破点，如把重点放在博客日志上，以赢得自己特定的用户。

站点的风格是指站点的整体形象给浏览者的感受。整体形象包括站点的CI、版面布局、浏览方式、交互性、文字、语气和内容等诸多因素。风格会极大地影响读者对网站的评价，浏览者不需要任何预先的知识，就可能从Web站点的视觉界面获得主观印象。例如，迪士尼网站的风格是生动活泼的，如图1-1所示；欧珀莱网站的风格是清新漂亮的，如图1-2所示；宝马网站的风格是时尚专业的，如图1-3所示。

图1-1 迪士尼中国官方网站

在定位风格时必须考虑以下几点：

1）确保形成统一的整体和界面风格。网页上所有的图像、文字，包括背景颜色、分隔线、字体、标题和注脚等要形成统一的整体。这种整体的风格要与其他网站的界面风格相区别，形成自己的特色。

2）确保网页界面清晰、简洁、美观。

3）确保视觉元素的合理安排，让访问者在浏览网页的过程中体验到视觉的秩序感、节奏感、新奇感。

风格的形成不是一次定位的，网页设计人员可以在实践中不断强化、调整、修饰，直

到达到独树一帜的境界。

图1-2　欧珀莱中国官方网站

图1-3　宝马中国网站

网页制作基础知识

1.2.2　规划网站的栏目与版块

　　不管是简单的个人主页，还是复杂的、几千个页面的大型网站，对网站的规划都要放到第一步，因为它直接关系到网站的功能是否完善，是否够层次，是否达到预期的目的等。明确了网站的主题和目标用户之后，接下来要依据网站的主题，仔细规划和设计主题中的每个栏目与版块。

　　例如，通常个人网站主要用于展现个人风采，因此网站的主要内容是个人感兴趣的东西，如一些精美的文章、日志、学习笔记、网站相册。制作网站的目的除了展示个人的东西以外，还希望能与其他网友交流，因此可以添加留言板；为了加大网站的访问量，或收

5

藏自己喜欢的素材、网站，可以添加友情链接。如今电子商务盛行，不妨也在个人网站上开一个简单的小店，将自己的商品或需要换购的物品放置在个人网站上。

1.2.3 组织站点结构

组织站点结构是指编排网站文件的目录结构。设置站点的常规做法是在本地磁盘上创建一个包含站点所有文件的文件夹，然后在该文件夹中创建和编辑文档。当准备好发布站点并允许公众查看时，再将这些文件上传到Web服务器上。目录结构的好坏，对站点本身的上传、维护以及以后内容的更新和维护有着重要的影响。

在建立目录结构时，尽量不要将所有文件都存放在根目录下，而是按栏目内容建立子目录。例如，时尚资讯站点可以根据时尚类别分别建立相应的目录，如服饰、家居、音像、美容等相应目录；其他如友情链接等需要经常更新的次要栏目，可以建立独立的子目录。而一些相关性强、不需要经常更新的栏目，如"关于本站""联系我们"等，可以合并放在统一目录下。另外，在每个主目录下都建立独立的images目录，用于存放各个栏目中的图片。在默认情况下，站点根目录下都有images目录，用于存放首页和次要栏目的图片。

此外，为便于维护和管理，建立的目录结构的层次建议不要超过4层，且不要使用中文目录名或过长的目录名。

贯穿本书的网站实例是一个个人介绍性质的网站，主要由4个静态的页面和1个动态的页面组成，因此在建立目录的时候，可以将其中的页面文件直接放在根目录下，所有的图片放在images文件夹中。

由于本例中的动态页面用到了数据库，因此，新建一个名为data的文件夹放置数据库文件。本网站实例将制作6个页面，下面简要介绍各个页面的路径、名称及功能。

1）index.html：网站的主页。

2）write.html：网站栏目"道听途说"的链接目标，用于显示日志或转帖文章。

3）message.html：网站栏目"语过添情"的链接页面，显示一个留言板。浏览者输入留言后单击"提交"按钮，可以将留言发送至网站制作者的邮箱。

4）photo.html：网站栏目"伊人风尚"的链接页面，显示网站相册，并播放背景音乐。

5）images\xiangce\index.html：网站相册的索引页。其中，images\xiangce文件夹是制作网站相册时指定的目标文件夹。images\photo文件夹放置生成相册的源文件。

6）shop.asp：网站栏目"我的店铺"的链接页面，显示数据库中的商品编号、名称、类别及图片。

1.2.4 收集整理建站资源

了解了网站的主要目录结构以后，就可以创建和收集需要的建站资源了，包括图像、文本和媒体。收集了所有这些项目后，将它们分门别类地存放在相应的文件夹中，以便于查找和管理。

一个杰出的网站与实体公司一样，也需要整体的形象包装和设计。准确的、有创意的

CI设计，对网站的宣传推广有事半功倍的效果。在网站主题和名称定下来之后，需要思考的就是网站的标识。

网站的标识，即网站Logo，如同商品的商标，可以使网络浏览者易于识别和便于选择网站。一个好的Logo往往会反映Web及制作者的某些信息，特别是对一个商业Web来讲，可以从中基本了解到这个Web的类型。Logo可以是中文、英文字母，可以是符号、图案，也可以是动物或者人物等。例如，IBM是用IBM的英文作为标志；新浪用字母sina+眼睛作为标志；苹果用一只苹果作为标志，搜狐用一只卡通狐狸作为标志，如图1-4所示。

图1-4　常见的logo

视觉上的吸引仅仅是Web设计的一部分，为了让读者方便地获得信息，在进行Web设计时，Logo的形式应该服从功能，形式的设计应该尽量满足功能所需的简明、清晰。例如，2008年北京奥运会开幕时，Google和百度的首页Logo如图1-5所示。

图1-5　奥运会开幕logo时，Google和百度的首页Logo

为了便于在Internet上传播信息，关于站点的Logo，国际上有一个统一的标准规范。目前网站Logo有以下三种规格：

1）88×31——这是互联网上最普遍的Logo规格，某些收集Logo的站点所收集的均是这种规格的Logo。

2）120×60——这种规格用于一般大小的Logo。

3）120×90——这种规格用于大型Logo。

一个好的Logo应具备以下的几个条件，或者具备其中的几条：

1）符合国际标准。

2）传达网站的类型信息。

3）风格独特、设计精美。

1.2.5　网页版面布局与设计

网站建设的目的是为用户服务，因此应根据网站建设的目的确定网站的布局和功能。例如，建立一个电子商务网站，就要根据消费者的需求、购买力、购买习惯等要素设计网页的功能。

其次，网站上的内容并不是大量信息的简单堆积，而是必须通过一定的形式来体现，

网页制作基础知识

这就是网站结构、页面外观、页面布局等。同时，网页的设计要考虑到网页的加载速度，不能因为网页的加载时间过慢而使网站的"眼球数"大大降低，因此，网页在设计上切忌使用过多、过大的图片和过多的表格嵌套。

常见的网页布局形式大致有"厂"字型、"口"字型、"同"字型、海报型、"三"字型和"框架"型。

1．"厂"字型

这种布局最上方是标题和广告条，页面下方左边是菜单，右边显示页面内容，整体上类似汉字"厂"。这种布局条理清晰、主次分明，非常适合初学者学习，但略微有点呆板。

2．"口"字型

这种布局类似一个方框，上方是标题或广告条，下方是版权信息，左面是菜单，右面是友情链接，中间是网页效果与主要内容，页面布局紧凑、信息丰富，但四面封闭，给人一种压抑的感觉。

3．"同"字型

这是一些大型网站首页常用的类型，在网页最上面是网站的标题以及banner广告条，接下来就是网站的主要内容，左右分列一些二级栏目或热点内容，中间是主要部分，与左右一起罗列到底，最下面是网站的一些基本信息、联系方式、版权声明等。

4．海报型

这种布局就像人们平时见到的海报一样，中间是一幅很醒目、设计非常精美的图片，周围点缀着一些图片和文字链接，如图1-6所示。这种设计常用于一些时尚类网站和公司网站的首页，非常吸引人。但大量的运用图片会导致网页下载速度很慢，而且提供的信息量较少。

图1-6 海报型布局

5．"三"字型

上面是标题或广告条一类的内容，下面是正文，一些文章页面或注册页面通常采用这种页面布局方式。

6．"框架"型

这是一种分为左右两栏的结构，一般左边是导航链接，右边是正文，大部分的论坛都采用这种结构，有一些企业网站也喜欢采用。这种类型结构非常清晰，一目了然。

Chapter 01

总之，网页布局设计要按照网站的实际情况，根据网站受众的喜好来设计，这样才能使网站受到更多人的欢迎。设计版面布局之前可以先画出版面的布局草图，接着对版面布局进行细化和调整，确定最终的布局方案。

1.2.6　测试网站

在确定网页的目标、功能、风格，并整理好素材后，就可以采用多种方法和网页制作工具进行制作网页了。同时，为了保证网页的正确性，制作完所有页面后，还需要对设计的网页进行审查和测试，主要进行网页的功能性测试、完整性测试和安全性测试。

1.2.7　发布与推广网站

完成上面的几个步骤后，就可以将网站发布到Internet中，供网友访问。在发布网站之前，必须先申请域名和空间，以标识和存放网站。

域名是网站在网络上存在的标志，对于企业具有重要的作用，被誉为网络时代的"环球商标"，一个好的域名可以大大增加企业在互联网上的知名度。

申请空间和域名后，就可以将网站上传到服务器，让浏览者看到。读者可以利用FTP软件，也可以使用Dreamweaver进行上传。有关用Dreamweaver上传、发布网站的具体操作步骤请参见本书第3章的介绍。

网站做好后必须推广才能为更多的网民所知道，推广网站的目的是提高网站的访问量并达到利用网络进行营销的目的。网站推广的手段有很多，主要的推广技巧有：搜索引擎注册、电子邮件宣传、BBS宣传、注册加入行业网站、网站合作、论坛留言、新闻组、互换广告条、传统方式推广和网络广告等。由于篇幅限制，关于网站推广本书不做详细介绍，感兴趣的读者可以参阅相关资料。

网页制作基础知识

第 2 章　Dreamweaver CC 2018 简介

本章导读

　　Dreamweaver 是一款用于网页制作和站点管理的"所见即所得"的网页编辑工具。它将可视布局工具、应用程序开发功能和代码编辑支持组合在一起，使得各个层次的开发人员和设计人员都能够快速创建界面精美的、基于标准的网站和应用程序，其直观性与高效性是很多网页编辑工具无法比拟的。

- 📖 初次启动 Dreamweaver CC 2018
- 📖 Dreamweaver CC 2018 的窗口组成
- 📖 文件操作

Dreamweaver CC 2018中文版入门与提高实例教程

2.1 初次启动 Dreamweaver CC 2018

安装完Dreamweaver CC 2018简体中文版之后，执行"开始"/"程序"/"Adobe Dreamweaver CC 2018"命令，或在Adobe Creative Cloud客户端界面的"Apps"面板中找到Dreamweaver，然后单击"打开"按钮，即可启动Dreamweaver CC 2018简体中文版。

为帮助用户快速适应Dreamwoavor CC 2018工作区中的更改，初次启动时，Adobe提供了"首次使用体验"（见图2-1），用户可以快速找到适合的工作区和主题选项。

图2-1　首次使用体验

Dreamweaver CC 2018默认的颜色主题为黑色，为便于标识界面元素，本书选择浅色的颜色主题。

2.2 Dreamweaver CC 2018 的窗口组成

启动Dreamweaver CC 2018简体中文版（以下简称Dreamweaver CC 2018）之后，默认显示Dreamweaver CC 2018的欢迎界面，如图2-2所示。

该界面用于打开最近使用过的文档或创建新文档，还可以从中通过产品介绍或视频教程了解关于Dreamweaver的更多信息。如果不希望每次启动时都打开这个界面，可以在"首选项"/"常规"对话框中修改设置。

单击欢迎界面上"新建"栏目下所需的文档类型，或执行"文件"/"新建"命令，在打开的"新建文档"对话框中选择"新建文档"类别的HTML基本项，然后选择框架栏的

Dreamweaver CC 2018 简介

Dreamweaver CC 2018 中文版入门与提高实例教程

"无"，单击"创建"按钮进入Dreamweaver CC 2018的工作界面，如图2-3所示。

图2-2　Dreamweaver CC 2018欢迎界面

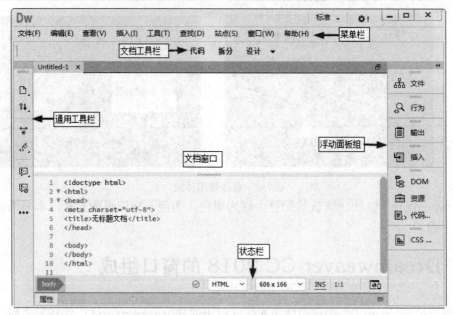

图2-3　Dreamweaver CC 2018的工作界面

2.2.1 菜单栏

通常，从一个软件菜单的多少可以看出这个软件功能的大小。同样，从Dreamweaver CC 2018的菜单可以看出其功能的庞大和完善。与大多数软件类似，Dreamweaver CC 2018的

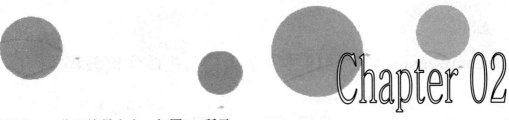

菜单栏位于工作环境最上方，如图2-4所示。

文件(F)　编辑(E)　查看(V)　插入(I)　工具(T)　查找(D)　站点(S)　窗口(W)　帮助(H)

图2-4　菜单栏

2.2.2　文档工具栏

Dreamweaver CC 2018的文档工具栏主要集中了视图切换的命令，可以用不同的方式来查看文档窗口或者预览设计效果，如图2-5所示。

代码　拆分　设计　▼

图2-5　文档工具栏

执行"窗口"/"工具栏"/"文档"菜单命令，可以打开或关闭文档工具栏。

该工具栏中各个图标按钮的功能简述如下：

● **代码**：切换到"代码"视图，显示当前文档的代码，如图2-6所示。在"代码"视图中可以编辑插入的脚本，对脚本进行检查、调试等。

图2-6　"代码"视图

● **设计**：切换到"设计"视图，显示的内容与浏览器中显示的内容相同，如图 2-7 所示。

在"设计"视图中，使用Dreamweaver CC 2018提供的工具或命令，读者可以方便地进行创建、编辑文档的各种工作，即使完全不懂HTML代码的读者也可以制作出精美的网页。

● **拆分**：在同一屏幕中显示"代码"视图和"设计"视图。

在制作网页时，有时候可能要兼顾设计样式和实现代码，这时候就需要代码与设计同屏显示。单击按钮 **拆分**，就可以实现这个功能，如图2-8所示。

同一文档的两种视图在同一窗口中对照显示，并且选中"设计"视图或者"代码"视图中的网页元素时，另一视图中会选中相同的部分。执行"查看"/"拆分"/"顶部的设计视图"菜单命令，可以上下调换设计视图和代码视图的位置。

Dreamweaver CC 2018 简介

图2-7 "设计"视图

图2-8 "代码"/"设计"视图

执行"查看"/"拆分"/"垂直拆分"菜单命令,可以垂直分割文档窗口,即"代码"视图和"设计"视图以垂直对比的方式呈现。执行"查看"/"拆分"/"左侧的设计视图"菜单命令,可以左右调换"设计"视图和"代码"视图的位置。

● **实时视图**:单击该按钮,可以在不打开浏览器窗口的情况下实时预览页面的效果。

"实时视图"与"设计"视图的不同之处在于,它提供页面在某一浏览器中的不可编辑的、更逼真的外观呈现。事实上,从"设计"视图切换到"实时视图",只是在可编辑的"设计"视图和不可编辑的"设计"视图之间进行切换,"代码"视图保持可编辑状态,因此可以更改代码,然后刷新"实时视图",呈现的屏幕内容会立即反映出对代码所做的更改。

2.2.3 通用工具栏

通用工具栏位于界面左侧，主要集中了一些与查看文档、在本地和远程站点之间传输文档以及与代码编辑有关的常用命令，如图2-9所示。

> **注意：**
> 视图和工作区模式不同，通用工具栏上显示的工具也会有所不同。

- 📄：单击该按钮显示当前打开的所有文档列表。
- ↕️：单击该按钮弹出文件管理下拉菜单。
- 🔆：扩展全部代码。
- 🔧：格式化源代码。
- 💬：应用注释。
- 💬：删除注释。
- •••：自定义工具栏。单击该按钮打开"自定义工具栏"对话框，如图 2-10 所示。在工具列表中勾选需要的工具左侧的复选框，即可将工具添加到通用工具栏中。

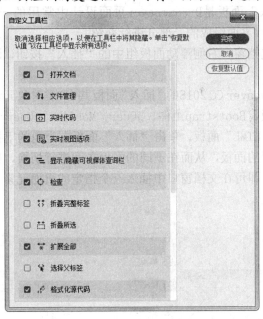

图2-9　通用工具栏　　　　　　　　图2-10　"自定义工具栏"对话框

2.2.4 标准工具栏

标准工具栏用于提供常用的页面操作工具，默认情况下，标准工具栏不显示。执行"窗口"/"工具栏"/"标准"命令，可以打开或关闭Dreamweaver CC 2018的标准工具栏，如图2-11所示。

图2-11　标准工具栏

该工具栏中各个图标按钮的功能如下：

- ：单击该按钮打开"新建文档"对话框。
- ：打开一个文档。
- ：保存当前文档。
- ：保存所有在 Dreamweaver 中打开的文档。
- ：打印代码。
- ：剪切当前所选内容。
- ：复制当前所选内容。
- ：粘贴剪贴板中的内容。
- ：还原上一步操作。
- ：重做上一步操作。

2.2.5 "插入"面板

"插入"面板是Dreamweaver页面设计中常用的一个工具面板，因此本书将其作为Dreamweaver界面组成的一部分进行介绍。

单击文档窗口右侧浮动面板组中的"插入"按钮，即可弹出"插入"面板，如图2-12所示。

Dreamweaver CC 2018的"插入"面板共有7类对象元素，包含一些最常用的项目：HTML、表单、模板、Bootstrap组件、jQuery Mobile、jQuery UI和收藏夹。"插入"面板的初始视图为"HTML"面板，单击"插入"面板左上角的下拉箭头按钮，可在弹出的下拉列表中选择需要的面板，从而在不同的面板之间进行切换，如图2-13所示。单击面板上的元素图标按钮，即可在文档窗口中插入一个指定的页面元素。

图2-12　"插入"面板　　　　　　　　　　图2-13　在不同面板之间进行切换

默认状态下，"插入"面板中的对象图标显示右侧标签，如图2-14所示。如果单击"插入"面板右上角的选项按钮 ，在弹出的下拉列表中选择"隐藏标签"命令，则只显示对

象图标而不显示图标右侧的标签，如图2-15所示。

图2-14　显示标签

图2-15　隐藏标签的"HTML"插入面板

2.2.6　工作区

　　文档窗口是Dreamweaver的主工作区，用于显示当前创建或者编辑的文档，可以根据用户选择的显示方式不同而显示不同的内容。如图2-16所示，界面中显示设计或代码的区域即为工作区。

图2-16　工作区

　　整个文档窗口可以分为左右两大部分，左边是工作区，右边是提供帮助的浮动面板组。展开右侧的浮动面板组之后，拖动两部分中间的分界栏可以调整左右两部分的宽度。

2.2.7　状态栏

　　Dreamweaver CC 2018的状态栏位于文档窗口底部，嵌有几个重要的工具，如图2-17所示，分别用于显示和控制文档源代码、显示页面大小等。

　　下面对状态栏中的各个工具进行简单的介绍。

Dreamweaver CC 2018 简介

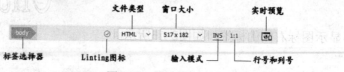

图2-17　状态栏

● 标签选择器

显示当前选定内容的标签的层次结构。单击一个标签，可以选中页面上相应的区域。例如，单击<body>标签可以选择文档的全部正文。

● Linting图标

调试网页或网页的一部分代码以查找任何语法或逻辑错误，是一个极其艰苦和耗时的过程，尤其是在实施项目比较复杂的情况下。Dreamweaver CC 2018支持Linting，使常见错误的代码调试变得简单轻松。HTML语法错误、CSS（层叠样式表）中的分析错误或JavaScript文件中的警告，都是Dreamweaver中的Linting要标记的内容。

状态栏中的Linting图标指示Linting结果：红色⊗表示当前文档包含错误和警告，绿色⊘表示当前文档没有错误。

当文档中有错误或警告时，单击状态栏上的Linting图标，可以打开"输出"面板。双击"输出"面板中的消息可跳转到发生错误的行。修复错误后，面板中的列表会滚动以显示下一组错误。在"代码"视图中，将鼠标悬停在错误行的行号上可以查看错误或警告预览。

● 文件类型

为指定的文件类型更改代码着色。

● 窗口大小

单击窗口大小区域的下拉按钮，可弹出如图2-18所示的窗口大小菜单。该菜单仅在"设计"视图下可用，用于调整文档窗口的大小到预定义或自定义的尺寸，以像素为单位。

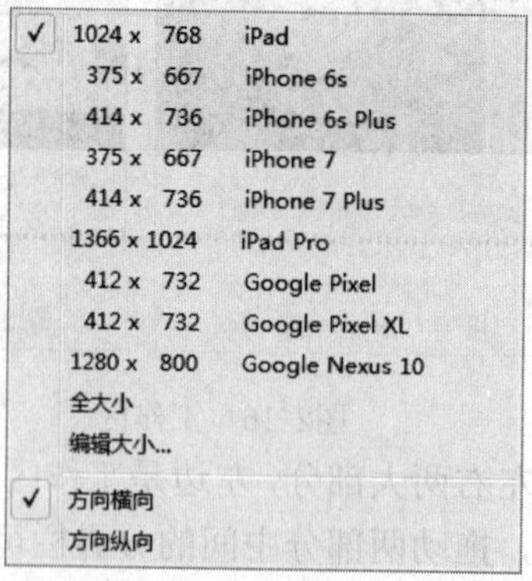

✓	1024 x 768	iPad
	375 x 667	iPhone 6s
	414 x 736	iPhone 6s Plus
	375 x 667	iPhone 7
	414 x 736	iPhone 7 Plus
	1366 x 1024	iPad Pro
	412 x 732	Google Pixel
	412 x 732	Google Pixel XL
	1280 x 800	Google Nexus 10
	全大小	
	编辑大小…	
✓	方向横向	
	方向纵向	

图2-18　窗口大小菜单

通过窗口大小菜单，网页设计者可以查看页面在不同分辨率下的视图显示情况。显示的窗口大小反映浏览器窗口的内部尺寸（不包括边框），更改设计视图或实时视图中页面的视图大小时，仅更改视图大小的尺寸，而不更改文档大小。除了预定义和自定义大小，Dreamweaver还会列出在媒体查询中指定的大小。选择与媒体查询对应的大小后，Dreamweaver将使用该媒体查询显示页面。在大多数先进的移动设备中，可根据设备的持

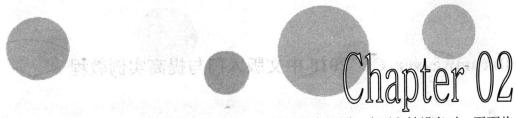

握方式更改页面方向。以垂直方向把握设备时，显示纵向视图；水平翻转设备时，页面将重新调整自身，以适合横向尺寸。在Dreamweaver中，实时视图和设计视图中都提供纵向或横向查看页面的选项，使用这些选项可预览用于移动设备的页面。

注意:
在 Windows 中，选中"全大小"可以将文档窗口最大化，填充集成窗口的整个文档区域，此时无法调整它的大小。

● 输入模式

输入代码时，在INS（插入）模式和OVR（覆盖）模式之间切换。

● 行号和列号

指示鼠标指针所在的行和列。

● 实时预览

在浏览器或设备中预览页面效果。单击"实时预览"按钮 📷，可弹出如图2-19所示的下拉菜单。默认情况下，将启动Internet Explorer预览网页。单击"编辑列表"按钮，将弹出"首选项"/"在浏览器中预览"对话框。在该对话框中，可以添加浏览器，并指定主浏览器和次浏览器。

图2-19　实时预览选项

此外，Dreamweaver CC 2018支持在多个设备上同时预览、测试网页，且无须安装任何移动应用程序或将设备物理连接到桌面。在桌面上触发的实时检查会反映在所有已连接设备上，以帮助用户检查各种元素，并按需要调整设计。

2.2.8　"属性"面板

默认情况下，Dreamweaver CC 2018不显示"属性"面板，可执行"窗口"/"属性"命令打开属性面板。在文档窗口中选中一个对象之后，"属性"面板将显示被选中对象的属性，如图2-20所示。

不同的对象有不同的属性，因此选中不同对象时，"属性"面板显示的内容是不相同的。

Dreamweaver CC 2018 中文版入门与提高实例教程

图2-20 "属性"面板

单击"属性"面板右上角的选项菜单按钮☰，在弹出的下拉列表中选择"关闭"或"关闭标签组"命令则可以在界面上隐藏"属性"面板。

单击"属性"面板右上方的图标⑦，可以打开Dreamweaver CC 2018的在线帮助页面，并显示与当前操作相关的帮助信息。

单击"属性"面板右侧的图标✍，可以打开快速标签编辑器，编辑页面标签。

"属性"面板一般分成上下两部分，单击面板右下角的折叠按钮▲可以关闭"属性"面板的下半部分，如图2-21所示。

图2-21 下半部分折叠后的属性面板

此时，折叠按钮▲变成展开按钮▼，单击此按钮可以重新打开"属性"面板的下半部分。

2.2.9 浮动面板组

在Dreamweaver CC 2018工作环境的右侧存在着许多浮动面板。在默认情况下，浮动面板成组排列于工作环境的右侧，并且自动对齐。这些面板可以自由地在界面上拖动，也可以将多个面板组合在一起，成为一个选项卡组。

在菜单栏中的"窗口"下拉菜单中单击面板名称，可以打开或者关闭浮动面板。例如，要打开"行为"面板，可以执行"窗口"/"行为"命令。

下面简要介绍一下几个常用面板的功能。

- CSS 设计器：定义、编辑媒体查询和 CSS 样式。
- CSS 过渡效果：创建 CSS 过渡效果。使用 CSS 过渡效果可将平滑属性变化应用于页面元素，以响应触发器事件，如悬停、单击和聚焦。
- jQuery Mobile 色板：使用此面板可以在 jQuery Mobile CSS 文件中预览所有色板（主题），或从 jQuery Mobile Web 页的各种元素中删除色板。使用此功能还可将色板逐个应用于标题、列表、按钮和其他元素。
- 文件：管理本地计算机的文件及站点文件。
- 资源：管理站点资源，如模板、库文件、各种媒体、脚本等。
- 代码片断：收集、分类一些非常有用的小代码，以便以后反复使用。
- 属性：检查和编辑当前选定页面元素（如文本和插入的对象）的最常用属性。"属性"面板的内容根据选定的元素的不同会有所不同。
- Extract：提取 Photoshop 复合中的 CSS、图像、字体、颜色、渐变和度量值，直接添加到网页中，Web 设计人员和开发人员能够在编码环境中直接应用设计信息，

20

- DOM: 呈现包含静态和动态内容的交互式 HTML 树，直观地在实时视图中通过 HTML 标记以及 CSS 设计器中所应用的选择器对元素进行映射。在 DOM 面板中编辑 HTML 结构，可在实时视图中查看即时生效的更改。
- Git: 用于对网站资源进行版本管理。可以使用文件名搜索存储库中的文件，并在搜索结果中查看文件的状态，帮助用户跟踪已暂存、已修改和未跟踪的文件。
- 行为: 为页面元素添加、修改 Dreamweaver 预置的行为和事件。
- 结果: 用于显示代码检查、代码验证、查找和替换的结果，还可以检查各种浏览器对当前文档的支持情况、检验是否存在断点链接、生成显示站点报告、记录 FTP 登录和操作信息，以及站点服务器的测试结果。
- 代码检查器: 在单独的编码窗口中查看、编写或编辑代码，就像在"代码"视图中工作一样。还可以查看代码中所有 JavaScript 或 VBScript 函数的列表，并跳转到其中的任意函数。

从上面的介绍可以看出，Dreamweaver的浮动面板功能极其强大。Dreamweaver三个重要的功能分别是网页设计、代码编写和应用程序开发，同样，浮动面板也可以这样分类。

下面以将"插入"面板从"文件"面板组中拆分出来，然后合并到"CSS设计器"面板组为例，详细介绍拆分和组合面板的操作方法。

1. 执行"窗口"/"插入"命令，打开"插入"面板。

2. 单击"插入"面板的标签，按下鼠标左键，然后将其拖动到合适的位置，如图2-22所示。释放鼠标后，"插入"面板便成为一个独立的面板，可以在工作界面上随意拖动。

3. 单击"插入"面板的标签，按下鼠标左键，然后将其拖动到浮动面板组中"CSS设计器"面板处，此时，"CSS设计器"面板顶端将以蓝色显示，如图2-23左图所示，表示"插入"面板将到达的目的位置。释放鼠标，即可将"插入"面板重新排列在浮动面板中，如图2-23右图所示。

在图2-23右图中可看出，"插入"面板已与"CSS设计器"面板组合成一个面板，单击面板组顶端的标签，即可在"插入"面板和"CSS设计器"面板之间进行切换。

在实际使用中，用户应该根据自己的设计习惯，将常用的面板组合在一起，并放在适当的地方，以配置出最适合个人使用的工作环境。

图2-22　分离出的"插入"面板

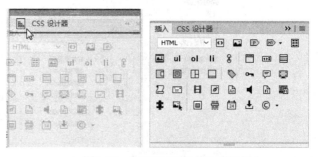

图2-23　与"CSS设计器"面板组合

Dreamweaver CC 2018 简介

21

2.2.10 标尺、网格与辅助线

使用标尺、网格和辅助线可以很方便地布局对象，并能了解编辑对象的位置。

1. 标尺

执行"查看"/"设计视图选项"/"标尺"/"显示"命令，如图2-24所示，即可显示标尺。在文档编辑窗口拖动鼠标时，在标尺上能查看到当前鼠标位置的坐标。再次选择"查看"/"设计视图选项"/"标尺"/"显示"命令可以隐藏标尺。在"查看"/"设计视图选项"/"标尺"命令中，还可以根据设计需要设置标尺的原点位置和单位，如图2-24所示。

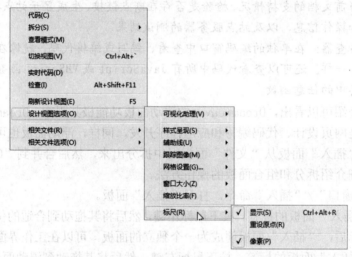

图2-24 标尺菜单项

2. 网格

网格是文档窗口中纵横交错的直线，通过网格可以精确定位图像对象。

执行"查看"/"设计视图选项"/"网格设置"/"显示网格"命令，如图2-25所示，即可在文档编辑窗口中显示网格。

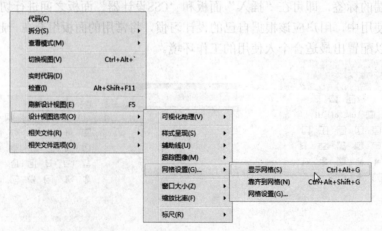

图2-25 网格菜单项

执行"查看"/"设计视图选项"/"网格设置"/"靠齐到网格"命令，在文档中创建或移动对象时，就会自动对齐距离最近的网格线。

执行"查看"/"设计视图选项"/"网格设置"/"网格设置"命令，在弹出的"网格设置"对话框中可以设置网格的参数，如颜色、间隔和线型。

3．辅助线

使用辅助线可以精确地排列图像，标记图像中的重要区域。将鼠标移到标尺上，按住鼠标左键拖动到文档中合适的位置释放，即可添加辅助线。在拖动辅助线的过程中，会显示位置信息，如图2-26所示。

图2-26　添加辅助线

在页面上添加辅助线之后，将鼠标指针移到辅助线上，也会显示位置信息。用户还可以根据需要对辅助线进行编辑。常用的编辑操作简要介绍如下：

（1）移动辅助线　将鼠标指针移到辅助线上，当鼠标指针变成双箭头时拖动辅助线，可改变辅助线的位置。如果要精确定位辅助线，可以双击辅助线，在弹出的"移动辅助线"对话框中输入辅助线的具体位置，如图2-27所示，即可将辅助线移到指定的位置。

图2-27　"移动辅助线"对话框

（2）锁定辅助线　执行"查看"/"设计视图选项"/"辅助线"/"锁定辅助线"命令，可锁定辅助线，锁定后的辅助线不能被移动。再次选中该命令，可解除对辅助线的锁定。

（3）删除辅助线　将鼠标移到辅助线上，然后按下鼠标左键将其拖动到文档范围之外即可。执行"查看"/"设计视图选项"/"辅助线"/"清除辅助线"命令，可以删除页面上的所有辅助线。

（4）显示/隐藏辅助线　执行"查看"/"设计视图选项"/"辅助线"/"显示辅助

线"命令即可。

（5）对齐辅助线　执行"查看"/"设计视图选项"/"辅助线"/"靠齐辅助线"命令，在文档中创建或移动对象时，就会自动对齐距离最近的辅助线。执行"查看"/"设计视图选项"/"辅助线"/"辅助线靠齐元素"命令，则创建辅助线时，会自动对齐距离最近的页面元素。

（6）编辑辅助线　执行"查看"/"设计视图选项"/"辅助线"/"编辑辅助线"命令，在弹出的"辅助线"对话框中可以设置辅助线的各项参数，包括辅助线的颜色等。

2.3　文件操作

Dreamweaver的文件操作可以看作是制作网页的基本操作，它包括新建文件、打开文件、导入文件、保存和关闭文件、设置文档属性等。下面分别进行说明。

2.3.1　新建、打开文档

创建新的网页文件，有以下两种方法：

1）执行"文件"/"新建"命令，在弹出的"新建文档"对话框中选择文件的类型和框架，然后单击"创建"按钮，即可创建新文件。

Dreamweaver CC 2018集成了Bootstrap框架，在"框架"列表中选择"Bootstrap"，可以创建一个基于Bootstrap框架的HTML文档，然后使用Dreamweaver中的CSS和"HTML"插入面板中的Bootstrap组件即可创建快速响应网站。如果有Photoshop复合，还可以使用Extract将图像、字体、样式、文本等导入到Bootstrap文档中。

在Dreamweaver中创建和设计Bootstrap文档的过程与流体网格文档类似。不同的是，流体网格文档针对三个基本外形规格（手机、平板电脑和台式机）创建，而Bootstrap针对四个基本屏幕大小（小、中、大和特大）创建文档，如图2-28所示。

> **提示：**创建站点时，Dreamweaver CC 2018 默认使用 Bootstrap 4.0.0。如果要使用 Bootstrap 3.3.7，可以打开"站点设置"/"高级设置"/"Bootstrap"对话框进行修改。

2）如果要基于网站模板创建文档，则先在"新建文档"对话框中单击"网站模板"标签，切换到如图2-29所示的对话框。

在该对话框中单击模板所在的站点，然后再选择需要的模板文件。这时用户可以通过预览区域浏览模板的样式，看是否符合自己的要求。选择需要使用的模板后，单击"创建"按钮，即可基于选定的模板创建一个新文档。

此外，Dreamweaver CC 2018预置了能够及时响应的启动器模板：基本布局、Bootstrap模板、响应式电子邮件和快速响应启动器。使用这些模板创建流行主题的网页时，框架中的所有依赖文件都可供复制使用，布局及其内容会自动适应用户的查看装置（台式机、绘

图板或智能手机），从而创建跨平台和跨浏览器的兼容性网页，提高工作效率。

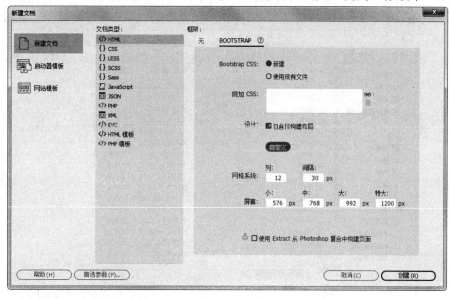

图2-28　创建基于Bootstrap框架的HTML文档

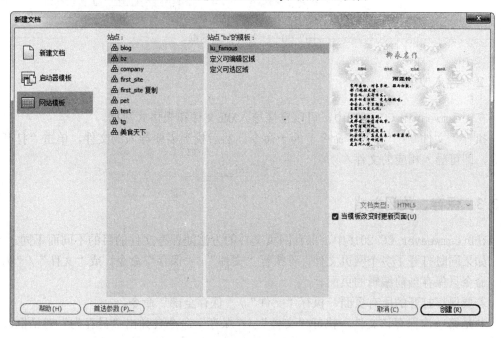

图2-29　"新建文档"对话框

如果要编辑一个网页文件，必须先打开该文件。Dreamweaver CC 2018可以打开多种格式的文件，如htm、html、shtml、asp、php、js、dwt、xml、lbi、as、css等。执行"文件"/"打开"命令，弹出"打开"对话框，如图2-30所示。

"打开"对话框与其他的Windows应用程序一样，可以在该对话框中选中要打开的文件名，然后单击"打开"按钮即可打开该文件；也可通过在该对话框中双击所需的文件来将其打开。

图2-30　"打开"对话框

2.3.2　导入文件

在Dreamweaver CC 2018中，可以直接导入XML文件和表格式数据。

执行"文件"/"导入"命令下的子命令，然后找到需要导入的文件，单击"打开"命令，即可导入相应的文件。

2.3.3　保存、关闭文档

在Dreamweaver CC 2018中，保存网页文件的方法随保存文件的目的不同而不同。

如果同时打开了多个网页文件，可执行"文件"/"保存"命令，或"文件"/"另存为"命令只保存当前编辑的页面。

若要保存打开的所有页面，执行"文件"/"保存全部"命令。

若是第一次保存该文件，执行"文件"/"保存"命令会弹出"另存为"对话框。若文件已保存过，则执行"文件"/"保存"命令时，直接保存文件。

如果希望将一个网页文档以模板的形式保存，可切换到要保存的文档所在的窗口，执行"文件"/"另存为模板"命令，打开"另存模板"对话框，在"站点"下拉列表框中选择保存该模板文件的站点，然后在"另存为"右侧的文本框中输入文件的名称，最后单击"保存"按钮。

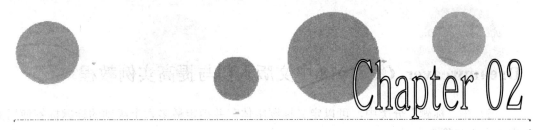

提示： 第一次保存模板文件时，Dreamweaver CC 2018 将自动为站点创建 Templates 文件夹，并把模板文件存放在该文件夹中。不要把非模板文件存放到此文件夹中。

2.3.4 设置文档属性

页面标题、背景图像和颜色、文本和链接颜色以及边距是每个Web文档的基本属性。一般情况下，新建一个网页文件后，其默认的页面属性都不符合设计需要。可以通过设置文档的页面属性来自定义页面外观。操作步骤如下：

1）在Dreamweaver中打开要修改页面属性的网页文件。

2）执行"文件"/"页面属性"命令，在弹出的"页面属性"对话框中对页面的外观、链接、标题和编码、跟踪图像进行设置，如图2-31所示。

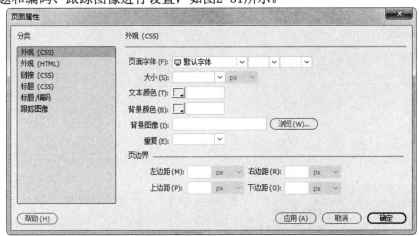

图2-31 "页面属性"对话框

3）在"外观"分类中，可以设置页面字体、大小、文本颜色、背景颜色以及背景图像的填充方式和页边距。页边距是指页面文档主体部分与浏览器上、下、左、右边框的距离。

如果同时使用背景图像和背景颜色，下载图像时会先出现颜色，然后图像覆盖颜色。如果背景图像包含透明像素，则背景颜色会透过背景图像显示出来。

默认情况下，Dreamweaver使用CSS指定页面属性。如果选择使用HTML指定页面属性，属性面板仍然显示"样式"弹出式菜单，不过，字体、大小、颜色和对齐方式控件将只显示使用HTML标签的属性设置，应用于当前选择的CSS属性值将是不可见的，且"大小"弹出式菜单也将被禁用。

4）在"链接"分类中，可以定义链接的默认字体、字号、颜色，以及链接文本不同状态下的颜色、修饰样式。

5）在"标题"分类中，可以定义标题字体，并指定最多六个级别的标题标签使用的字体大小和颜色。

6）在"标题/编码"分类中，可以指定页面在浏览器窗口或编辑窗口中显示的标题、所用语言的文档编码类型、以及指定要用于该编码类型的Unicode范式。

7）在"跟踪图像"分类中，可以指定跟踪图像及图像的透明度。

跟踪图像是Dreamweaver一个非常有用的功能，是放在文档窗口背景中的、使用各种绘图软件绘制的一个想象中的网页排版格局图，可以是JPEG、GIF或PNG图像，从而可以使用户非常方便地定位文字、图像、表格、布局块等网页元素在页面中的位置。

跟踪图像仅在Dreamweaver中可见，也就是说，使用了跟踪图像的网页在用Dreamweaver编辑时不会显示背景图案，但使用浏览器预览页面时，显示背景图案，而跟踪图像不可见。

8）设置完毕后，单击"确定"按钮关闭对话框。所做设置将应用于当前文档。

第 3 章　网站的构建与管理

本章导读

　　Dreamweaver CC 2018 不仅提供网页编辑特性，而且带有强大的站点管理功能。用户可以首先在本地计算机的磁盘上创建本地站点，从全局控制站点结构，管理站点中的各种文档，设置文档资源和链接路径等，然后上传到服务器，供其他人浏览。

- 📖 站点相关术语
- 📖 构建本地站点
- 📖 管理本地站点和站点文件
- 📖 测试站点
- 📖 站点发布
- 📖 全程实例——将已有文件组织为站点

3.1 站点相关术语

在构建网站之前，需要先了解几个与站点相关的基本概念。如Internet服务器、本地计算机、本地站点和远端站点。下面分别进行简要介绍。

3.1.1 Internet 服务器和本地计算机

Internet服务器是网络上一种为客户端计算机提供各种Internet服务（包括WWW、FTP、E-mail等）的高性能计算机，在网络操作系统的控制下，将与其相连的硬盘、磁带、打印机、Modem及各种专用通信设备提供给网络上的客户站点共享，也能为网络用户提供集中计算、信息发表及数据管理等服务。它的高性能主要体现在高速度的运算能力、长时间的可靠运行、强大的外部数据吞吐能力等方面。

一般来说，网民访问网站其实就是访问服务器里的资料。对于WWW浏览服务来说，Internet服务器主要用于存储网民浏览的Web站点和页面。网民在浏览网页时，不需要了解它的实际位置，只需要在地址栏输入网址，按下Enter键，就可以轻松浏览网页。

对于浏览网页的用户来说，他们使用的计算机被称作本地计算机。本地计算机也可以作为服务器，只不过可能没有专业的服务器好，如访问量过大可能会出现瘫痪等状况。

本地计算机和Internet服务器之间通过各种线路进行连接，以实现相互的通信。

3.1.2 本地站点与远端站点

在理解了Internet服务器和本地计算机的概念之后，了解远端站点和本地站点就很容易了。严格地说，站点是一种文档的磁盘组织形式，由文档和文档所在的文件夹组成。设计良好的网站通常具有科学的结构，利用不同的文件夹，将不同的网页内容分门别类地保存。结构良好的网站，不仅便于管理，也便于更新。

在Internet上浏览网页，就是用浏览器打开存储于Internet服务器上的HTML文档及其他相关资源。基于Internet服务器的不可知特性，通常将存储于Internet服务器上的站点称作远端站点。

利用Dreamweaver CC 2018，可以对位于Internet服务器上的站点文档直接进行编辑和管理。但这在很多时候非常不便，如网络速度和网络的不稳定性等，都会对管理和编辑操作带来影响。既然位于Internet服务器上的站点仍然是以文件和文件夹作为基本要素的磁盘组织形式，那么能不能首先在本地计算机的磁盘上构建出整个网站的框架，编辑相应的文档，然后再放置到Internet服务器上呢？答案是可以的，这就是本地站点的概念。

利用Dreamweaver CC 2018，用户可以在本地计算机上创建站点的框架，从整体上对站点全局进行把握。站点设计完毕之后，再利用各种上传工具（如FTP程序）将本地站点上载到Internet服务器上，形成远端站点。

3.2 构建本地站点

下面以建立本地站点"café"的简单实例演示创建新站点的具体步骤，本例操作步骤如下：

1）启动Dreamweaver CC 2018，执行"站点"/"管理站点"命令，弹出"管理站点"对话框，如图3-1所示。如果还没有创建任何站点，则列表框是空的。

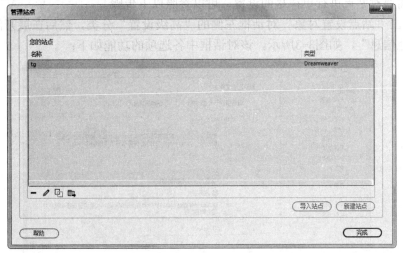

图3-1 "管理站点"对话框

2）单击"新建站点"按钮，或直接执行"站点"/"新建站点"命令，弹出如图3-2所示的"站点设置对象"对话框。

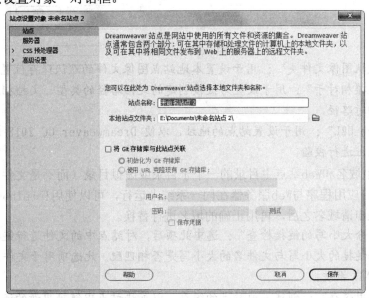

图3-2 "站点设置对象"对话框

网站的构建与管理

31

3）输入站点名称"café"和本地站点文件夹路径，然后单击"保存"按钮，即可新建一个站点。

如果要使用Git对站点文件进行版本管理，则选中"将Git存储库与此站点关联"复选框。

利用以上步骤，可以将磁盘上现有的文档组织成一个站点，便于以后统一管理。例如，在计算机上的E:\café文件夹下有一些网页，可以在"站点设置对象"对话框的"本地站点文件夹"文本框中键入"E:\café\"，从而在本地磁盘上创建一个名为"café"的站点。

从这里也可以看出站点的概念与文档不同，站点只是文档的组织形式。

如果需要对站点进行更详尽的设置，可以参照以下步骤。

4）单击"站点设置对象"对话框左侧的"高级设置"分类，然后在展开的子菜单中选择"本地信息"，如图3-3所示。该对话框中各选项的功能如下：

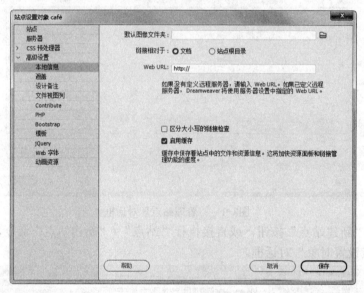

图3-3 本地信息

- "默认图像文件夹"：用于设置本地站点图像文件的默认保存位置。
- "链接相对于"：用于设置为链接创建的文档路径的类型、文档相对路径或根目录相对路径。
- "Web URL"：用于设置站点的地址，以便 Dreamweaver CC 2018 对文档中的绝对地址进行校验。

Web URL由域名和Web站点主目录的一个子目录或虚拟目录（而不是文件名）组成。如果Dreamweaver应用程序与Web服务器在同一系统上运行，可以使用localhost作为域名的占位符，将来申请域名之后，再用正确的域名进行替换。

- "区分大小写的链接检查"：选中此项后，对站点中的文件进行链接检查时，将检查链接的大小写与文件名的大小写是否相匹配。此选项用于文件名区分大小写的 UNIX 系统。
- "启用缓存"：创建本地站点的缓存，以加快站点中链接更新的速度。

如果要创建动态网站，还需要按以下步骤指定远程服务器和测试服务器。

注意:

　　Dreamweaver CC 2018 中可以使用有创造性的 Web 支持字体（如 Typekit Web 字体）。执行"工具"/"管理字体"菜单命令，即可将 Web 字体导入 Dreamweaver 站点。如果要在当前站点中使用 Web 字体，应在"站点设置对象"对话框的"Web 字体"分类指定 Web 字体文件的存储位置。

　　5）在"站点设置对象"对话框中单击"服务器"类别，在如图3-4所示的对话框中单击"添加新服务器"按钮 ➕，添加一个新服务器，如图3-5所示。

　　6）在"服务器名称"文本框中指定新服务器的名称。

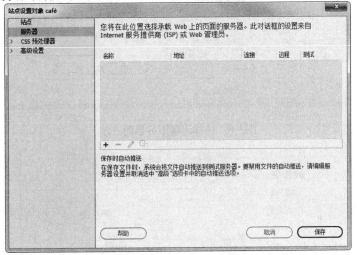

图3-4　"站点设置"对话框1

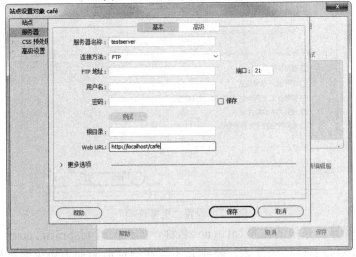

图3-5　"站点设置"对话框2

　　7）在"连接方法"下拉菜单中选择连接到服务器的方式，如图3-6所示。

如果选择"FTP"，则要在"FTP地址"文本框中输入要将网站文件上传到其中的FTP

网站的构建与管理

Dreamweaver CC 2018 中文版入门与提高实例教程

服务器的地址、连接到FTP服务器的用户名和密码，然后在"根目录"文本框中输入远程服务器上用于存储公开显示的文档的目录（文件夹）。如果仍需要设置更多选项，可以展开"更多选项"部分，如图3-7所示。

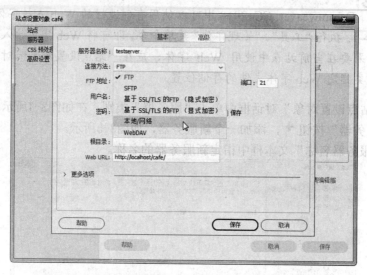

图3-6 选择连接服务器的方法

图3-7 设置"更多选项"

FTP地址是计算机系统的完整Internet名称，如ftp.mindspring.com。应输入完整的地址，并且不要附带其他任何文本，特别是不要在地址前面加上协议名。如果不知道FTP地址，或不能确定应输入哪些内容作为根目录，应与服务器管理员联系。

8）如果选择连接方式为"本地/网络"，则单击"服务器文件夹"右侧的文件夹图标按钮，指定存储站点文件的文件夹所在的路径。

 **注意:**

端口 21 是接收 FTP 连接的默认端口。可以通过编辑右侧的文本框来更改默认端口号。保存设置后，FTP 地址的结尾将附加上一个冒号和新的端口号（如 ftp. mindspring.com:29）。

9）在"Web URL"文本框中输入站点的URL。

测试服务器的Web URL由域名和Web站点主目录的任意子目录或虚拟目录组成。Dreamweaver使用Web URL创建站点根目录相对链接，并在使用链接检查器时验证这些链接。指定了Web URL，Dreamweaver才能使用测试服务器的服务来连接到数据库，并提供与数据有关的数据信息。

10）单击"保存"按钮关闭"基本"页面。然后在"服务器"类别中指定刚添加或编辑的服务器为远程服务器或测试服务器，如图3-8所示。

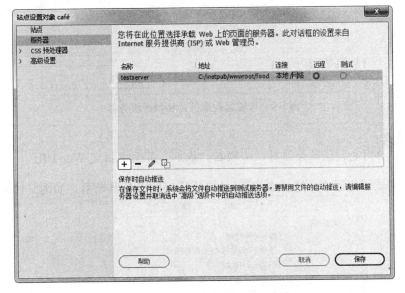

图3-8　指定服务器类型

在Dreamweaver CC 2018中，用户可以在一个视图中指定远程服务器和测试服务器，但不能将同一个服务器同时指定为远程服务器和测试服务器。

> **提示:** 如果打开或导入在早期版本的 Dreamweaver 中创建的站点设置，并指定某个服务器同时作为远程服务器和测试服务器，系统会创建一个重复的服务器条目，分别使用"_remote"后缀和"_testing"后缀标记远程服务器和测试服务器。

在这里，需要提请读者注意的是，如果本地根文件夹位于运行Web服务器的系统中，则无须指定远程文件夹。这意味着该Web服务器正在本地计算机上运行。

创建动态站点的目的是开发动态页，Dreamweaver 还需要测试服务器的服务以便在进

网站的构建与管理

行操作时生成和显示动态内容。接下来设置测试服务器。

11）在"站点设置对象"对话框的"服务器"类别中单击"添加新服务器"按钮 ✚，添加一个新服务器，或选择一个已有的测试服务器，然后单击"编辑现有服务器"按钮 ✐。

12）在如图3-5所示的对话框中根据需要指定"基本"选项，然后单击"高级"按钮，在"高级"页面中设置远程服务器和测试服务器，如图3-9所示。

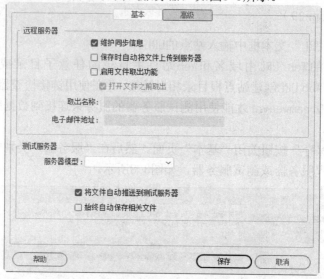

图3-9　设置远程服务器和测试服务器

注意：
　　指定测试服务器时，必须在"基本"页面中指定 Web URL。

13）在测试服务器中，选择要用于Web应用程序的服务器模型。如图3-10所示。

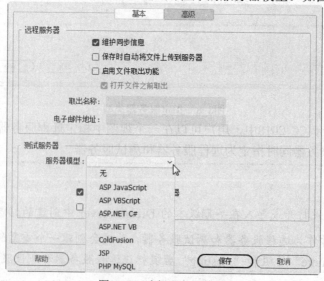

图3-10　选择服务器模型

14）根据需要设置是否将动态文件自动同步到测试服务器。默认为自动同步。

在Dreamweaver CC 2018中打开、创建或保存为动态文档所做的更改时，会自动将文

档推送到测试服务器，用户可以根据需要禁用或启用此功能。

15）单击"保存"按钮关闭"高级"页面。然后在"服务器"类别中指定刚才作为测试服务器添加或编辑的服务器。

16）单击对话框中的"保存"按钮，返回"管理站点"对话框。此时对话框中会显示刚刚创建的本地站点。

3.3 管理本地站点和站点文件

在Dreamweaver CC 2018中，可以对本地站点进行多方面的管理。利用"文件"面板，可以对本地站点的文件和文件夹进行创建、删除、移动和复制等操作。

3.3.1 管理站点

对站点的常用操作主要包括打开本地站点、编辑站点、删除站点以及复制站点。下面分别进行介绍。

1．打开本地站点

1）执行"窗口"/"文件"命令，打开"文件"面板，如图3-11所示。

2）在"文件"面板左上角的下拉列表中选择需要的站点，如图3-12所示，即可打开相应的站点。

图3-11　"文件"面板

图3-12　选择站点

2．编辑站点

创建站点之后，如果对站点的某些定义不满意，还可以对站点属性进行编辑。方法如下：

1）执行"站点"/"管理站点"命令，弹出"管理站点"对话框。

2）选择需要编辑的站点，单击"编辑"按钮 ✐，弹出"站点设置对象"对话框。

3）依照3.2节中介绍的方法重新设置站点的属性。

网站的构建与管理

编辑站点时弹出的对话框与创建站点时弹出的对话框完全一样，在此不再赘述。

3．删除站点

如果不再需要某个本地站点，可以将其从站点列表中删除，删除站点的步骤如下：

1）执行"站点"/"管理站点"命令，弹出"管理站点"对话框。

2）选择需要删除的站点，单击"删除"按钮 ▬ ，弹出一个对话框，提示用户本操作不能通过执行"编辑"/"撤消"命令的办法恢复。

3）单击"是"，即可删除选中站点。

> **提示：** 删除站点实际上只是删除了 Dreamweaver 与该站点之间的关系。但是实际的本地站点内容，包括文件夹和文档等，仍然保存在磁盘上相应的位置。用户可以重新创建指向该位置的新站点。

4．复制站点

有时候可能希望创建多个结构相同或类似的站点，如果一个一个地创建，既浪费时间和精力，而且最终的页面布局也可能不一致。利用站点的复制特性可以轻松解决这个问题。首先从一个基准站点上复制出多个站点，然后再根据需要分别对各个站点进行修改，能够极大地提高工作效率。复制站点的步骤如下：

1）执行"站点"/"管理站点"命令，弹出"管理站点"对话框。

2）选择需要复制的站点，单击"复制"按钮 ，即可将该站点复制。

新复制出的站点会出现在"管理站点"对话框的站点列表中。站点名称采用原站点名称后添加"复制"字样的形式。

若要更改默认的站点名称，可以选中新复制出的站点，然后单击"编辑"按钮 ，编辑站点名称等属性。

3.3.2 使用"文件"面板

在Dreamweaver中，站点和站点文件的管理主要是通过使用"文件"面板来实现的。借助"文件"面板还可以访问站点、服务器和本地驱动器，显示或传输文件。

Dreamweaver CC 2018对"文件"面板进行了重新设计，默认仅显示本地文件的列表。如果使用"文件"面板设置了站点、服务器、启用了存回和取出功能等操作，则相应的选项也会出现在"文件"面板中。单击"文件"面板右上角的选项按钮，在弹出的下拉菜单中选择"查看"/"展开文件面板"选项，展开的"文件"面板如图3-13所示。

下面对这些选项的功能进行简要介绍。

● 显示文件视图

在"文件"面板中显示站点的文件列表。

● 显示 Git 视图

切换到Git视图。Dreamweaver CC 2018支持使用开源的分布式版本控制系统Git管理源代码。用户可以先在任何位置单独处理代码，然后将更改合并到Git中央存储库。Git会

持续跟踪文件中的各项修改，而且允许恢复到之前的版本。

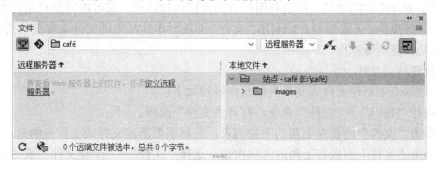

图3-13　展开的"文件"面板

要在Dreamweaver中使用Git，必须先下载安装Git客户端并创建Git账户，然后在"站点设置"对话框中将Dreamweaver站点与Git存储库相关联。

- 站点列表 📁 café

在该列表中可以选择Dreamweaver站点，并显示该站点中的文件，还可以访问本地磁盘上的全部文件，类似于Windows的资源管理器。

- 站点视图列表 远程服务器 ∨

在该下拉列表中可以使站点视图在远程服务器视图和测试服务器视图之间进行切换。在"首选项"/"站点"面板中可以设置本地文件和远端文件哪个视图在左，哪个视图在右。

- 连接到服务器 🔌

用于连接到服务器或断开与服务器的连接。默认情况下，如果Dreamweaver已空闲30min以上，将断开与服务器的连接（仅限FTP）。若要更改时间限制，可以在"首选项"/"站点"面板中进行设置。连接到服务器后，该图标显示为 🔌。

- 从服务器获取文件 ⬇

用于将选定文件从服务器复制到本地站点。如果该文件有本地副本，则将其覆盖。

如果在"站点设置对象"对话框中已选中"启用文件取出功能"选项，则本地副本为只读，文件仍将留在远程站点上，可供其他小组成员取出。如果已禁用"启用文件取出功能"，则文件副本将具有读写权限。

- 向服务器上传文件 ⬆

将选定的文件从本地站点复制到服务器。

如果上传的文件在服务器上尚不存在，并且已在"站点设置"对话框中选中了"启用文件取出功能"选项，则会以"取出"状态将该文件添加到服务器。如果不希望以取出状态添加文件，则单击"存回文件"按钮。

- 同步 🔄

用于同步本地和远端文件夹之间的文件。

- 展开/折叠按钮 🔲

展开或折叠，以显示或隐藏本地和远端站点。

3.3.3　操作站点文件或文件夹

无论是创建空白的文档，还是利用已有的文档构建站点，都可能需要对站点中的文件夹或文件进行操作。下面简要介绍利用"文件"面板对本地站点的文件夹和文件进行创建、删除、移动和复制等操作。

1．新建站点文件

在本地站点中新建文件或文件夹的操作步骤如下：

1）执行"窗口"/"文件"命令，打开"文件"面板。

2）单击"文件"面板左上角的下拉列表，选择需要新建文件或文件夹的站点。

3）单击"文件"面板右上角的选项按钮，选择"文件"/"新建文件"或"新建文件夹"命令，新建一个文件或文件夹。

2．删除站点文件

如果要从本地文件列表面板中删除文件，可以按照如下方法进行操作：

1）执行"窗口"/"文件"命令，打开"文件"面板。

2）单击"文件"面板左上角的下拉列表，选择文件所在的站点。

3）选中要删除的文件或文件夹。

4）按Delete键，系统出现一个"提示"对话框，询问是否确定要删除文件或文件夹。

5）单击"是"按钮，即可将文件或文件夹从本地站点中删除。

> 提示：与删除站点的操作不同，这种对文件或文件夹的删除操作会从磁盘上真正删除相应的文件或文件夹。

3．重命名站点文件

1）执行"窗口"/"文件"命令，打开"文件"面板。

2）单击"文件"面板左上角的站点下拉列表，选择要重命名的文件或文件夹所在的站点。

3）在文件列表中选中要重命名的文件或文件夹，然后单击文件或文件夹的名称，使其名称区域处于可编辑状态。

4）输入文件或文件夹的新名称，然后单击面板空白区域，或按Enter键，即可重命名文件或文件夹。

4．编辑站点文件

1）执行"窗口"/"文件"命令，打开"文件"面板。

2）在"文件"面板左上角的站点下拉列表中选择要编辑的文件所在的站点。

3）双击需要编辑的文件图标，即可在Dreamweaver CC 2018的文档窗口中打开此文件，对文件进行编辑。

4）文件编辑完毕，保存文档，即可对本地站点中的文件进行更新。

一般来说，可以首先构建整个站点，同时在各个文件夹中创建需要编辑的文件，然后在文档窗口中分别对这些文件进行编辑，最终构建完整的网站内容。

5. 移动/复制文件和文件夹

1）执行"窗口"/"文件"命令，打开"文件"面板。

2）在"文件"面板左上角的站点下拉列表中选择要移动或复制的文件所在的站点。

3）如果要进行移动操作，可选择"编辑"/"剪切"菜单命令；如果要进行复制操作，则执行"编辑"/"拷贝"菜单命令。

4）选中目的文件夹，执行"编辑"/"粘贴"命令，即可将文件或文件夹移动或复制到相应的文件夹中。

此外，使用鼠标拖动也可以实现文件或文件夹的移动操作。方法如下：

1）在"文件"面板的本地站点文件列表中选中要移动的文件或文件夹。

2）按下鼠标左键拖动选中的文件或文件夹，然后移动到目标文件夹上，如图3-14所示，释放鼠标，即可将选中的文件或文件夹移动到目标文件夹中。

图3-14　移动文件/文件夹

移动文件后，由于文件的位置发生了变化，其中的链接信息，特别是相对链接也应该相应发生变化。Dreamweaver CC 2018会打开"更新文件"对话框，提示用户更新被移动文件中的链接信息。

3）单击"更新文件"对话框中的"更新"按钮，即可更新文件中的链接信息。

6. 刷新本地站点文件列表

如果在Dreamweaver CC 2018之外对站点中的文件夹或文件进行了修改，则需要对本地站点文件列表进行刷新，才可以看到修改后的结果。刷新本地站点文件列表的一般步骤如下：

1）执行"窗口"/"文件"命令，打开"文件"面板。

2）单击"文件"面板左上角的站点下拉列表，选择要刷新文件列表的站点。

3）单击"文件"面板底部的"刷新"按钮 C，即可对本地站点的文件列表进行刷新。

3.4　测试站点

在将站点上传到服务器之前，建议用户先在本地计算机上对网站进行测试，以便尽早排查网站建设中可能存在的问题。例如，应该确保页面在目标浏览器中如预期的那样显示和工作，没有断开的链接，页面下载时间合理，等等。

网站的构建与管理

3.4.1 管理网页链接

在建设网站的过程中，如果网站的页面很多，则链接出错的可能性会很大。同时，由于页面的重新设计或组织，所链接的页面很可能已被移动或删除。如果人工检查网页的链接是否正常，无疑是一件很麻烦的事，而且可能会遗漏一些隐蔽的链接。

有没有自动检查链接错误的方法呢?Dreamweaver CC 2018提供了一个很好的链接检查器，可以帮助用户检查网页链接，不但速度快而且准确。在发布网站之前，先使用Dreamweaver CC 2018的链接检查器对网站文件进行检查，可以检查单个页面、一个文件夹甚至整个站点，找出断开的链接、错误的代码和未使用的孤立文件等，以便进行纠正和处理。

1. 检查断开的链接

执行"站点"/"站点选项"/"检查站点范围的链接"菜单命令，Dreamweaver将自动检测当前站点中的所有链接。检查完毕，Dreamweaver会弹出"链接检查器"面板显示检查结果，如图3-15所示。

图3-15 链接检查结果

如果发现了错误的链接，Dreamweaver会在"链接检查器"页面的文件窗格中列出链接错误所在的页面。在"文件"列表中双击检测到的一个结果，会自动打开相应的页面，并在"属性"面板上直接定位到错误的链接处，修改链接错误既快又方便。

在"链接检查器"面板中，用户还可以设置链接检查的范围，并将检查结果保存。单击对话框左侧的三角形按钮 ，可以选择检测范围，如图3-16所示。

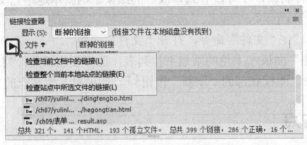

图3-16 选择检测范围

若要保存检测结果，可以单击对话框左侧的"保存报告"按钮 。

2. 检测孤立文件

利用Dreamweaver CC 2018的链接检查功能，用户还可以检查站点中孤立的文件并删除。检测孤立文件的步骤如下：

1）执行"站点"/"站点选项"/"检查站点范围的链接"菜单命令。

2）在"显示"下拉列表框中选择"孤立的文件"选项。

站点中所有孤立的文件会列在"链接检查器"页面的文件窗格中，如图3-17所示。

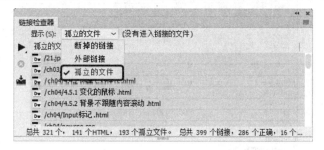

图3-17　孤立文件检查结果

将它们全部选中，按Delete键即可删除。

3．显示外部链接

利用Dreamweaver CC 2018的链接检查器，还可以查看当前站点中包含了哪些外部链接，但不会检查这些链接是否正确。

在如图3-15所示的"链接检查器"页面的"显示"下拉列表中选择"外部链接"选项，则对话框的窗格中将显示当前网站中使用的所有外部链接及相应的文件。如图3-18所示。

图3-18　查看外部链接

3.4.2　配置浏览器

在Dreamweaver CC 2018中创建网页后，最好设置多个不同的主流浏览器（如Internet Explorer、FireFox等）分别对其进行预览，以查看不同浏览器用户的浏览效果。

在Dreamweaver CC 2018中，按F12键可以在主浏览器中预览网页文件；按Ctrl+F12键可以在次浏览器中预览网页文件。通常情况下，只要设置主浏览器和次浏览器即可，如果需要，可以在如图3-19所示的"首选项"/"实时预览"对话框中设置多达20个浏览器。

3.4.3　检查浏览器的兼容性

目前，网页浏览器的种类很多，仅IE的6/7/8版本兼容的问题就很令网页设计者头疼，现在又出了IE9+，还有firefox、chome、opera、Safari等，而且标准不统一，应用在网

网站的构建与管理

43

Dreamweaver CC 2018 中文版入门与提高实例教程

页制作中的有些技巧也并不是所有的浏览器都能支持的。制作的网页上传之后，部分网页浏览者可能看不到网页实际的效果，甚至是一团糟。所以网页设计者必须保证自己的网页能被主流的浏览器支持。

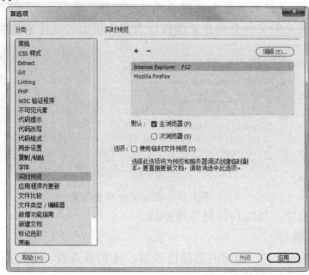

图3-19　设置主浏览器和次浏览器

目前用户所用的浏览器IE仍然占最大比重，因此网页设计者可以只考虑兼容最常用的IE6/7/8和FireFox，其他使用人数相对较少的浏览器可以暂不考虑。网页设计者可以使用IE Tester测试IE浏览器几个版本的兼容性。

3.5　站点发布

网站建好之后，下一步就是将文件上传到服务器进行发布。远程文件夹是存储文件的位置，Dreamweaver将此文件夹称为远程站点。因此，在发布站点之前，必须先配置远程站点，并能够访问远程Web服务器。

3.5.1　配置远程站点

配置远程站点的步骤如下：

1）执行"站点"/"管理站点"命令，打开"管理站点"对话框。

2）选中要上传的站点，然后单击"编辑"按钮 ✐，在弹出的对话框左侧的"分类"中选择"服务器"选项。

3）单击"添加新服务器"按钮 ➕，在弹出的对话框的"连接方式"下拉列表中选择连接到远程站点的方式。

连接到Internet上的服务器的最常用的方法是"FTP"。如果使用本地计算机作为Web服务器，最常用的方法是"本地/网络"。如果不确定选择哪种方法，请询问服务器的系统管理员。本例选择"本地／网络"，如图3-20所示。

4）切换到"高级"页面，设置远程站点文件的维护选项。如图3-21所示。

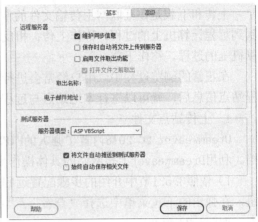

图3-20 配置服务器信息1　　　　　　　　　图3-21 配置服务器信息2

　　如果希望Dreamweaver自动同步本地和远端文件，则选中"维护同步信息"复选框；如果希望在保存文件时Dreamweaver自动将文件上传到远程站点，则选中"保存时自动将文件上传到服务器"复选框；如果希望激活"存回/取出"系统，则选中"启用文件取出功能"；如果希望打开、创建或保存为动态文档所做的更改时，Dreamweaver将动态文档自动同步到测试服务器，不弹出"推送依赖文件"对话框，则选中"将文件自动推送到测试服务器"复选框；如果希望修改文档后，Dreamweaver始终自动保存文件的相关文件，则选中"始终自动保存相关文件"复选框。

　　5）单击"保存"按钮，添加的服务器即可添加到服务器列表中。选中"远程"对应的单选按钮，如图3-22所示。

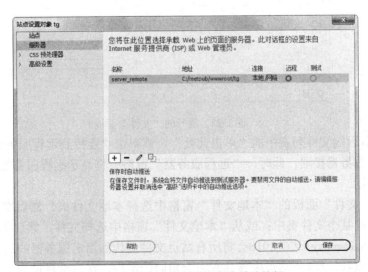

图3-22 选中"远程"对应的单选按钮

　　6）设置完毕，单击"保存"按钮关闭对话框，完成远程站点的配置。

3.5.2　上传、下载与同步更新

上传和下载是在互联网上传输文件的专门术语。通常，用户把自己计算机上的文件复制到远程计算机上的过程，称作上传；相反，用户从某台远程计算机上复制文件到自己计算机上的过程，称作下载。

在正常的浏览过程中，用户经常会进行上传、下载操作。在设置好本地站点信息和远程站点信息后，就可以进行本地站点与远程站点间文件的上传与下载了。

1. 上传站点文件

Dreamweaver CC 2018内置了强大的FTP功能，可以帮助用户便捷地上传和下载站点文档。利用Dreamweaver上传网站的具体操作步骤如下：

1）依照3.5.1节中介绍的步骤配置远程站点之后，单击"文件"面板右上角的选项按钮，在弹出的下拉菜单中选择"查看"/"展开文件面板"命令，可以显示本地和远端站点，如图3-23所示。

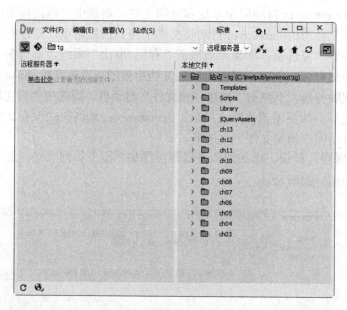

图3-23　展开的"文件"面板

2）单击远端文件列表中的"单击此处"，或单击"连接到远程服务器"按钮，将站点与远程服务器接通，此时，"远程服务器"窗格中将显示远程服务器中的文件目录，如图3-24所示。

3）在"文件"面板的"本地文件"窗格中选择本地文件夹，然后拖动到"远程服务器"窗格中的某个文件夹中；或从"本地文件"窗格中选择文件，然后单击"上传文件"按钮，Dreamweaver CC 2018会将所有站点文件上传到指定服务器的远程文件夹。

本地站点和远程Web站点应该具有完全相同的结构，在这两种站点之间传输文件时，如果站点中不存在必需的文件夹，则Dreamweaver将自动创建这些文件夹。如果使用Dreamweaver创建本地站点，然后将全部内容上传到远程站点，则Dreamweaver能确保在远程站点中精确复制本地结构。

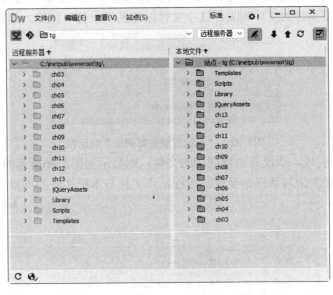

图3-24　"远程服务器"窗格中显示的文件目录

提示：如果要上传的文件尚未保存，可能会出现一个对话框（取决于用户在"首选项"/"站点"对话框中设置的首选参数），提示用户在将文件上传到远程服务器之前进行保存。如果出现对话框，请单击"是"保存该文件，或者单击"否"将以前保存的版本上传到远程服务器。

2．下载站点文件

以下操作之一可以下载站点文件：

1）在"远程服务器"窗格中选择需要下载的文件，然后拖动到"本地文件"窗格中的某个文件夹中；或在"远程服务器"窗格中选择文件，然后单击"获取文件"按钮，即可下载文件。

2）在"远程服务器"窗格中右击要下载的文件，然后从弹出的快捷菜单中选择"获取"命令。

3．远程站点与本地站点同步

上传站点之后，可能会因为网页制作者的疏忽或多人编辑维护，出现本机网页文件与远程网页文件不一致的现象。利用Dreamweaver的站点同步功能可以轻松修正这种问题，方便用户进行站点更新维护。步骤如下：

1）执行"站点"/"站点选项"/"同步站点范围"菜单命令，或单击展开的"文件"面板上的"同步"按钮 ，打开"与远程服务器同步"对话框。如图3-25所示。

2）在"同步"下拉列表中选择同步的范围，选中当前整个站点或当前文件。

3）在"方向"下拉列表中设置文件同步的方式。

4）如果要将本地上没有的远程站点上的文件删除，则选中"删除本地驱动器上没有

47

的远端文件"复选框。

5）单击"预览"按钮即可开始同步设置。如果存在需要更新的文件，将弹出"同步"对话框，显示需要同步的文件列表。选中文件左侧的"上传"按钮，即可完成同步。

图3-25 "与远程服务器同步"对话框

6）如果同步完成，或没有需要同步的文件，则显示如图3-26所示的"同步"对话框，单击"确定"按钮关闭对话框。至此，远程站点文件与本机文件的同步完成。

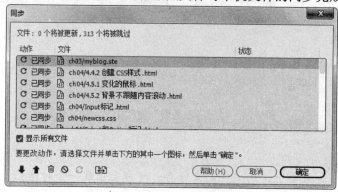

图3-26 "同步"对话框

上传和下载操作不仅于此，利用其他的一些工具，如FTP程序等，可以直接将Internet服务器上的站点结构及其中的文档下载到本地计算机，经过修改，再利用相应的工具将修改后的网页上传到Internet服务器上，实现对站点的更新。

创建网站并不是一件一劳永逸的事情，与其他媒体一样，网站也是一个媒体，同样需要经常更新维护才会起到既定的效果。不进行维护的网站很快就会因内容陈旧、信息过时而无人问津。因此，建好网站之后，还需要实时对网站内容进行更新。

3.6　全程实例——将已有文件组织为站点

在本书第1章中，我们已对个人网站实例进行了仔细规划，收集、制作了需要的站点资源，如LOGO、导航条背景、商品图片等，并建立了相应的文件夹目录结构。本节将把这些已有的文件夹组织为一个站点。步骤如下：

1）启动Dreamweaver CC 2018，执行"站点"/"新建站点"命令，打开"站点设置对象"对话框。

2）在"站点名称"文本框中输入站点名称"blog"。

3）单击"本地站点文件夹"右侧的"浏览文件夹"图标，浏览到"C:\inetpub\wwwroot\blog\"目录，或直接输入"C:\inetpub\wwwroot\blog\"。

4）切换到"高级设置"/"本地信息"类别，设置站点"默认图像文件夹"的路径为

"C:\inetpub\wwwroot\blog\images\"。

注意：

本实例中用到的文件路径\inetpub\wwwroot\是在本地计算机系统中成功安装 IIS 服务器之后自动生成的文件夹，是 Web 站点默认的主目录。建议读者在创建站点时，最好将本地站点文件夹放置在主目录之下，或将本地站点文件夹定义为 Web 服务器中的虚拟目录。如果用来处理动态页的文件夹不是主目录或其子目录，则必须创建虚拟目录。有关主目录和虚拟目录的介绍读者可以参阅本书第 13 章的介绍，或相关书籍。

5）在"链接相对于"区域选择"文档"选项。在"Web URL"右侧的文本框中输入"http://localhost/blog/"，如图3-27所示。

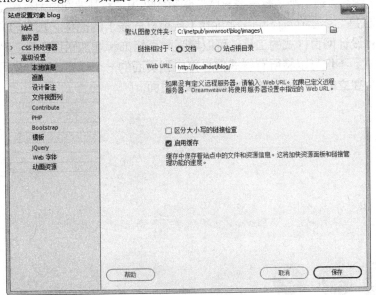

图3-27　设置"站点设置对象blog"对话框

如果制作静态站点，到这一步就完成了。由于本实例中需要制作动态页面，因此还需要设置测试服务器。步骤如下：

6）在"站点设置对象"对话框左侧的"分类"列表中单击"服务器"，切换到对应的对话框。单击"添加新服务器"按钮➕，依照本章3.5.1节所述步骤添加一个服务器，访问方式为"本地/网络"。

7）切换到"高级"页面，在"服务器模型"下拉列表中选择"ASP VBScript"。

8）单击"保存"按钮关闭"高级"页面，并在"服务器"类别中指定服务器类别为"测试服务器"，然后单击"确定"按钮，即可将指定文件夹定义为站点。

将文件夹目录结构组织为站点后，即可以将磁盘上现有的文档组织当作本地站点来打开，便于以后统一管理。

网站的构建与管理

第 4 章 HTML 与 CSS 基础

本章导读

　　HTML 是网页的主要组成部分，网页基本上都是由 HTML 语言组成的，可以说 HTML 是网页的骨架。因此，要制作出精彩的网页，就必须从网页的基本语言学起，适当地了解一些 HTML 语言的知识，对开发网页大有裨益。

　　CSS 是 Cascading Style Sheets（层叠样式表）的简称。顾名思义，它是一种设计网页样式的工具，可以增强网页修饰和增加网页个性。利用 CSS 样式，不仅可以将所有样式信息集中到页面的一个地方，而且还可以创建一个独立的样式表文件，应用于多个页面。

- HTML 语言概述
- HTML 的语法结构
- 常用的 HTML 标签
- CSS 规则
- CSS 样式的应用

4.1　HTML 语言概述

　　HTML是HyperText Markup Language的首字母缩写，通常称作超文本标签语言，或超文本链接标记语言，它是基于SGML（Standard General Markup Language，标准通用标签语言）的一种描述性语言，由W3C（World Wide Web Consortium，全球信息网协会）推出，并被国际标准ISO 8879认可，是用于建立Web页面和其他超级文本的语言，是WWW的描述语言。

　　1997年12月，W3C推荐的HTML标准HTML 4.0倡导了两个理念：将文档结构和显示样式分离、更广泛的文档兼容性。由于同期CSS（层叠样式表）的配套推出，更使得HTML和CSS对于网页制作的能力达到前所未有的高度。1999年12月，W3C网络标准化组织推出改进版的HTML4.01，该语言相当成熟可靠，一直沿用至今。HTML4.01相比先前的版本，在国际化设置、兼容性、样式表支持，以及脚本、打印方面都有所提高。我们现在常提到的HTML4就是指HTML4.01。

　　HTML并不是真正的程序设计语言，它只是标签语言。使用HTML编写的网页文件是标准的ASCII文件，扩展名通常为.htm或.html。可以用任何文本编辑器建立HTML页面，如Windows的"记事本"程序。

　　HTML文本是由HTML命令组成的描述性文本，可以说明文字、图形、动画、声音、表格和链接等，它能独立于各种操作系统平台（如UNIX、Windows等）。使用HTML语言描述的文件需要通过浏览器显示效果，浏览器先读取网页中的HTML代码，分析其语法结构，然后根据解释的结果，将单调乏味的文字显示为丰富多彩的网页内容。正是因为如此，网页显示的速度与网页代码的质量有很大的关系，保持精简、高效的HTML源代码是非常重要的。

　　近年来，读者可能经常在网络上看到"HTML5"。所谓HTML5，是针对HTML4而言的，是W3C与WHATWG（Web Hypertext Application Technology Working Group）双方合作创建的一个新版本的HTML，其前身名为Web Applications 1.0，将成为HTML、XHTML以及HTML DOM的新标准。HTML5增加了更多样化的API，提供了嵌入音频、视频、图片的函数、客户端数据存储，以及交互式文档。

　　Dreamweaver CC 2018默认的HTML文档类型为HTML5。下面我们来简单了解一下HTML5中的一些有趣的特性。

- 用于绘画的 canvas 元素。
- 用于媒体回放的 video 和 audio 元素。
- 对本地离线存储的更好支持。
- 特殊内容元素，比如 article、footer、header、nav、section。
- 表单控件，比如 calendar、date、time、email、url、search。

　　尽管HTML5仍处于完善之中，然而大部分现代浏览器已经具备了某些HTML5支持，例如，Firefox、Chrome、Opera、Safari（版本4以上）及Internet Explorer 9（Platform Preview）已支持HTML5技术。网页设计师们可以使用HTML5和CSS3创建页面代码更富语义化、视听效

Dreamweaver CC 2018 中文版入门与提高实例教程

果更炫的网页作品。

4.2 HTML 的语法结构

标准的HTML由标签和文件的内容构成，并用一组“<”与“>”括起来，且与字母的大小写无关。例如：

<img src="images/fantasy5float5.gif" width="90" height="51" /><b>买家须知</b>

在用浏览器显示时，标签<b>和</b>不会被显示，如果浏览器在文档中发现了这对标签，就会将其中包容的文字（本例中是“买家须知”）以粗体形式显示，如图4-1所示。

买家须知

图4-1 <b>标签的示例效果

注意：

XHTML 是 HTML 向 XML 的过渡。与 HTML 不一样，XHTML 是区分大小写的。在 XHTML 下的 Web 标准中，所有的 XHTML 元素和属性的名字都必须使用小写，否则文档不能通过 W3C 校验。

需要提请读者注意的是，标签通常是成对出现的。每当使用一个标签，如<b>，则必须用另一个标签</b>将它关闭。但是也有一些标签例外，如<input>标签就不需要。

注意：

在 XHTML 中，每一个打开的标签都必须关闭。空标签也要在标签尾部使用一个正斜杠"/"来关闭，如
、<img src="logo.gif" alt="单击返回首页" />。

严格地说，标签和标签元素不同，标签元素是位于“<”和“>”符号之间的内容，如上例中的“买家须知”；而标签则包括了标签元素和“<”和“>”符号本身。但是，通常将标签元素和标签当作一种东西，因为脱离了“<”和“>”符号的标签元素毫无意义。在本章后面的小节中，不做特别说明时，将标签和标签元素统一称作“标签”。

一般来说，HTML的语法有以下3种表达方式：

● <标签>对象</标签>。
● <标签属性 1=参数 1 属性 2=参数 2>对象</标签>。
● <标签>。

下面分别对这3种形式及嵌套标签进行介绍。

4.2.1 <标签>对象</标签>

这种语法结构显示了使用封闭类型标签的形式。大多数标签是封闭类型的，也就是说，它们成对出现。所谓成对，是指一个起始标签总是搭配一个结束标签，在起始标签的标签名前加上符号“/”便是其终止标签，如<head>与</head>。起始标签和终止标签之间的内容受标签的控制。

例如：<i>网页设计DIY</i>，<i>和</i>之间的"网页设计DIY"受标签i的控制。标签i的作用是将所控制的文本内容显示为斜体，所以在浏览器中看到的"网页设计DIY"将是斜体字。

如果一个应该封闭的标签没有结束标签，则可能产生意想不到的错误，且随浏览器不同，可能出错的结果也不同。例如，如果在上例中，没有以标签</i>结束对文字格式的设置，可能后面所有的文字都会以斜体字的格式出现。

注意：
　　　　并非所有 HTML 标签都必须成对出现，本书第 4.2.3 节将介绍这种非封闭类型的标签。建议读者在使用 HTML 标签时，最好先弄清标签是否为封闭类型。

4.2.2 〈标签 属性 1=参数 1 属性 2=参数 2〉对象〈/标签〉

这种语法结构是上一种语法结构的扩展形式，利用属性进一步设置对象的外观，而参数则是设置的结果。

每个HTML标签都可以有多个属性，属性名和属性值之间用"="连接，构成一个完整的属性，例如<body bgcolor="#FF0000">表示将网页背景设置为红色。多个属性之间用空格分开，例如：

<font face= "隶书" size= "20 " color="#FF0000">爱就在你身边</font>

上述语句表示将"爱就在你身边"的字体设置为隶书，字号设置为20，颜色设置为红色。如图4-2所示：

爱就在你身边

图4-2　〈font〉标签的示例效果

注意：
　　　　在 HTML 中，属性值可以不加引号；但是在 XHTML 中，属性值必须加引号，如果属性值中有引号，可以使用编码表示，如<alt="say'yes'">。

4.2.3 〈标签〉

前面说过,HTML标签并非都成对出现,不成对出现的标签称为非封闭类型标签。在HTML语言中，非封闭类型的标签不多，读者最常见的应该是换行标签
。

如：在Dreamweaver "代码"视图的<body>与</body>标签之间输入如下代码：

<font face= "隶书" size= "5" color="#006600">溪水急着要流向海洋
浪潮却渴望重回土地</font>

在浏览器中的显示效果如图4-3所示。

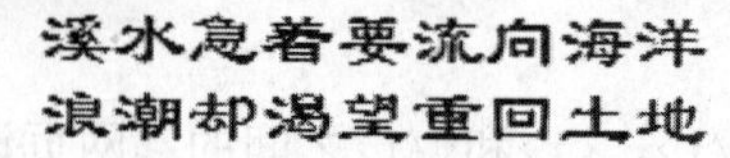

溪水急着要流向海洋
浪潮却渴望重回土地

图4-3　
标签的示例效果

使用换行标签可以使一行字在中间换行，显示为两行，但结构上仍属于同一个段落。

4.2.4　标签嵌套

几乎所有的HTML代码都是上面三种形式的组合，标签之间可以相互嵌套，形成更为复杂的语法。例如，如果希望将一行文本同时设置粗体和斜体格式，则可以采用下面的语句：

`<b><i>十里香</i></b>`

在浏览器中的显示效果如图4-4所示。

在嵌套标签时，需要注意标签的嵌套顺序，如果标签的嵌套顺序发生混乱，可能会出现不可预料的结果。例如，对于上面的例子，也可以写成如下形式：

`<i><b>十里香</b></i>`

该语句在浏览器中的显示效果也如图4-4所示。

但是，尽量不要写成如下的形式：

`<i><b>十里香</i></b>`

上面的语句中，标签嵌套发生了错误。切换到"设计"视图，可以看到显示效果如图4-5所示。状态栏上的Linting图标显示为⊗，表明代码中存在错误。单击标签为黄色的文本块，在属性面板中可以看到相关的错误提示，提示用户这是一个无效的标签，因为这是一个交迭的或未关闭的标签，如图4-6所示。

十里香　　　　　　　　　　　　　　　　　　十里香</b>

图4-4　标签嵌套的示例效果 　　　　图4-5　错误的标签嵌套示例效果

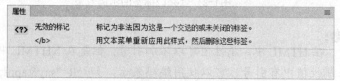

图4-6　
标签的示例效果

单击状态栏上的Linting图标，弹出如图4-7所示的"输出"面板，标明了错误所在的代码行和错误可能产生的原因。

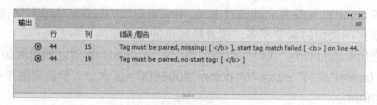

图4-7　"输出"面板

尽管这个错误的例子在大多数浏览器中可以被正确识别。但是对于其他的一些标签，

如果嵌套发生错误的话，就不一定有这么好的运气了。为了保证文档有更好的兼容性，尽量不要发生标签嵌套顺序的错误。

4.3 常用的 HTML 标签

本节将详细介绍HTML中常用的一些标签。掌握这些标签的用法，对今后的网页制作可以起到事半功倍的效果。

4.3.1 文档的结构标签

在Dreamweaver CC 2018中创建一个空白的HTML文档（文档类型默认为HTML5）后，如果切换到"代码"视图，用户会发现，尽管新建文档的"设计"视图是空白的，但是"代码"视图中已经有了不少源代码。在默认状态下，这些源代码如下所示：

```
<!doctype html>
<html>
<head>
<meta charset="utf-8">
<title>无标题文档</title>
</head>

<body>
</body>
</html>
```

基本HTML页面以DOCTYPE开始，它声明文档的类型，主要用来说明文档使用的XHTML或者HTML的版本。浏览器根据DOCTYPE定义的DTD（文档类型定义）解释页面代码。DOCTYPE声明必须放在每一个XHTML或HTML文档最顶部，在所有代码和标识之上，否则文档声明无效。

上面的代码包括了一个标准HTML文件应该具有的4个组成部分。下面分别进行简要介绍。

1．〈html〉标签

〈html〉…〈/html〉标签是HTML文档的开始和结束标签，告诉浏览器这是整个HTML文件的范围。

HTML文档中所有的内容都应该在这两个标签之间，一个HTML文档非注释代码总是以〈html〉开始，以〈/html〉结束。

2．〈head〉标签

〈head〉…〈/head〉标签一般位于文档的头部，用于包含当前文档的有关信息，如标题和关键字等，通常将这两个标签之间的内容统称作HTML的"头部"。

位于头部的内容一般不会在网页上直接显示，而是通过另外的方式起作用。例如，在HTML的头部定义的标题不会显示在网页上，但是会出现在网页的标题栏上。

3．<title>标签

<title>和</title>标签位于HTML文档的头部，即位于<head>和</head>标签之间，用于定义显示在浏览器窗口左上角的标题栏中的内容。

4．<body>标签

<body>…</body>用于定义HTML文档的正文部分，如文字、标题、段落和列表等，也可以用来定义主页背景颜色。<body>…</body>定义在</head>标签之后、<html>…</html>标签之间。所有出现在网页上的正文内容都应该写在这两个标签之间。

<body>标签有6个常用的可选属性，主要用于控制文档的基本特征，如文本和背景颜色等。各个属性介绍如下：

- background：该属性用于为文档指定一幅图像作为背景。
- text：该属性用于定义文档中非链接文本的默认颜色。
- link：该属性用于定义文档中一个未被访问过的超链接的文本颜色。
- alink：该属性用于定义文档中一个正在打开的超链接的文本颜色。
- vlink：该属性用于定义文档中一个已经被访问过的超链接的文本颜色。
- bgcolor：该属性定义网页的背景颜色。

例如，如果希望将文档的背景图像设置为主目录下的001.jpg，文本颜色设置为黑色，未访问超链接的文本颜色设置为绿色，已访问超链接的文本颜色设置为红色，正在访问的超链接的文本颜色设置为蓝色，则可以使用如下的<body>标签：

<body background = "001.gif" text = "black" link = "green" alink = "blue" vlink = "red">

在页面中输入文本，并创建超链接后的页面预览效果如图4-8所示。

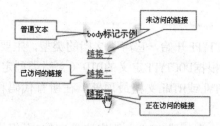

图4-8　<body>标签的示例效果

其中，页面背景图像为001.gif；"body标签示例"为普通文本，显示为黑色；"链接一"为未访问过的链接，显示为绿色；"链接二"为已访问过的链接，显示为红色；"链接三"为正在访问的链接，显示为蓝色。

4.3.2　注释标签

HTML的客户端注释标签为<!--...-->，标签内的文本不会在浏览器窗口中显示。一般将客户端的脚本程序段放在此标签中，对于不支持该脚本语言的浏览器也可隐藏程序代码。

例如，在上例中，将"链接三"标签为注释文本的语句如下：

<! -- <p><a href="index.html">链接三</a></p>-->

在Dreamweaver CC 2018的"代码"视图中，注释内容显示为灰色，如图4-9所示。

图4-9　注释标签示例效果

修改后的文件在浏览器中的预览效果如图4-10所示。

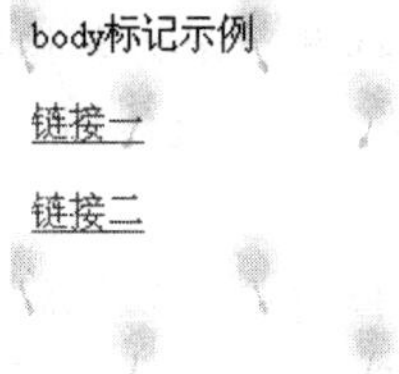

body标记示例

链接一

链接二

图4-10　注释标签示例效果

对比图4-8可以看出，被注释的文本不会在浏览器中显示。但是，如果是服务器端程序代码，即使在这个注释标签内也会被执行。

4.3.3　文本格式标签

文本格式标签用于控制网页中文本的样式，如大小、字体、段落样式等。

1. <font>标签

● <font>…</font>标签用于设置文本字体格式，包括字体、字号、颜色、字型等，适当地应用可以使页面更加美观。

font标签有3个属性：face、color和size。这3个属性可以自由组合，没有先后顺序。通过设置这3个标签属性，可以控制文字的显示效果。

● face：用于设置文本字体名称，可以用逗号隔开多个字体名称。例如：

<font face = "Times New Roman, Times, serif">Happy New Year</font>

● Size：用于设置文本字体大小，取值范围在-7~7之间，数字越大字体越大。

● Color：用于设置文本颜色，可以用 red、white 和 green 等助记符，也可以用 16 进制数表示，如红色为"#FF0000"。

使用示例：

<font face="华文彩云" size="7" color="black">欢迎光临</font>

上述语句在浏览器中的显示效果如图4-11所示。

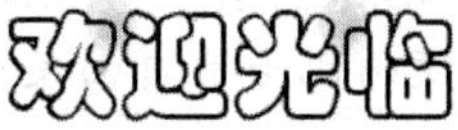

欢迎光临

图4-11　<font>标签示例效果

2. <b>、<i>、<em>、<h#>标签

● <b>…</b>标签将标签之间的文本设置成粗体。例如：

Dreamweaver CC 2018 中文版入门与提高实例教程

DreamweaverDIY教程

在浏览器中的预览效果如图4-12所示。

● <i>…</i>标签将标签之间的文本设置成斜体。例如：

请看<i>这边！</i>

● …标签用于将标签之间的文字加以强调。不同的浏览器效果有所不同，通常会设置成斜体。例如：

今天零下五度！

上述三个例子在浏览器中的显示效果如图4-12所示。

● <h#>…</h#>（#=1,2,3,4,5,6）标签用于设置标题字体（Header），有 1~6 级标题，数字越大字体越小。标题显示为黑体字。<h#></h#>标签自动插入一个空行，不必用<p>标签再加空行。和<title>标签不一样，<h#>标签中的文本显示在浏览器中。使用示例：

<h1>这是一级标题</h1>
<h2>这是二级标题</h2>
<h3>这是三级标题</h3>
<h4>这是四级标题</h4>
<h5>这是五级标题</h5>
<h6>这是六级标题</h6>

显示效果如图4-13所示。

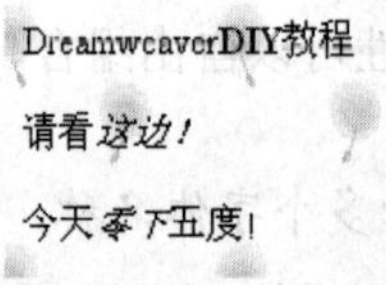

这是一级标题
这是二级标题
这是三级标题
这是四级标题
这是五级标题
这是六级标题

DreamweaverDIY教程

请看*这边！*

今天*零下*五度！

图4-12　标签示例效果 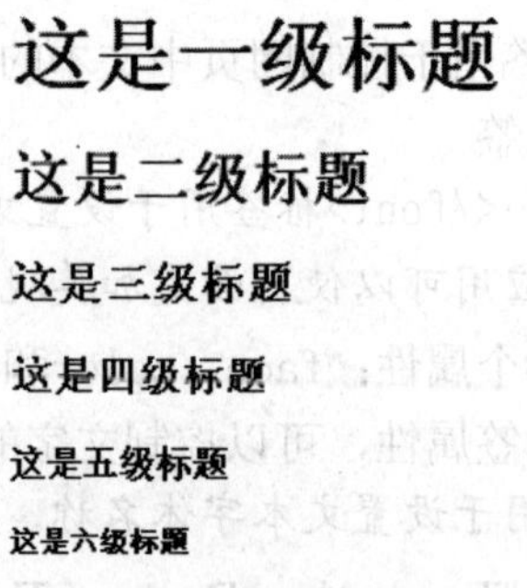　　　　图4-13　<h#>标签示例效果

3. <s>、<big>、<small>、<u>标签

● <s>…</s>标签为标签之间的文本加删除线（即在文本中间加一条横线）。例如：

<s>删除这一行</s>

● <big>…</big>标签将使用比当前页面使用的字体更大的字体显示标签之间的文本。例如：

<font size=3>看起来<big>特别</big>漂亮！</font>

● <small>…</small>标签将使用比当前页面使用的字体更小的字体显示标签之间的文本。例如：

字体<small>小一些</small>更好！

● <u>…</u>标签为标签之间的文本加下划线。例如：

今天<u>天气</u>真好！

上述四个例子在浏览器中预览的效果如图4-14所示。

 注意：　<s>、<big>、<small>、<u>标签是在 HTML 4.01 中定义的元素，在 HTML5
中不使用这些元素。

4．<pre>预格式化标签

默认情况下，Dreamweaver会将两个字符之间的多个空格替换为一个空格，然后在浏览器中显示。<pre>…</pre>标签用于设定浏览器在输出时，对标签内部的内容几乎不做修改地输出。

例如，在Dreamweaver的代码视图中输入以下代码：

<pre>再别　　康桥</pre>

再别　　康桥

该示例在浏览器中的显示效果如图4-15所示。

删除这一存

看起来特别漂亮！

字体小一些更好！　　　　　　　　　　再别　　康桥

今天天气真好！　　　　　　　　　　再别 康桥

图4-14　标签示例效果　　　　　　图4-15　<pre>标签示例效果

4.3.4　排版标签

1．
、<p>、<hr>标签

1）
标签用于在文本中添加一个换行符，它不需要成对使用。例如：

在这里换行**
**第二行！

2）<p>…</p>标签用来分隔文档的多个段落。可选属性"align"有三个取值，分别介绍如下：

● left：段落左对齐。

● center：段落居中对齐。

● color：段落右对齐。

例如：

<p align=center>居中对齐</p>

3）<hr>标签用于在页面中添加一条水平线。例如：

水平线上**<hr>**水平线下！

上述三个例子在浏览器中的显示效果如图4-16所示：

2．<sub>和<sup>标签

● _…标签将标签之间的文本设置成下标。例如：

123 是下标**₁₂₃**

HTML与CSS基础

在这里换行
第二行！

　　　　　　　　居中对齐

水平线上

水平线下！

<p align="center">图4-16　标签示例效果</p>

● […]标签将标签之间的文本设置成上标。例如：

456 是上标⁴⁵⁶

上述两个例子在浏览器中的显示效果如图4-17所示：

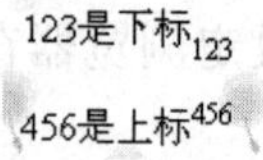

<p align="center">123是下标$_{123}$</p>

<p align="center">456是上标^{456}</p>

<p align="center">图4-17　标签示例效果</p>

3．<div>和<span>标签

● <div>...</div>用于块级区域的格式化显示。该标签可以把文档划分为若干部分，并分别设置不同的属性值，使同一文字区域内的文字显示不同的效果。常用于设置 CSS 样式。

其常用格式如下：

<div align = 对齐方式 id = 名称 style = 样式 class = 类名 nowrap>...</div>

其中，对齐方式可以为center、left和right；id用于定义div区域的名称；style用于定义样式；class用于赋予类名；nowrap说明不能换行，默认不加nowrap，也就是可以换行。

例如：

<div>第一段文本，默认左对齐显示</div>

<div align = "center" style = "color: purple" id = "another">
第二段文本，文字颜色为紫色，且居中显示。
</div>

上例在浏览器中的显示效果如图4-18所示。

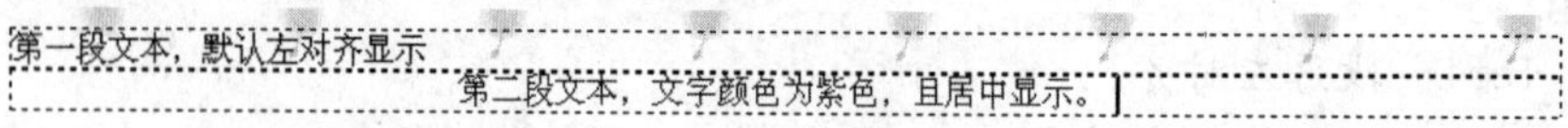

第二段文本，默认左对齐显示
　　　　第二段文本，文字颜色为紫色，且居中显示。

<p align="center">图4-18　<div>标签示例效果</p>

● <span>…</span>用于定义内嵌的文本容器或区域，主要用于一个段落、句子甚至单词中。其格式为：

<span id = 名称 style = 样式 class = 类名>……</span>

<span>标签没有align属性，其他属性的含义和<div>标签类似，这里不再赘述。<span>标签同样在样式表的应用方面特别有用，它们都用于动态HTML。例如：

<span style = "color: red; font-size: 18pt">18 点大小的红色字体</span>

div标签和span标签的区别在于，div是一个块级元素，可以包含段落、标题、表格，乃至诸如章节、摘要和备注等。而span是行内元素，span的前后是不会换行的，它纯粹应用样式。下面以一个实例来说明这两个属性的区别。

1）新建一个HTML文档，并设置文档的背景图像。

2）切换到"代码"视图，在<body>和</body>标签之间输入以下代码：

<span>第一个 span</span>

<span >第二个 span</span>

<span >第三个 span</span>

<div>第一个 div</div>

<div>第二个 div</div>

<div>第三个 div</div>

3）保存文件，切换到"设计"视图，可以查看页面效果，如图4-19所示。

图4-19　<div>和<span>标签比较示例效果

4.3.5　列表标签

在HTML中，列表标签分为无序列表、有序列表和普通列表三种。下面分别进行简要介绍。

1. 无序列表

所谓无序列表，是指列表项之间没有先后次序之分。<ul>…</ul>用来标记无序列表的开始和结束。其标签格式为：<ul><li>…</li></ul>。其中每一个<li>标签表示一个列表项值。

例如：

<ul>

　<li>网页制作

　<li>程序设计

　<li>网络管理

</ul>

上例在浏览器中的显示效果如图4-20左图所示。

图4-20　无序列表和有序列表的效果

2. 有序列表

有序列表与普通列表不同之处在于有序列表存在序号。<ol>…</ol>用于标记有序列表的开始和结束。有序列表有一个属性"type"，其值的功能如下：

- type=1：表示用数字给列表项编号，这是默认设置。
- type=a：表示用小写字母给列表项编号。
- type=A：表示用大写字母给列表项编号。
- type=i：表示用小写罗马字母给列表项编号。

HTML与CSS基础

61

- type=I：表示用大写罗马字母给列表项编号。

例如：

```
<ol>
  <li>网页制作
  <li>程序设计
  <li>网络管理
</ol>
```

该示例在浏览器中的显示效果如图4-20右图所示。

3. 普通列表

普通列表通过<dl>…<dt>…<dd>…</dd>…</dt>…</dl>的形式实现，通常用于排版。其中，<dl>…</dl>标签用于创建一个普通的列表，<dt>…</dt>用于创建列表中的上层项目；<dd>…</dd>用于创建列表中最下层的项目。<dt>…</dt>和<dd>…</dd>都必须放在<dl>…</dl>标签之间。

使用示例：

```
<dl>
  <dt>网页制作
    <dd>FLASH
    <dd>FIREWORK
  <dt>程序设计
    <dd>JAVASCRIPT
    <dd>VBSCRIPT
</dl>
```

上述代码在浏览器中的显示效果如图4-21所示。

```
网页制作
        FLASH
        FIREWORK
程序设计
        JAVASCRIPT
        VBSCRIPT
```

图4-21　普通列表效果

4.3.6　表格标签

通过表格可以将数据内容分门别类地显示出来，从而使网页显得整齐美观。在HTML中制作表格是一件很容易的事。

1. <table>标签

表格由<table>…</table>标签构成。<table>标签还有很多属性用于控制表格的显示效果。表格的常用属性介绍如下：

- align：设置表格与页面对齐方式，取值有left、center和right。
- cellpadding：设置表格单元格内数据和单元格边框之间的边距，以像素为单位。
- cellspacing：设置单元格之间的间距，以像素为单位。

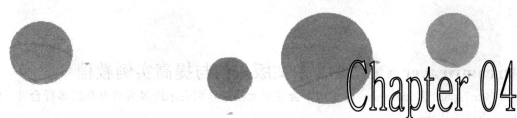

- border：设置表格的边框。如果将该属性的值设置为 0，则不显示表格的边框线。
- width：设置表格的宽度，单位默认为像素，也可以使用百分比形式。
- height：设置表格的高度，单位默认为像素，也可以使用百分比形式。

例如，下面的代码绘制了一个宽为300像素、边框为1、边距和间距为2、3行3列的表格。

```
<table width="300" border="1" cellspacing="2" cellpadding="2">
  <tr>
    <td> </td>
    <td> </td>
    <td> </td>
  </tr>
  <tr>
    <td> </td>
    <td> </td>
    <td> </td>
  </tr>
  <tr>
    <td> </td>
    <td> </td>
    <td> </td>
  </tr>
</table>
```

2．<tr>、<td>和<th>标签

1）<tr>…</tr>标签用于标记表格一行的开始和结束。常用的属性介绍如下：

- align：设置行中文本在单元格内的对齐方式，取值有 left、center 和 right。
- bgcolor：设置行中单元格的背景颜色。

2）<td>…</td>用于标记表格内单元格的开始和结束，应位于<tr>标签内部。常用的属性介绍如下：

- align：设置单元格内容在单元格内的对齐方式，取值有 left、center 和 right。
- bgcolor：设置单元格的背景颜色。
- width：设置单元格的宽度，单位为像素。
- height：设置单元格的高度，单位为像素。

3）<th>…</th>的作用与<td>…</th>大致相同，主要用于标记表格内表头的开始和结束，且其中的文本自动以粗体显示。常用的属性如下：

- colspan：设置<th>…</th>内的内容应该跨越几列。
- rowspan：设置<th>…</th>内的内容应该跨越几行。

3．<colspan>和<rowspan>标签

<colspan>和<rowspan>标签用于合并单元格，分别表示跨多列合并和跨多行合并。例如，下面的代码：

```
<table width="300" border="1" align="center" cellpadding="2" cellspacing="2">
  <tr>
    <th width="83" scope="col">名称</th>
    <th colspan="2" scope="col">参数</th>
  </tr>
  <tr>
    <td>123</td>
    <td width="119">qwe</td>
    <td width="70">zxc</td>
  </tr>
  <tr>
    <td>456</td>
    <td>asd</td>
    <td>fgh</td>
  </tr>
</table>
```

该表格包含3行3列，第1行设置了跨两列的合并形式。该表格在浏览器中的效果如图4-22所示。

名称	参数	
123	qwe	zxc
456	asd	fgh

图4-22　表格合并列的效果

4.3.7　框架标签

<iframe>…</iframe>标签用于在网页中设置浮动帧网页。常用的主要属性有src和name属性。其中，src属性用于设置浮动帧的初始页面的URL；name属性用于设置浮动帧窗口的标识名称，在HTML5中，该属性使用id替换。实例如下：

```
<iframe src="yulinling.html" name="window">
    Here is a Floating Frame
</iframe>
<br><br>
<a href="dingfengbo.html" target="window">Load A</A><BR>
<a href="hechongtian.html" target="window">Load B</A><BR>
<a href="yebanle.html" target="window">Load C</A><BR>
```

如果用户的浏览器不支持框架技术，则显示<iframe>…</iframe>标签间的文字"Here

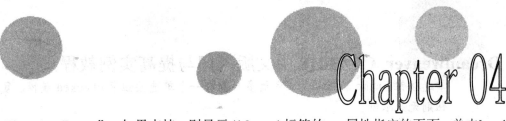

is a Floating Frame"；如果支持，则显示<iframe>标签的src属性指定的页面。单击Load
A、Load B 或Load C文字链接，则在浮动帧区域中显示相应的链接文件，如图4-23所示。

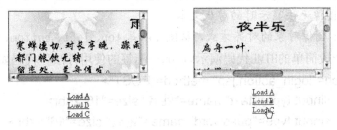

图4-23　iframe标签示例效果

4.3.8　表单标签

表单是HTML文档中向用户提供信息，同时获取用户输入信息的网页元素。数据输入完
毕后，单击"提交"按钮，可将表单内的数据提交到服务器，服务器端根据输入的数据做
相应的处理。表单的应用相当广泛，登录注册、网上查询等功能都离不开表单。

1．<form>标签

<form>…</form>标签用于表示一个表单的开始与结束，并且通知服务器处理表单的
内容，表单中的各种表单对象都要放在这两个标签之间。常用的属性介绍如下：

● name：用于指定表单的名称。
● action：指定提交表单后，将对表单进行处理的文件路径及名称（即 URL）。
● method：用于指定发送表单信息的方式，有 GET 方式（通过 URL 发送表单信息）
  和 POST 方式（通过 HTTP 发送表单信息）。POST 方式适合传递大量数据，但速度
  较慢；GET 方式适合传送少量数据，但速度快。

2．<input>标签

<input>标签用于在表单内放置表单对象，此标签不需成对使用。它有一个type属性，
对于不同的type属性值，<input>标签有不同的属性。例如，type="text"（文本域表单对
象，在文本框中显示文字）或type="password"（密码域表单对象，在文本框中显示*号代
替输入的文字，起保密作用）时，<input>标签的属性如下：

● size：文本框在浏览器的显示宽度，实际能输入的字符数由 maxlength 参数决定。
● maxlength：在文本框中最多能输入的字符数。

type="submit"（提交按钮，用于提交表单）或type="reset"（重置按钮，用于清空表
单中已输入的内容）时，<input>标签的属性如下：

● value：在按钮上显示的标签。

type="radio"（单选钮）或type="checkbox"（复选钮）时，<input>标签参数介绍如
下：

● value：用于设定单选钮或复选钮的值。
● checked：可选参数，若带有该参数，则默认状态下该按钮是选中的。同一组 radio

Dreamweaver CC 2018 中文版入门与提高实例教程

单选按钮（name 属性相同）中最多只能有一个单选按钮带 checked 属性。复选按钮则无此限制。

type="image"（图像）时，<input>标签参数介绍如下：

- src: 图像文件的名称。
- alt: 图像无法显示时的替代文本。
- align: 图像对象的对齐方式，取值可以是 top、left、bottom、middle 和 right。

下面通过一段简单的HTML代码演示<input>标签的使用方法。代码如下：

```
<form action="login_action.jsp" method="POST">
    姓名：<input type="text" name="姓名" size="16"><br>
    密码：<input type="password" name="密码" size="16"><br>
    性别：<input name="radiobutton" type="radio" value="radiobutton">男
    <input name="radiobutton" type="radio" value="radiobutton">女<br>
    爱好：<input type="checkbox" name="checkbox" value="checkbox">运动
    <input type="checkbox" name="checkbox2" value="checkbox">音乐<br>
    图像：<input name="imageField" type="image" src="dd.gif" width="16" height=
"16" border="0"><br>
    <input type="submit" value="发送"><input type="reset" value="重设">
</form>
```

上述代码在浏览器中的显示效果如图4-24所示：

图4-24   input标签的示例效果

3. <select>和<option>标签

<select>…</select> 标 签 用 于 在 表 单 中 插 入 一 个 列 表 框 对 象 。 它 与
<option>…</option>标签一起使用，<option>标签用于为列表框添加列表项。<select>
标签的常用属性简要介绍如下：

- name: 指定列表框的名称。
- size: 指定列表框中显示多少列表项（行），如果列表项数目大于 size 参数值，
  那么通过滚动条来滚动显示。
- multiple: 指定列表框是否可以选中多项，默认下只能选择一项。

<option>标签的参数有两个可选参数，介绍如下：

- selected: 用于设定在初始时本列表项是被默认选中的。
- value: 用于设定本列表项的值，如果不设此项，则默认为标签后的内容。

在 Dreamweaver 的 "代码" 视图的<body>…</body>标签之间输入以下代码：

```
<form action="none.jsp" method="POST">
```

```
<select name="fruits" size="3" multiple>
        <option selected>足球
        <option selected>篮球
        <option value=My_Favorite>乒乓球
        <option>羽毛球
</select><p>
<input type="submit">
<input type="reset">
</form>
```

保存文档，并按F12键在浏览器中查看显示效果，如图4-25所示。

4. 〈textarea〉标签

〈textarea〉…〈/textarea〉标签的作用与〈input〉标签的type属性值为text时的作用相似，不同之处在于，〈textarea〉显示的是多行多列的文本区域，而〈input〉文本框只有一行。〈textarea〉和〈/textarea〉之间的文本是文本区域的初始文本。

〈textarea〉标签的常用属性如下：

- name：指定文本区域的名称。
- rows：文本区域的行数。
- cols：文本区域的列数。
- wrap：用于设置是否自动换行，取值有 off（不换行，是默认设置）、soft（软换行）和 hard（硬换行）。

在 Dreamweaver "代码" 视图的<body>…</body>标签之间输入以下代码：

```
<form action="/none.jsp" method="POST">
   <textarea name="comment" rows="5" cols="20">
      在这里输入要查询的内容
   </textarea>
   <br>
   <input type="submit">
   <input type="reset">
</form>
```

保存文档，并按F12键，在浏览器中预览的显示效果如图4-26所示。

HTML与CSS基础

图4-25　示例效果

图4-26　示例效果

4.3.9 其他标签

1.〈img〉标签

图像可以使页面更加生动美观、富有生机。在HTML文档中，插入图像可通过〈img〉标签实现，该标签除src属性不可缺省，其他属性均为可选项。其属性如下：

● src：用于指定要插入图像的地址和名称。
● alt：用于设置当图像无法显示时的替换文本。
● width和height：用于设置图片的宽度和高度。

使用示例：

<img src="new.gif" width="20" height="20"/>

2.〈a〉标签

HTML最显著的优点就在于它支持文档的超链接，可以很方便地在不同文档以及同一文档的不同位置之间跳转。HTML是通过链接标签〈a〉实现超链接的。〈a〉标签是封闭性标签，其起止标签之间的内容即为锚标。〈a〉标签有两个不能同时使用的属性href和name，此外还有target属性等，分别介绍如下：

● href：用于指定目标文件的URL地址或页内锚点。

当超链接的一个起点要链接到锚点时，应采用如下的格式：

<a herf="#…">…</a>

herf属性值的#号后的省略号为命名锚点的名字。

〈a〉标签使用此属性后，在浏览器中单击锚标，页面将跳转到指定的页面或本页中指定的锚点位置。例如：

<a href="url">单击这里</a>

表示当单击链接文本"单击这里"时，会打开url所指向的文件页面。

<a herf="http://www.tom.com/abc/002.htm#abc">锚点</a>

表示当单击链接起点文字"锚点"时，将会打开http://www.tom.com/abc/002.htm文件，并定位到该页面中命名为abc锚点的特定位置。

● name：用于标识一个目标，该目标终点是一个文件中指明的特定的地方。这种链接的终点就称为命名锚点。例如：

<a name="name">text</a>

● target：用于设定打开新页面所在的目标窗口。如果当前页面使用了框架技术，还可以把target设置为框架名。例如：

<a herf="http://www.tom.com/abc/002.htm#abc" target="main">锚点链接</a>

表示当单击链接起点文字"锚点链接"时，将链接的页面在名为main的框架中打开。

3.〈meta〉标签

〈meta〉标签是实现元数据的主要标签，它能够提供文档的关键字、作者、描述等多种信息，在HTML的头部可以包括任意数量的〈meta〉标签。〈meta〉标签是非成对使用的标签，常用的属性介绍如下：

● name：用于定义一个元数据属性的名称。
● content：用于定义元数据的属性值。

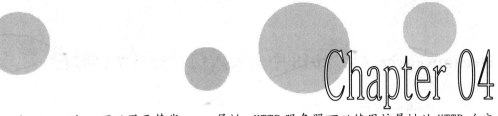

- http-equiv: 可以用于替代 name 属性，HTTP 服务器可以使用该属性从 HTTP 响应头部收集信息。
- charset: 用于定义文档的字符解码方式。使用示例：

```
<meta name = "keywords" content = "comey制作">
<meta name = "description" content = "comey制作">
<meta http-equiv="Content-Type" content="text/html; charset=gb2312">
```

4. <link>标签

<link>标签定义了文档之间的包含，通常用于链接外部样式表，它把CSS写到一个扩展名为.css的文件中，主要用于多个页面排版风格的统一控制，避免单个页面重复地设置CSS样式。<link>是一个非封闭性标签，只能在<head>…</head>中使用。

在HTML的头部可以包含任意数量的<link>标签。<link>标签带有很多属性，下面介绍一些常用的属性：

- href: 用于设置链接资源所在的 URL。
- title: 用于描述链接关系的字符串。
- rel: 用于定义文档和所链接资源的链接关系，可能的取值有 Alternate、Stylesheet、Start、Next、Prev、Contents、Index、Glossary、Copyright、Chapter、Section、Subsection、Appendix、Help 和 Bookmark 等。如果希望指定不止一个链接关系，可以在这些值之间用空格隔开。
- rev: 用于定义文档和所链接资源之间的反向关系。其可能的取值与 rel 属性相同。

例如，<link rel="Shortcut Icon" href="soim.ico">，表示将浏览器地址栏里面的e图标替换为href属性指向的图标，当收藏该页的时候，收藏夹里的图片也将随之改变。

<link href="css.css" rel="stylesheet" type="text/css">表示把文档和一个CSS文档连接起来，在网页中应用css.css文件作为其外部样式表。

5. <base>标签

<base>标签是一个非封闭性的基链接标签，定义文档的基础URL地址。在文档中所有的相对地址形式的URL都是相对于这里定义的URL而言的。一篇文档中的<base>标签不能多于一个，必须定义于标签<head>与</head>之间，并且应该在任何包含URL地址的语句之前。<base>标签的属性简要介绍如下：

- href: 指定了文档的基础 URL 地址。该属性在<base>标签中是必须存在的。
- target: target 属性与框架一起使用，它定义了当文档中的链接被单击后，在哪一个框架集中展开页面。如果文档中超链接没有明确指定展开页面的目标框架集，则使用这里定义的地址代替。

例如，如果在HTML文档的头部定义了<base href ="http://www.microsoft.com" target="_blank">，则单击链接<a href="document.html" target="_self">document</a>，将打开http://www.microsoft.com/document.html文件，也就是在相对路径的文件前加上基链接指向的地址。如果目标文件中的链接没有指定target属性，就用base标签中

Dreamweaver CC 2018 中文版入门与提高实例教程

的target属性。

6. ＜bgsound＞标签

＜bgsound＞标签常用于在网页中添加背景音乐，常用的两个属性为src属性和loop属性。

其中，src属性用于设置要加载的背景音乐的URL地址；loop属性用于设置背景音乐播放的循环次数，当其属性值设置为-1时，表示背景音乐无限循环播放，直到页面被关闭。

例如，＜bgsound src="sound.wav" loop="3"＞＜/bgsound＞表示添加网页相同目录下的sound.wav文件作为背景音乐，并设置循环播放次数为3次。

7. ＜style＞标签

＜style＞…＜/style＞标签用于在网页中创建样式，也叫嵌入样式表，它把CSS直接写入到HTML的head部分，这是CSS最为典型的使用方法。在制作网站时不建议这样使用，应将网页结构与样式分离，以便于维护。

在＜style＞标签中可以创建多个不同的命名样式。文档内容可以直接运用这些定义好的样式。例如：

```
<style type="text/css">
<!--
body {
    background-image: url(logo.gif);
    background-repeat: repeat;
}
a:link {
    color: #006600;
    text-decoration: none;
}
a:visited {
    text-decoration: none;
    color: #660000;
}
a:hover {
    text-decoration: none;
}
a:active {
    text-decoration: none;
    color: #0000FF;
}
-->
</style>
```

在上面的代码中，＜style＞标签定义了5个样式。分别用于设置页面背景图像、未访问过的链接颜色、已访问过的链接颜色、当前链接和活动链接颜色。如果要在文本中应用上

70

述样式，可以在文字修饰标签中应用class属性和属性值。例如：

```
<font class="a:active">我的主页</font>
```

8．<marquee>标签

<marquee>…</marquee>标签用于在页面中设置滚动字幕。常用的属性如下：

- direction：用于设置字幕的滚动方向。
- behavior：用于设置字幕的滚动方式，属性值可设置为slide、alternate。
- loop：用于设置字幕滚动时的循环次数，属性值可设置为整数，若未指定，则循环不止（infinite）。
- scrollamount：用于设置字幕滚动的速度，属性值为整数。
- scrolldelay：用于设置字幕滚动的延迟时间，属性值为整数。

例如：

```
<marquee loop="3" width="50%" behavior="slide" scrolldelay="500"
scrollamount="100">刚刚风无意吹起！</marquee>
```

4.4 CSS 规则

在网页制作过程中，可能经常需要在多个文档中应用一些相同的、复杂的段落或字符特效，或者嵌入某种样式的图像效果。使用CSS样式可以轻松解决这个问题。

CSS是一组能控制网页元素外观的格式化属性集合，是一个包含了一些CSS标签，以.css为文件扩展名的文本文件。它是一种设计网页样式的工具，在标准的网页设计中负责网页内容(XHTML)的表现。与传统的HTML样式相比，CSS规则有以下特点。

1．将格式和结构分离

利用CSS规则，不必再把繁杂的样式定义编写在文档中，可以将所有有关文档的样式全部脱离出来，作为外部样式文件供HTML调用，控制多篇文档的文本格式，具有很好的易用性和扩展性，同时，HTML仍可以保持简单明了的初衷。

2．以前所未有的能力控制页面布局

HTML语言对页面总体上的控制很有限，如精确定位、行间距或字间距等，这些操作通过CSS可轻松实现。

3．制作体积更小，网页下载更快

CSS只是简单的文本，它不需要图像，不需要执行程序，不需要插件。使用层叠样式表可以减少表格标签及其他加大HTML体积的代码，减少图像使用量从而控制文件大小。

4．轻松地同时更新多个网页

在没有CSS的时代，如果要更新整个站点中所有主体文本的字体，就必须一页一页地修改网页，费时且容易出错。而CSS主旨就是将格式与结构分离，网页设计者可以将站点上所有的网页都指向单一的一个CSS文件，只要修改CSS文件中的某一行，那么整个站点都会随之发生改变。

5．良好的兼容性

CSS的代码有很好的兼容性，也就是说，即使某些用户的浏览器不支持CSS，在浏览采用了CSS格式化的网页时，浏览器会忽略CSS定义的格式，从而不影响用户浏览。

4.4.1 基本语法规范

CSS是一种对Web文档添加样式的简单机制，属于表现层的布局语言。CSS样式的定义代码由一系列的样式规则组成，告诉浏览器如何呈现一个文档。将样式规则加入到HTML文档中有很多方法，最简单的方法是使用HTML的<style>标签。

CSS每个规则的组成包括一个选择器（通常是一个HTML的元素，如body、p或em）和该选择器接受的样式。定义一个元素可以使用多个属性，每个属性带一个值，共同描述选择器应该如何呈现。样式的规则组成如下所示：

选择器 {属性1:值1;属性2:值2}

下面看一个典型的CSS语句：

p {color:#FF0000;background:#FFFFFF}

其中，p称之为"选择器"（selectors），用于指明该语句是要给p定义样式；一对大括号{}用于样式声明；大括号中的color和background称为"属性"（property），不同属性之间用分号分隔；#FF0000和#FFFFFF是属性的值（value）。

单一选择器的复合样式声明应该用分号隔开。例如，以下代码定义了h1、h2元素的颜色和字体大小属性：

h1 { font-size: x-large; color: red }

h2 { font-size: large; color: blue }

上述的样式表告诉浏览器用加大号的红色字体显示一级标题；用大号的蓝色字体显示二级标题。

如果要将多个选择器声明为相同的样式，为了减少样式表的重复声明，可以使用组合的选择器声明。例如，将文档中所有标题的颜色设置为红色，字体为sans-serif，可以通过以下组合给出声明：

h1, h2, h3, h4, h5, h6 { color: red; font-family: sans-serif }

此外，声明样式时，还可以用空格隔开两个或更多的单一选择器，这种选择器称为关联选择器。由于层叠顺序的规则，它们的优先级比单一的选择器高。例如：

p em { background: red }

这个例子中关联选择器是p em。这个值表示段落中的强调文本会是红色背景，而标题的强调文本则不受影响。

下面分别介绍样式表的各个组成部分。

1. 选择器

任何HTML元素都可以是一个CSS的选择器，选择器仅仅是指向特别样式的元素。根据声明的不同，可把选择器分为四类，分别介绍如下：

（1）类　创建可作为"类"属性应用于文本范围或文本块的自定义样式。它由用户给定样式表元素名称，并且可以在整个HTML中被调用。

"类"可以看作是为样式规则命名的选择器。一个HTML元素的选择器可以有不同的

"类"，因而允许同一元素有不同的样式。在CSS中，用一个点（.）开头表示类别选择器，例如：

.14px {color : #f60 ;font-size:14px ;}

这个方法比较简单灵活，可以随时根据页面需要新建和删除。例如，在不同的段落使用不同颜色的文本：

p.red { color: red }

p.green { color: green }

以上的例子建立了两个类，red和green，供不同的段落使用。如果要将样式应用于指定的网页元素，可用class="类别名"的方法指明元素使用的样式类。例如：

<p class= "red ">第一段文本</p>

则段内文本使用p.red类样式。

声明类时，也可以不指定具体元素。例如：

.cn01 { font-size: small }

在这个例子中，名为cn01的类可以被用于任何元素。

（2）标签　用于重新定义一个特定HTML标签的默认格式。样式一经定义，就在整个HTML文件中通用。

例如，链接文本默认情况下均显示为蓝色，且有下划线。以下代码重新定义了<a>标签，设置链接文本的字体族为Verdana、Arial、Helvetica、sans-serif；大小为12，颜色为红色。

a {
　　font-family: Verdana, Arial, Helvetica, sans-serif;
　　font-size: 12px;
　　font-style: normal;
　　color: #FF0000;
}

（3）复合内容　用于定义组合样式（两个或两个以上CSS元素组合）以及具有特殊序列号（ID）的样式元素。常用的复合选择器有a:active（激活的链接）、a:hover（当前链接）、a:link（链接）、a:visited（访问过的链接）。通过对这4个元素的定义，可以在网页中非常方便地制作有个性的超链接。

例如，以下代码设置链接文本的字体为隶书；字体大小为14px，颜色为绿色。

a:link {
　　font-family: "隶书";
　　font-size: 14px;
　　color: #006600;
}

（4）ID　ID选择器用于定义特定元素的样式。指定ID选择器时，其名称前面要有指示符"#"。例如：

#myid{ text-indent: 3em }

使用ID选择器的方式如下：

<p id="myid">文本缩进3em</p>

2．属性、值和注释

为选择器指定属性，可以具体设置选择器某方面的外观。属性包括颜色、边框、边距和字体等。

值是一个属性接受的指定。下面着重介绍颜色值和字体的属性值。

颜色值可以用RGB值指定，如color:rgb(255,0,0)，也可以用十六进制指定，如color:#FF0000。如果十六进制值是成对重复的，可以简写，效果一样。例如，#FF0000可以写成#F00。但如果不重复就不可以简写，如#FC1A1B必须写满六位。

对于字体，Web标准推荐如下字体定义方法：

body { font-family : "Lucida Grande",Verdana,Lucida,Arial,Helvetica, 宋体,sans-serif; }

字体按照所列出的顺序选用。在上例中，如果用户的计算机包含有Lucida Grande字体，文档将被指定为Lucida Grande；如果没有，则被指定为Verdana字体；如果也没有Verdana，就指定为Lucida字体，依此类推。其中，Lucida Grande字体适合Mac OS X，Verdana字体适合所有的Windows系统，Lucida适合UNIX用户，宋体适合中文简体用户。如果所列出的字体都不能用，则调用系统字体sans-serif。

样式表中的注释使用与C语言编程中一样的约定方法，即使用/*…*/指定。例如，以下代码就是CSS注释的一个例子：

/* COMMENTS CANNOT BE NESTED */

3．伪类和伪元素

伪类和伪元素是特殊的类和元素，能自动地被支持CSS的浏览器所识别。伪类区别于不同种类的元素，如visited links（已访问的链接）和active links（可激活链接）描述了两个定位锚（anchors）的类型。伪元素指元素的一部分，如段落的第一个字母。伪类或伪元素规则的定义形式与选择器相似，如下所示：

伪类{属性:值}

伪元素{属性:值}

伪类和伪元素不用HTML的class属性指定。一般的类可以与伪类和伪元素一起使用，例如下面的形式：

选择器.类:伪类{属性:值}

选择器.类:伪元素{属性:值}

常用的伪类和伪元素如下：

（1）定位锚伪类　伪类可以指定a元素以不同的方式显示链接、已访问链接和可激活链接。CSS中用四个伪类来定义链接的样式，分别是a:link、a:visited、a:hover和a:active。例如：

a:link{font-weight : bold ;text-decoration : none ;color : #c00 ;}

a:visited {font-weight : bold ;text-decoration : none ;color : #c30 ;}

a:hover {font-weight : bold ;text-decoration : underline ;color : #f60 ;}

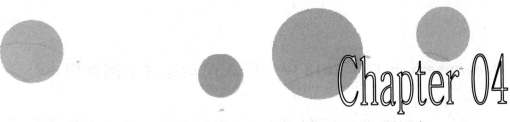

a:active {font-weight : bold ;text-decoration : none ;color : #F90 ;}

以上语句分别定义了链接、已访问过的链接、鼠标滑过时及按下鼠标时的样式。

注意：
　　　　在 CSS 中定义链接样式时，必须按以上顺序书写，否则显示效果可能会与预想的不一样。

（2）首行伪元素　通常报纸上的文章首行都会以全部大写的粗体展示。使用首行伪元素可以轻松实现这种效果。首行伪元素可以用于任何块级元素，以下是一个首行伪元素的例子：

p:first-line{font-variant: small-caps;font-weight: bold}

（3）首字母伪元素　首字母伪元素用于加大显示每个单词的首字母。一个首字母伪元素可以用于任何块级元素。例如：

p:first-letter{font-size: 300%; float: left}

则段落中首字母会比普通字体加大三倍。

4.4.2　创建 CSS 规则

　　"CSS设计器"面板能让用户以可视化的方式创建CSS规则，并设置规则属性和媒体查询。

　　执行"窗口"/"CSS设计器"命令，或单击属性面板上的"CSS设计器"按钮，即可打开"CSS设计器"面板，如图4-27所示。

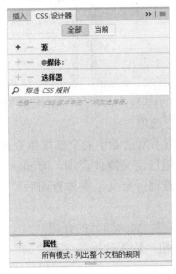

图4-27　"CSS设计器"浮动面板

HTML与CSS基础

注意:
  在 Dreamweaver CC 2018 中,用户可以使用 Ctrl+Z 组合键撤消,或使用 Ctrl+Y 组合键还原在 CSS 设计器中执行的所有操作,更改自动反映在"实时视图"中。

  层叠样式表是W3C用来加强HTML标签在显示网页文件上的不足之处而规划的,所以在用法上基本与HTML并无两样,只是加强了原来HTML中样式的功能。下面通过一个简单实例介绍创建CSS样式的方法步骤。

  1)打开"CSS设计器"面板,在"源"窗格中选择一个CSS源。"源"窗格列出了与文档相关的所有CSS样式表。如果没有,则单击"添加CSS源"按钮,在弹出的下拉菜单中根据需要选择创建CSS规则的方式。

  ①若要创建外部样式表,可选择"创建新的CSS文件",弹出如图4-28所示的"创建新的CSS文件"对话框。

  单击"浏览"按钮指定CSS文件的名称和保存路径,然后选择将新建的CSS文件添加到当前文档的方式:"链接"使用〈link〉标签将CSS文件链接到网页中,"导入"使用〈import〉标签将CSS文件导入到文档中。

  单击"有条件使用(可选)",可以指定要与CSS文件关联的媒体查询。

  ②若要使用已定义的样式表,可选择"附加现有的CSS文件",弹出如图4-29所示的"使用现有的CSS文件"对话框。

  ③若要在当前文档中嵌入样式,可选择"在页面中定义"。

图4-28 "创建新的CSS文件"对话框   图4-29 "使用现有的CSS文件"对话框

本例选择"在页面中定义"选项。

  2)在"@媒体"窗格中列出了所选源中的全部媒体查询。可根据需要选择媒体查询,或者单击"添加媒体查询"按钮自定义媒体查询。Dreamweaver CC 2018对媒体查询的颜色进行了编码以匹配可视媒体查询。定义了媒体查询后,在"@媒体"窗格中列示的媒体查询将显示相应的颜色。

  添加媒体查询的具体方法请参见4.4.3节的介绍。

  3)单击"添加选择器"按钮,输入选择器名称"h1"。在Dreamweaver CC 2018中可以定义以下四种类型的选择器:

- 类:创建可作为类属性应用于文本范围或文本块的自定义样式,可应用于任何HTML元素。类名称必须以英文字母或句点(.)开头,不可包含空格或其他标点符号。

- 标签：重定义特定HTML标签的默认格式。标签选择器的名称即为HTML标签。
- 复合内容：为具体某个标签组合或所有包含特定ID属性的标签定义格式。
- ID：仅用于一个HTML元素。ID选择器名称必须以英文字母开头，且在名称前添加"#"，不应包含空格或其他标点符号。

4）在"属性"列表中设置CSS样式属性。切换到"文本"类别，设置字体为"华文彩云"，大小为60像素，颜色为#09C，文本对齐方式为"居中"，如图4-30所示。

图4-30　定义CSS属性

有关CSS属性的设置方法将在本章4.3.3节中进行介绍。

5）选中"桃花心木"，在HTML属性面板上的"格式"下拉列表中选择"标题1"。至此，CSS样式创建完毕，应用该样式前后的页面效果如图4-31所示。

图4-31　应用CSS样式前后的效果

4.4.3　定义媒体查询

移动设备的快速普及完全颠覆了网页设计领域。用户越来越多地使用具有各种尺寸的

Dreamweaver CC 2018中文版入门与提高实例教程

智能电话、平板电脑和其他设备查看网页内容。因此，网页设计人员要确保他们的网站不仅在传统桌面系统的大屏幕上看起来不错，在小型的电话以及介于它们之间的各种移动设备上看起来也不错。

媒体查询是向不同设备提供不同样式的一种不错方式，它为每种类型的用户提供了最佳的体验。作为CSS3规范的一部分，媒体查询扩展了media属性的角色，允许设计人员基于各种不同的设备属性（如屏幕宽度、方向等）来确定目标样式。

在Dreamweaver CC 2018中定义媒体查询的步骤如下：

1）打开"CSS设计器"面板，在"源"窗格中选择要定义媒体查询的CSS源。

2）在"@媒体"窗格单击"添加媒体查询"按钮，弹出如图4-32所示的"定义媒体查询"对话框。

3）在"条件"下拉列表中根据需要选择条件，然后在右侧的下拉列表中为选择的条件指定有效值。

4）如果要添加多个条件，可将鼠标移到"定义媒体查询"对话框中的任一下拉列表框上，列表框右侧将显示"添加条件"和"移除条件"按钮，如图4-33所示。单击"添加条件"按钮，即可添加条件，并指定值。

注意：
目前 Dreamweaver CC 2018 对多个条件只支持 And 运算。如果通过代码添加媒体查询条件，则只会将受支持的条件填入"定义媒体查询"对话框中。但该对话框中的"代码"文本框会完整地显示代码（包括不支持的条件）。

在页面中添加媒体查询后，单击"设计"视图或"实时"视图中的某个媒体查询，则视口切换以便与选定的媒体查询相匹配。若要查看全尺寸的视口，可在"@媒体"窗格中单击"全局"。

图4-32　"定义媒体查询"对话框1　　　　图4-33　"定义媒体查询"对话框2

在Dreamweaver CC 2018文档窗口顶部可以显示可视媒体查询栏，利用可视媒体查询栏，也可以很便捷地添加新的媒体查询，步骤如下：

1）切换到"实时视图"，在通用工具栏上单击"显示/隐藏可视媒体查询栏"按钮 ，显示可视媒体查询栏。

2）沿标尺将scrubber拖动至所需大小，拖动过程中会显示尺寸，如图4-34所示。

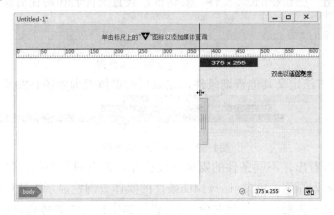

图4-34　沿标尺拖动scrubber

3）单击标尺上的▼图标，将弹出媒体查询条件设置面板，如图4-35所示.默认情况下设置max-width。

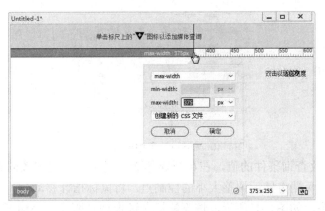

图4-35　媒体查询条件设置面板

4）单击第一行的下拉列表框，弹出如图4-36所示的媒体查询条件列表，根据需要选择媒体查询条件，如选择"max-width"。

5）在查询条件右侧的下拉列表中选择单位px、em或rem，如图4-37所示。如果更改了指定值的单位，则该值会自动转换为新选择的单位。

图4-36　媒体查询条件列表　　　　图4-37　设置单位

6）单击最后一个下拉列表框，设置媒体查询定义的位置，可创建新的CSS文件，也可以在页面中定义。

7）单击"确定"按钮关闭对话框。如果上一步选择在页面中定义媒体查询，则在可视媒体查询栏上显示已定义的媒体查询，如图4-38所示；如果选择在新的CSS文件中定义媒体查询，将弹出"创建新的CSS文件"对话框，设置文件名和路径后显示媒体查询。

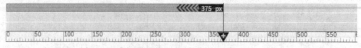

图4-38　已定义的媒体查询

8）用同样的方法定义其他查询条件，完成后的媒体查询如图4-39所示。

图4-39　定义的媒体查询

从图4-39可以看出，不同条件的媒体查询栏显示为不同的颜色：包含max-width条件的媒体查询栏显示为绿色，包含min-width条件的媒体查询栏显示为紫色；包含min-max条件的媒体查询栏显示为蓝色。与此对应，CSS设计器中列出的媒体查询也以这些颜色为前缀，如图4-40所示。

图4-40　CSS设计器中的媒体列表

9）如果要修改查询条件的值，在可视媒体查询栏上单击要修改的查询条件对应的媒体查询栏，查询栏两端将显示调整大小的控制点。将鼠标指针移动到一个控制点上，鼠标指针变为双向箭头，如图4-41所示，按下鼠标左键拖动到所需大小即可。

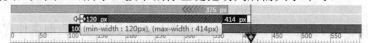

图4-41　鼠标指针变为双向箭头

4.4.4　设置 CSS 属性

Dreamweaver CC 2018 的CSS设计器提供了一种简便、直观的选项卡式控件 协助用户设置CSS属性，从左到右依次为布局、文本、边框、背景和更多，如图4-42所示。选项卡式控件可避免同时查看所有值，以免混淆。

默认情况下，"显示集"复选框处于选中状态，只显示指定选择器已设置的属性。如果要查看可为选择器指定的所有属性，则取消选中该复选框。

设置CSS属性的步骤如下：

1）单击"属性"窗格顶部的类别图标，即可进入对应的属性选项卡。

2）浏览到需要设置的属性，执行以下操作设置属性：

图4-42　CSS设计器属性面板

● 在对应的"值"上单击鼠标，即可弹出值列表，如图4-43所示。在列表中单击选
择需要的属性值。

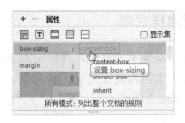

图4-43　值列表

● 在某些属性（如高度、宽度、行高等）的"值"上单击鼠标，即可弹出单位列表，
如图4-44所示。在该列表中单击选择需要的单位，然后输入数值。

● 有些属性的值显示为图标，如图4-45所示的"float"和"clear"的属性值。单
击需要的属性图标即可。

図4-44　单位列表　　　　　　　　图4-45　设置属性

● 如果要设置颜色值，单击颜色拾取按钮，即可弹出调色板。

"属性"面板提供两套图标，分别表示"未设置/已删除"和"禁用"状态。如图4-46
所示，width属性状态为"已设置"，height属性状态为"未设置/已删除"，min-width属

性状态为"禁用"。

3）如果要删除已设置的属性，或暂时禁用某些属性，可将光标移到已设置值的属性上，属性右侧将显示"禁用"和"删除"图标。单击需要的图标即可，如图4-47所示。

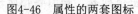

图4-46　属性的两套图标　　　　　　　　图4-47　修改属性状态

4.4.5　全程实例——创建样式表

默认状态下，超链接的文本显示为蓝色，并标记有下划线。为使页面美观，使文本与页面其他元素融合，个人网站实例为页面定义了样式表。步骤如下：

1）打开将作为主页的index.html。执行"窗口"/"CSS设计器"菜单命令，打开"CSS设计器"面板。

2）单击"添加CSS源"按钮，在弹出的下拉列表中选择"创建新的CSS文件"命令，在弹出的"创建新的CSS文件"对话框中输入样式表名称"newcss.css"，保存在站点根目录下。单击"确定"按钮创建一个CSS文件。

3）在"CSS设计器"面板的"源"窗格中选择"newcss.css"，单击"添加选择器"按钮，输入选择器名称a:link。

4）切换到"文本"属性类别，设置文本的颜色为绿色，无修饰，如图4-48所示。

5）按照步骤3）和4）同样的方法，再添加一个选择器，选择器名称为a:hover，字号为18，颜色为橘红色，如图4-49所示。

图4-48　a:link属性　　　　　　　　　图4-49　a:hover属性

以上两个CSS样式定义了页面中的链接文本的活动状态和鼠标指针经过时的状态。

4.5　CSS样式的应用

CSS样式不仅可以控制大多数传统的文本格式属性，如字体、字号和对齐方式等。还

可以定义一些特殊的HTML属性，如定位、特别效果和鼠标轮替等。下面通过两个简单的实例抛砖引玉，演示CSS样式的强大功能。

4.5.1 变化的鼠标

在网页中，鼠标指针可以根据需要发生形状上的各种变化。例如，移动到链接文字上时，显示为手形；移到正文上时，显示为指针。下面通过一个简单实例演示如何通过CSS改变鼠标的样式，使鼠标指针移到不同的元素上时显示不同的形状，如图4-50所示。

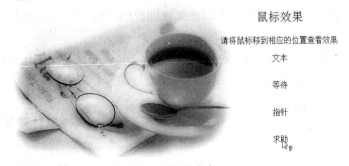

图4-50　变化的鼠标

1）新建一个HTML文档。执行"文件"/"页面属性"命令，弹出"页面属性"对话框。

2）在"外观（CSS）"分类页面单击"浏览"按钮选择背景图像。由于背景图像没有填满整个窗口，Dreamweaver会自动平铺（重复）背景图像，如图4-51所示。

3）使用CSS禁用图像平铺。

①执行"窗口"/"CSS设计器"命令，打开"CSS设计器"面板。

②单击"CSS设计器"面板上的"添加选择器"按钮，输入选择器名称body。切换到"文本"属性列表，设置文本居中对齐；切换到"背景"属性列表，设置背景图像不平铺；设置图像位置为水平右对齐，垂直底部对齐。结果如图4-52所示。

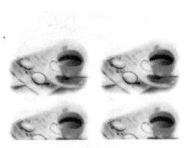

图4-51　图像平铺效果　　　　　　图4-52　body的CSS规则定义

4）执行"插入"/"Div"菜单命令，打开"插入Div"对话框，设置ID为"content"，

HTML与CSS基础

83

如图4-53所示，在文档窗口中插入Div。

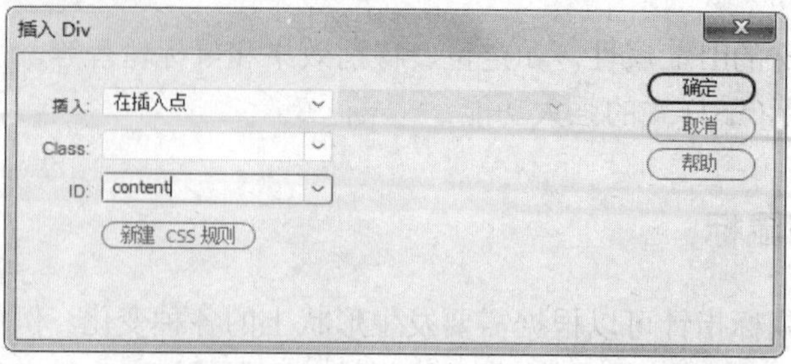

图4-53　"插入Div"对话框

5）删除Div标签中的占位文本，输入内容"鼠标效果"和"请把鼠标移到相应的位置查看效果"。选中"鼠标效果"，在HTML属性面板的"格式"下拉列表中选择"标题1"，效果如图4-54所示。

6）同理，插入其他四个Div，设置ID分别为"content1"" content2"" content3"和"content4"，并输入相应的内容，调整位置后如图4-55所示。

图4-54　输入文字

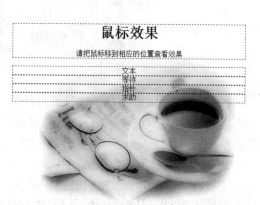

图4-55　插入其他Div

7）定义规则设置Div标签的边距。

①在"CSS设计器"面板中单击"添加选择器"按钮，输入选择器名称"#content1"。切换到"布局"属性列表，设置下边距为"10px"；切换到"更多"属性列表，输入属性名称"cursor"、值为"text"，如图4-56所示。

②按照上一步同样的方法定义三个规则"#content2"" #content3"和"#content4"，设置下边距均为"10px"；然后自定义属性"cursor"，设置值分别为"wait""point"和"help"。对应的CSS代码如下：

```
#content1 {
    cursor: text;
    margin-bottom: 10px;
}
```

图4-56　设置content的属性

```
#content2 {
    cursor: wait;
    margin-bottom: 10px;
}
#content3 {
    cursor: point;
    margin-bottom: 10px;
}
#content4 {
    cursor: help;
    margin-bottom: 10px;
}
```

8）保存文档，按F12键预览网页。当把鼠标指针移动到文字"文本"上时，鼠标指针变成 I；移动到"等待"上时，鼠标指针变成 ○；移动到文字"指针"上时，鼠标指针变成 ；移动到文字"求助"上时，鼠标指针变成 。

需要注意的是，有些CSS样式只有在预览时才能看到显示效果，如本例中的CSS样式。

4.5.2 背景不跟随内容滚动

很多网页设计者都习惯在网页中添加背景图片，以美化页面。如果网页内容超出一屏，拖动滚动条时，背景图片就会与页面内容相对静止地一起滚动。那么能否锁定背景不跟随内容一起滚动呢？答案是肯定的。下面就通过一个实例演示固定网页背景的操作步骤。

1）新建一个页面，然后执行"文件"/"页面属性"命令，为页面设置背景图像。

2）单击文档窗口底部的<body>标签，然后单击CSS属性面板上的"编辑规则"按钮，打开"body的CSS规则定义"对话框。

3）在左侧的"分类"列表中选择"背景"，然后在右侧的参数面板中设置"Background-attachment"属性为"fixed"，如图4-57所示。

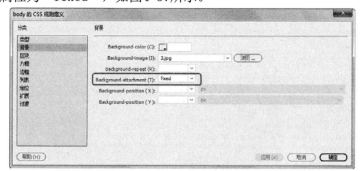

图4-57　设置背景

HTML与CSS基础

4）保存文档。按F12键在浏览器中预览页面效果。如图4-58所示，拖动浏览器窗口右侧的滚动条，页面内容滚动，但页面背景始终保持不动。

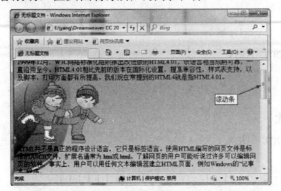

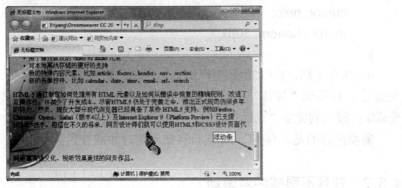

图4-58　背景固定的页面效果

第 5 章 处理文字与图像

本章导读

　　图文并茂，可使文字和图像具有一种相互补充的视觉关系，相得益彰。
页面上文字太多，则显得沉闷，缺乏生气；页面上图像太多，缺少文字，
势必会减少页面的信息容量。因此，最理想的效果是文字与图像的密切配
合，互为衬托，这样既能活跃页面，又使页面有丰富的内容。
　　本章将介绍网页中文本与图像的相关操作。合理地在网页中运用这些
操作，可以更生动直观、形象地表现设计主题，增强页面的视觉效果。

 学 习 要 点

📖 在网页中加入文本
📖 在网页中应用图像

5.1 在网页中加入文本

网页作为一种传播信息的媒体，文字是传递信息的最重要的媒介。从网页最初的纯文字界面发展至今，文字仍是其他任何元素无法取代的网页元素。这首先是因为文字信息符合人类的阅读习惯，其次是文字所占存储空间小，节省了下载和浏览时间。

在制作网页的时候，文本的创建与编辑占据了制作工作的很大部分时间。能否对各种文本控制手段运用自如，是决定网页设计是否美观、富有创意，以及提高工作效率的关键。

5.1.1 插入文本

在Dreamweaver CC 2018中输入文本有以下几种方法：

1）直接在 Dreamweaver 的文档窗口光标所在位置输入文本内容。

2）在其他的应用程序或文档中复制文本，然后切换回Dreamweaver文档窗口，将光标插入到要放置文本的地方，执行"编辑"/"粘贴"或"选择性粘贴"命令。

利用Dreamweaver CC 2018的粘贴选项，可以保留所有源格式设置，也可以只粘贴文本，还可以指定粘贴文本的方式。

3）执行"文件"/"导入"命令导入其他文档中的文本，如XML和表格式数据。

4）从支持文本拖放功能的应用程序中拖放文本到Dreamweaver CC 2018的文档窗口。

此外，Dreamweaver CC 2018集成了Extract面板，允许用户上传和查看Creative Cloud中的PSD文件。使用此面板，用户还可以将PSD复合中的CSS、文本、图像、字体、颜色、渐变和度量值提取到文档中。

5.1.2 设置文本属性

网页中的文字主要包括标题、信息、文本链接等几种主要形式。良好的文本格式，能够充分体现文档要表述的意图，激发读者的阅读兴趣。在文档中构建丰富的字体、多种的段落格式以及赏心悦目的文本效果，对于一个专业的网站来说，是必不可少的要求之一。

文本的大部分格式设置都可以通过属性设置面板来实现。执行"窗口"/"属性"命令，即可打开属性设置面板，如图5-1所示。

图5-1　属性设置面板

打开属性面板后，切换到HTML属性面板，即可设置HTML格式，如图5-1所示。该面板中各个选项的功能简要介绍如下：

● 格式：设置所选文本的段落样式。

"无"是系统的默认设置，从光标所在行的左边开始输入文本，没有对应的HTML标识；

"段落"表示将文本内容设置为一个段落;"标题1"到"标题6"用于设置不同级别的标题;"预先格式化的"用于预定义一个段落,使用该格式,可以在文本中插入多个空格,从而可以任意调整文本内容的位置。

- ID:为所选内容分配一个 ID。如果已声明过 ID,则该下拉列表中将列出文档中所有未使用的已声明 ID。
- 类:显示应用于当前所选文本的类样式。

如果没有对所选内容应用任何样式,则弹出菜单显示"无"。如果对所选内容应用了多个样式,则弹出菜单显示为空白。使用"类"弹出菜单可执行以下操作:

1)选择"无",删除当前所选样式。

2)选择要应用于所选内容的样式。

3)选择"重命名",可以重命名当前选定文本采用的样式。

4)选择"附加样式表",弹出"使用现有的CSS文件"对话框。

- 链接:创建所选文本的超文本链接。有以下几种方式:

1)单击"浏览文件"按钮🗁浏览站点中的文件。

2)直接键入文件URL。

3)将"指向文件"按钮⊕拖到"文件"面板中要链接的文件。

4)将文件从"文件"面板拖到"链接"文本框中。

- **B**:将文本字体设置为粗体。
- *I*:将文本字体设置为斜体。
- ⋮≡:项目列表。选择需要建立列表的文本,并单击该按钮,即可建立无序列表。
- 1⃣2⃣≡:编号列表,用于建立有序列表。
- ⬅≡:删除内缩区块,减少文本右缩进。
- ➡≡:内缩区块,增加文本右缩进。
- 标题:为超级链接指定文本工具提示。在浏览器中,将鼠标指针移到超级链接上时,显示指定的提示文本。
- 目标:指定链接文件打开的方式。

1)_blank:将链接文件加载到一个新的、未命名的浏览器窗口。

2)_new:将链接文件始终显示在同一个新的浏览器窗口。

3)_parent:将链接文件加载到该链接所在框架的父框架集或父窗口中。如果包含链接的框架不是嵌套的,则链接文件加载到整个浏览器窗口中。

4)_self:将链接文件加载到该链接所在的同一框架或窗口中。此目标是默认的,因此通常不需要指定它。

5)_top:将链接文件加载到整个浏览器窗口,从而删除所有框架。

- 〔页面属性...〕:单击此按钮弹出"页面属性"对话框,可对页面属性进行设置。
- 〔列表项目...〕:将光标放置在任意列表位置,则该按钮变为可用,单击该按钮,即可打开列表属性设置窗口,进行相应的设置。

单击属性面板左上角的按钮 ▙ CSS ,即可使用CSS规则格式化文本,如图5-2所示。

处理文字与图像

Dreamweaver CC 2018 中文版入门与提高实例教程

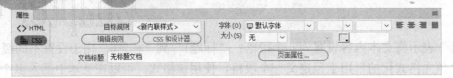

图5-2 CSS规则属性

● 目标规则：显示当前选中文本应用的规则，或在 CSS 属性面板中正在编辑的规则。
使用"目标规则"下拉菜单中的命令，可以创建新的内联样式，或将现有类应用于所选文本。

使用"目标规则"可以执行以下操作：

1）将插入点放在已应用CSS规则的文本块中，可以查看文本块应用的CSS规则。
2）在"目标规则"下拉列表中选择一个规则，即可应用于当前选中的文本。
3）通过CSS属性面板中的选项对已创建的规则进行更改。

注意：
在创建 CSS 内联样式时，Dreamweaver 会将样式属性代码直接添加到页面的 body 部分。

● 编辑规则：单击该按钮，可以打开"CSS 设计器"面板。
● CSS 和设计器：单击该按钮，可以打开"CSS 设计器"面板，并在当前视图中显示目标规则的属性。
● 字体：设置目标规则的字体。如果字体列表中没有需要的字体，可以单击字体下拉列表中的"管理字体"命令，在弹出的"管理字体"对话框中的"自定义字体堆栈"选项卡中设置需要的字体列表，如图 5-3 所示。

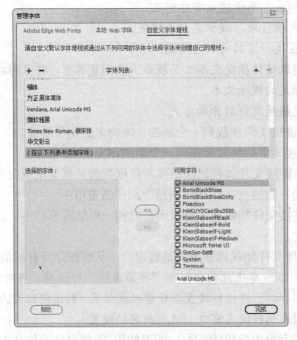

图5-3 "管理字体"对话框

字体堆栈是CSS font-family声明中的字体列表。单击按钮➕添加字体堆栈，然后在"可用字体"列表中选中需要的字体后，单击按钮 ⟨⟨ ，即可将字体添加到字体列表中。使用排序按钮▲和▼可以排列字体在字体堆栈中的排序。

Dreamweaver CC 2018支持EOT、WOFF、TTF和SVG类型的Web字体。在"管理字体"对话框中，可以在字体列表添加Adobe Edge和Web字体。在页面中使用Adobe Edge字体时，将添加额外的脚本标签以引用JavaScript文件。显示页面时，此文件将字体直接从Creative Cloud服务器下载到浏览器的缓存，即使用户计算机上有该字体也会下载。

● 大小：设置目标规则的字体大小。Dreamweaver CC 2018预置了18种字号。

● ▦：设置目标规则中的字体颜色。

注意： "字体""大小""颜色""字体样式""字体粗细"和"对齐"属性始终显示应用于"文档"窗口中当前所选内容的规则的属性。更改其中的任何属性，都会影响目标规则。

5.1.3 创建列表项

在编辑网页时，常常需要对同级或不同级的多个项目进行编号或排列，以显示多个项目之间的层次关系，或使文本布局更有条理，这就需要用到列表。

在Dreamweaver中，可以创建项目列表和编号列表，列表还可以被嵌套。项目列表（也称为无序列表）用不同的符号及缩进的多少区分不同的层次；编号列表（也称为有序列表）通过数字及缩进区分不同的层次。

下面通过一个实例来说明如何在文档中创建列表。操作步骤如下：

1）新建一个文档。在文档窗口中输入需要列表的文本，如图5-4a所示。

2）用鼠标选择除"李白文集"以外的其他项内容，单击属性设置面板中的"项目列表"按钮▤，则所有项目的左侧都会显示一个"●"符号。所有项目都被当作无序列表的第一层，如图5-4b所示。

3）选择"山中问答"和"军行"两项，单击属性设置面板中的"缩进"按钮➡，这两项左侧的"●"符号变成了"〇"符号，表示它们在列表的第二层。用同样的方法设置其他项，结果如图5-4c所示。

设置编号列表的方法与设置项目列表的方法相似。继续使用上例。

1）用鼠标选择除"李白文集"以外的其他内容，单击属性设置面板中的"编号列表"按钮▤，则所有项目左侧都会显示数字，作为有序列表的第一层，如图5-5a所示。

2）选择"山中问答"和"军行"两项，单击属性设置面板中的"缩进"按钮➡，这两项左侧会按顺序显示数字，表示它们是列表的第二层。用同样的方法设置其他项，结果如图5-5b所示。

此外，还可以将编号列表和项目列表混排。例如，在设置好编号列表后，如果选择列表的第二层，如"山中问答"和"军行"两项，单击属性设置面板中的"项目列表"按钮，则这两项左边的数字编号会变为项目编号，如图5-6所示。

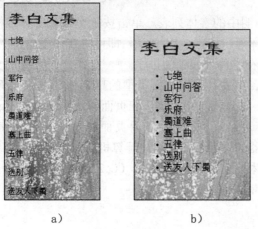

a)   b)   c)

图5-4　设置项目列表

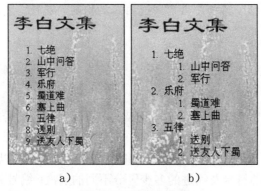

a)   b)

图5-5　设置编号列表

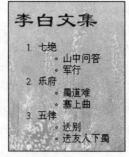

图5-6　编号列表与项目列表混排

5.1.4　插入日期

在网页中，经常会看到显示有日期，且日期自动更新。Dreamweaver CC 2018提供了插入日期的功能，可以用多种格式在文档中插入当前时间，同时日期自动更新。下面通过一个简单的例子演示在文档中插入日期的操作方法。

1）将插入点放在文档中需要插入日期的位置，即"松鹤延年"下面，如图5-7所示。

2）打开"HTML"插入面板，单击面板中的"日期"按钮⌗，弹出"插入日期"对话框，如图5-8所示。

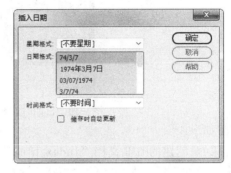

图5-7　插入日期前的效果　　　　　　图5-8　"插入日期"对话框

3）在对话框中选择星期、日期、时间的显示方式。本例仅设置日期，且日期格式为"1974年3月7日"。

> 提示：　"插入日期"对话框中显示的日期和时间不是当前日期，也不反映访问者在查看站点时所看到的日期和时间，它们只是说明此信息的显示方式的示例。

4）如果希望插入的日期在每次保存文档时自动进行更新，可以选中对话框中的"储存时自动更新"复选框。本例也选择此项。

5）单击"确定"按钮，此时就在文档中插入了当前的日期，结果如图5-9所示。

图5-9　最终效果

处理文字与图像

5.1.5　全程实例——插入日期时间

在本实例的导航栏中，浏览者可以实时查看当前的日期、星期及时间，且自动更新。效果如图5-10所示。

图5-10　日期时间显示效果

制作步骤如下：

1）打开第4章创建的HTML文档"index.html"。

2）单击"HTML"插入面板上的"表格"按钮 田，打开"表格"对话框。在页面中插入一个2行1列、宽度为212像素、边框为0的表格。

其中，第1行用于放置导航栏的图标和日期时间，第2行用于放置具体的导航项目。

接下来为单元格设置背景图像。

3）打开"CSS设计器"面板，单击"添加CSS源"按钮，在弹出的下拉菜单中选择"附加现有的CSS文件"命令，弹出"使用现有的CSS文件"对话框，单击"浏览"按钮，在弹出的对话框中选择已创建的"newcss.css"文件，添加方式选择"链接"。

4）将光标置于第1行第1列单元格中，单击鼠标右键打开快捷菜单，执行"CSS样式"/"新建"命令，打开"新建CSS规则"对话框。

5）在"选择器类型"下拉列表中选择"类"，在"选择器名称"中键入类名称".background1"，"规则定义"选择"newcss.css"。单击"确定"按钮打开对应的规则定义对话框。

6）在对话框左侧的"分类"列表中选择"背景"，然后单击"背景图像"右侧的"浏览"按钮，在弹出的资源对话框中选择喜欢的背景图像；设置背景图像不平铺，图像位置水平居中，垂直底部对齐，如图5-11所示。单击"确定"按钮关闭对话框。

图5-11　规则定义对话框

7）在单元格属性面板上调整单元格的高度为141像素，然后在"目标规则"下拉列表中选择".background1"，应用样式。此时的页面效果如图5-12所示。

8）选中第1行单元格，在属性面板的"水平"下拉列表中选择"居中对齐"。执行"插入"/"图像"命令，打开"选择图像源文件"对话框。选择已在图像编辑软件中制作好的导航图标，然后单击"确定"按钮，将其插入到单元格中。此时的页面效果如图5-13所示。

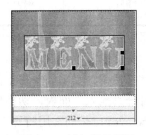

图5-12　插入2行1列表格及图像　　　　　　　　图5-13　插入导航图标

9）将光标放在图像右侧，然后按下Shift+Enter键，在单元格中插入一个换行符。

10）单击"HTML"插入面板上的"日期"按钮，打开"插入日期"对话框。

11）在"星期格式"下拉列表中选择"Thursday"，"日期格式"选择"1974-03-07"；"时间格式"选择"10：18 PM"，然后选中"储存时自动更新"复选框。

12）单击"确定"按钮关闭对话框，即可在页面中插入日期、星期及时间，效果如图5-10所示。

5.1.6　插入特殊字符

这里所说的特殊字符是指在键盘上不能直接输入的字符。在HTML中，一个特殊字符有两种表达方式，一种称作数字参考，另一种称作实体参考。

所谓数字参考，就是用数字表示文档中的特殊字符，通常由前缀"&#"加上数值，再加上后缀"；"组成。表达方式为：&#D;，其中，D是一个十进制数值。

所谓实体参考，实际上就是用有意义的名称表示特殊字符，通常由前缀"&"加上字符对应的名称，再加上后缀"；"组成。表达方式为：&name;，其中，name是一个用于表示字符的名称，且区分大小写。

例如，可以使用"&#169"和"©"表示版权符号"©"；用"®"和"®"表示注册商标符号"®"。很显然，实体参考比数字参考要容易记忆得多。不过，并非所有的浏览器都能够正确识别采用实体参考的特殊字符，但是它们都能够识别出采用数字参考的特殊字符。

对于那些常见的特殊字符，使用实体参考方式是安全的，在实际应用中，只要记住这些常用特殊字符的实体参考就足够了。对于一些不常见的字符，则应该使用数字参考方式。表5-1列出了常用的字符实体参考和数字参考。

表5-1　常用的字符实体参考和数字参考

字符实体参考	字符数字参考	显示	字符实体参考	字符数字参考	显示
		（空格）	&lt;	&#60;	‹
&copy;	&#169;	©	&gt;	&#62;	›
&reg;	&#174;	®	&amp;	&#38;	&
&trade;	&#8482;	™	&quot;	&#34;	"
&pound;	&#163;	£	&times;	&#215;	×
&euro;	&#8364;	€	&plusmn;	&#177;	±
&yen;	&#165;	¥	&middot;	&#184;	•
&cent;	&#162;	¢			
&sect;	&#167;	§			

尽管记忆字符的数字参考和实体参考非常不易，但是在Dreamweaver CC 2018中插入特殊字符却非常简单。Dreamweaver在"插入"面板的"HTML"面板上专门设置了常见的特殊字符按钮，只需要单击上面的按钮，即可插入相应的特殊字符。

打开"插入"面板，切换到"HTML"插入面板，然后单击"字符"图标，就可以看到Dreamweaver自带的常用特殊字符，如图5-14所示。

如果在下拉菜单中没有找到需要的特殊字符，则单击下拉菜单底部的"其他字符"按钮，打开"插入其他字符"对话框，即可查看其他特殊字符，如图5-15所示。

图5-14　查看特殊字符

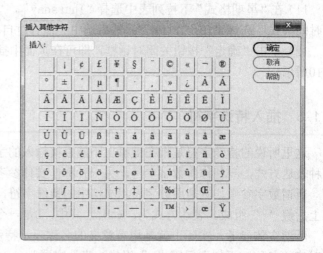

图5-15　"插入其他字符"对话框

1．在网页中插入特殊字符

下面通过插入两个特殊字符"§"和"¶"的示例，演示插入特殊字符的具体步骤。插入后的效果如图5-16所示。

1）打开文档，将光标放置在需要插入特殊字符的位置。本例将光标放在文字"神山篇"的前面。切换到"插入"/"HTML"面板，打开特殊字符弹出菜单。单击"其他字符"按钮，打开"插入其他字符"对话框。

2）在对话框中选择字符"§"，然后单击"确定"按钮，该字符就插入到文本中了。

3）按照步骤1）和12）同样的方法，插入特殊字符¶。

与普通文本一样，特殊字符也可以使用属性面板修改属性，如设置字体、大小、颜色和样式等。最终效果如图5-16所示。

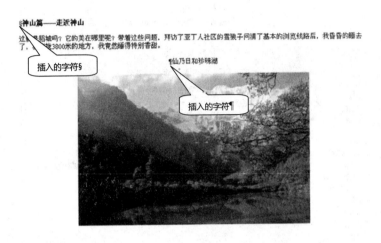

图5-16　插入特殊字符效果

在文档中插入特殊字符后，特殊字符在"设计"视图和"代码"视图中的显示是不同的，"设计"视图中显示的是输入的字符，而"代码"视图中显示的则是特殊字符的实体参考。

2. 换行符

谈到特殊字符，有必要介绍一下在网页制作中常会用到的两个特殊字符：换行符 和不换行空格符 。

一个文本中通常包括了多个段落。所谓段落，就是一段格式上统一的文本。一般情况下，段落不能在一行中完全显示，而是由多行文字组成。在Dreamweaver中，文本具有自动换行功能，但是自动换行必须是在一行文本结束的时候才能够进行。在文档窗口中，每输入一段文字，按下Enter键后，就自动生成一个段落。按下Enter键的操作通常被称作"硬回车"，可以说，段落就是带有硬回车的文字组合。如果要在段落中实现强制换行的同时不改变段落的结构，就必须插入特殊字符面板中的换行符，或按下Shift+Enter键。

在HTML中，段落换行对应的标签是<p>和</p>，而换行符的标签是
。在Dreamweaver的文档窗口中，每按下一次Enter键，都会自动将输入的段落包围在<p>和</p>标记之中。例如，如下的代码显示了一段文字：

<p>网页制作DIY系列－Dreamweaver CC</p>

实际上，有时候可以不使用<p>和</p>标记，而是采用其他类型的标记来定义段落。例如，将一行文字设置为"标题1"格式，实际上是将该行文字两端添加<h1>和</h1>标记，它一方面定义了该行文字的标题级别，另一方面也起到定义该行文字为一个段落的作用。

使用属性面板中的"格式"弹出菜单或"编辑"/"段落格式"子菜单，可以应用标准段落和标题标签。对段落应用标题标签时，Dreamweaver自动将下一行文本作为标准段落。若要更改此设置，可执行"编辑"/"首选项"命令，在"常规"类别的"编辑选项"

处理文字与图像

区域取消选中"标题后切换到普通段落"复选框，如图5-17所示。

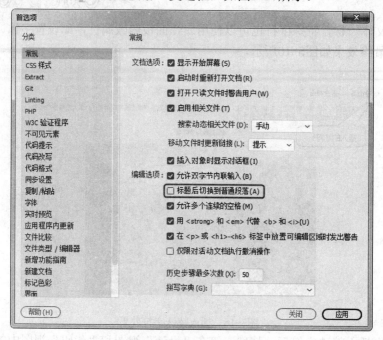

图5-17　"首选项"对话框

若要插入换行符，可以执行以下操作之一：

● 单击"HTML"面板中的"换行符"按钮 。
● 执行"插入"/"HTML"/"字符"/"换行符"命令。
● 按Shift+Enter键。
● 在"代码"视图中相应的位置输入
。

在浏览器视图中，插入换行符换行和直接按Enter键换行的区别如图5-18所示。

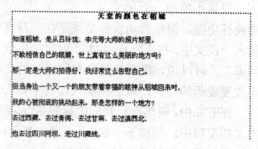

图5-18　不同换行方式在浏览器视图中的显示

3．不换行空格

不换行空格通常用于在两个字符之间添加多个连续的空格。Dreamweaver CC 2018默认允许字符之间包含多个空格，只需要连续按下多次空格键即可。

若要在网页中插入不换行空格，可执行以下操作之一：

● 单击"HTML"面板中特殊字符下拉菜单中的"不换行空格"按钮 。
● 执行"插入"/"HTML"/"不换行空格"命令。
● 按Ctrl+Shift+Space键。

● 在"代码"视图中相应的位置输入" "。

在"代码"视图中，采用以上几种方式插入的不换行空格有相应的HTML标签" "。

如果希望两个字符之间最多只能包含一个空格，可以通过设置Dreamweaver CC 2018的首选参数，禁用在文档中添加连续空格。执行"编辑"/"首选项"命令，然后在"常规"分类的"编辑选项"区域取消选中"允许多个连续的空格"复选框，如图5-19所示。

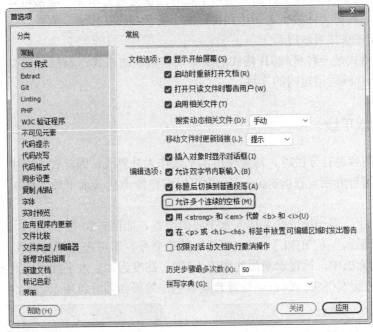

图5-19 "首选项"对话框

5.2 在网页中应用图像

图像是网页中最主要的元素之一，图像的出现打破了网页初期纯文字界面的表现形式，也带来了新的直观表现形式。图像不仅可以修饰网页，使网页更美观，而且与文本相比，一幅合适的图像能够更直观地说明问题，使表达的意思一目了然。在很多网页中，图像占据了重要页面，有的甚至是全部页面。

在Dreamweaver CC 2018中，图像不仅可以直接放在页面上，也可以放在表格、表单以及Div标签中。在插入图像之后，用户可以直接对图像做一些修改，如为图像添加链接、编辑图像设置及改变图像的尺寸。还可以绑定行为创建翻转图像或图像地图等交互式图像。

5.2.1 网页中可以使用的图像格式

图像文件有多种格式，但网页中通常使用的只有三种，即GIF、JPEG和PNG。各种图像

处理文字与图像

文件格式简要介绍如下：

● GIF（图形交换格式）

文件最多使用256种颜色，最适合显示色调不连续或具有大面积单一颜色的图像，如导航条、按钮、图标、徽标或其他具有统一色彩和色调的图像。

● JPEG（联合图像专家组标准）

该文件格式可以包含数百万种颜色，主要用于摄影或连续色调图像的高级格式。随着JPEG文件品质的提高，图像文件的大小和下载时间也会随之增加。通常可以通过压缩JPEG文件，在图像品质和文件大小之间达到良好的平衡。

● PNG（可移植网络图形）

这种文件格式是一种替代GIF格式的无专利权限制的格式，包括对索引色、灰度、真彩色图像以及alpha通道透明的支持。

5.2.2 插入水平线

在对页面内容进行分栏时，常会使用水平线作为分界线，因此在本书中，将水平线作为图像的一种进行介绍。在Dreamweaver中可以很便捷地插入水平线，例如下面的简单示例。

1）在文档中，将光标放在要插入水平线的位置，如图5-20中"春日"的上方。

2）执行"插入"/"HTML"/"水平线"菜单命令，即可在光标处插入一条水平线。

3）在属性面板中，设置水平线的宽度为600、高度为10、水平线居中对齐、水平线ID为"line"，并定义CSS样式#line设置背景颜色，效果如图5-21所示。

图5-20 插入水平线前的效果

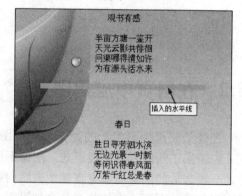

图5-21 插入水平线后的效果

5.2.3 插入图像

在网页中，图像通常用于添加图形界面（如导航按钮）、具有视觉感染力的内容（如照片）或交互式设计元素（如鼠标经过图像或图像地图）。

在网页中插入图像时，Dreamweaver会自动在网页的HTML源代码中生成对该图像文件的引用。为保证引用的正确性，该图像文件必须保存在当前站点目录中。如果不在当前站点目录中，Dreamweaver将提示用户创建文档相对路径。

下面通过一个在网页中插入图像和文字的示例，介绍插入图像的具体步骤。

1）新建一个文档，切换到"设计"视图，插入一个一行一列的表格，且居中对齐。

2）执行"插入"/"图像"命令，或单击"插入"/"HTML"面板上的"图像"按钮 ，弹出"选择图像源文件"对话框。

3）在"选择图像源文件"对话框中选择要插入的图像，单击"确定"按钮。在网页中选中图像，在属性面板上指定图像ID为"box"。

4）在图像上单击鼠标右键，弹出快捷菜单，执行"CSS样式"/"新建"命令，打开"新建CSS规则"对话框。设置选择器类型为"ID"，然后输入选择器名称"#box"。此选择器名称将规则应用于ID为"box"的HTML元素。单击"确定"按钮，在弹出的规则定义对话框中设置类型为"solid"，边框宽度为"6px"，颜色为"#000000"，如图5-22所示。此时图像四周将显示边框。

5）在图像下方输入文本"但愿人长久，千里共婵娟"。执行"窗口"/"CSS设计器"命令，打开"CSS设计器"面板，添加选择器".fontstyle"，设置文本字体为"华文行楷"、字号为24、颜色为"#F330"、文本对齐方式为"居中"，如图5-23所示。

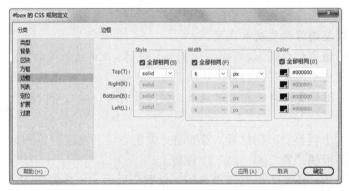

图5-22　快捷菜单　　　　　　　　　　　　　　　图5-23　添加选择器

6）选中文字，在属性面板上的"目标规则"下拉列表中选择".fontstyle"。保存文件，在浏览器中打开文件，即可得到如图5-24所示的效果。

图5-24　插入图像与文本的效果

处理文字与图像

5.2.4 设置图像属性

将图像插入文档后，Dreamweaver自动按照图像的实际大小显示。在实际设计中，往往需要对图像的一些属性进行调整，如大小、边框和位置等。这些操作可以通过如图5-25所示的图像属性面板来实现。

图5-25　图像的属性面板

下面简要介绍各个属性参数的功能和用法。

● "ID"：图像名称。在使用 Dreamweaver 行为或脚本撰写语言（如 JavaScript 或 VBScript）时，可以利用该名称引用该图像。

● "宽"和"高"：分别用于设置图像的宽度和高度，单位为像素。

此外，还可以直接通过拖动鼠标来改变图像的大小。方法如下：

1）在"文档"窗口中选择一个图像。图像的底部、右侧及右下角出现调整手柄。

2）执行下列操作之一，调整图像的大小：

● 拖动左、右侧的控制点调整图像的宽度。

● 拖动顶、底部的控制点调整图像的高度。

● 拖动边角的控制点同时调整图像的宽度和高度。

● 按住 Shift 键的同时拖动边角的控制点，可以按比例缩放图像。默认情况下，"宽"和"高"右侧显示"切换尺寸约束"按钮🔒，修改其中一个值，另一个值将约束比例缩放。单击该按钮，图标变为🔓，即取消约束比例，此时可以单独修改图像的宽或高。

以可视方式最小可以将元素大小调整到8×8像素。若要将元素的宽度和高度调整到更小（如1×1像素），则要在属性面板的"宽"和"高"中设置。

修改图像的"宽"和"高"以后，该文本框右侧将显示"重置为原始大小"按钮🚫，若要将已调整大小的元素还原到原始尺寸，可以在属性检查器中删除"宽"和"高"域中的值，或者单击"重设大小"按钮🚫。若要保留修改设置，可以单击"提交图像大小"按钮✔。

● "Src（源文件）"：用于设置图像源文件的名称。

● "链接"：用于设置图像链接的网页文件的地址。

● "替换"：用于设置图像的说明性内容。在图像不能正常显示时，显示指定的提示文本。

● "类"：用于设置应用到图像的 CSS 样式的名称。

● "原始"：用于设置当前图像原始的 PNG 或 PSD 图像文件。

● ✏️：启动在"文件类型/编辑器"首选参数中指定的图像编辑器，并打开选定的图像。指定了图像编辑器后，该图标通常显示为编辑器的图标。

● ⚙️：打开"图像优化"对话框，优化图像。

- ● 🔳：从原始更新。如果对原始图像文件进行了修改，当前页面上的 Web 图像与原始图像不同步，单击该按钮，图像将自动更新，以反映对原始图像所做的任何更改。
- ● 🔲：用于修剪图像，删去图像中不需要的部分。
- ● 🔳：重新取样。调整图像大小后此按钮可用。用于向调整大小后的图像增加或减少像素以提高图像质量。
- ● ◑：用于改变图像亮度和对比度。该操作将永久性改变所选图像。
- ● ◮：用于改变图像内部边缘对比度。该操作将永久性改变所选图像。
- ● 🔳 🔳 🔳 🔳：热点工具，用于制作映射图。有关映射图的说明及制作方法，将在本书第 6 章中介绍。

5.2.5 设置外部编辑器

在网页制作过程中，可能常常需要编辑网页中的图像，以满足特定的设计需要。使用 Dreamweaver CC 2018的"首选项"对话框指定首选图像编辑器，可以在使用Dreamweaver 的同时，启用指定的编辑器编辑图像。设置首选图像编辑器的步骤如下：

1）执行"编辑"/"首选项"命令，在打开的"首选项"对话框中选择"文件类型/编辑器"分类，如图5-26所示。

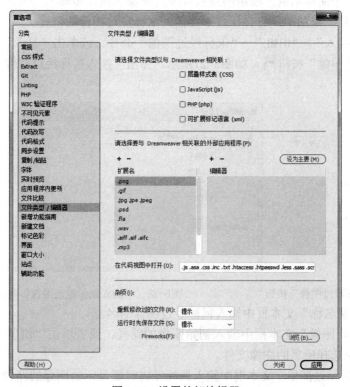

图5-26 设置外部编辑器

处理文字与图像

Dreamweaver CC 2018 中文版入门与提高实例教程

2）在"扩展名"列表中，选择要设置编辑器的文件类型扩展名。如果"扩展名"列表中没有需要的扩展名，可以单击列表顶部的按钮＋，然后在出现的空行中输入所需的扩展名。

3）单击"编辑器"列表上方的按钮＋，弹出"选择外部编辑器"对话框，从中浏览选择所需的外部编辑器。

4）选中一个编辑器后，单击"设为主要"按钮，可将所选编辑器设置为指定类型图像的首选编辑器。

进行上述设置后，在Dreamweaver的文档窗口中选择需要编辑的图像文件，然后单击属性面板中的"编辑"按钮，就可以打开指定的编辑器对其进行编辑操作。在编辑器中修改图像后，只需要简单地单击属性面板上的"从原始更新"图标，就可以自动更新Dreamweaver中的图像文件。

5.2.6 插入鼠标经过图像

所谓鼠标经过图像，就是当鼠标指针移动到图像上时，切换成另一幅图像，同时可以通过单击该图像，打开链接的网页。

一个鼠标经过图像其实是由两幅图像组成的，即初始显示的图像和鼠标经过时的图像。这两幅图像应具有相同的尺寸，如果尺寸不同，Dreamweaver CC 2018会自动将第二幅图像的尺寸调整为第一幅图像的尺寸。

下面通过一个简单示例，演示创建鼠标经过图像的操作步骤。

1）在"设计"视图中，将光标置于要插入鼠标经过图像的位置。

2）执行"插入"/"HTML"/"鼠标经过图像"命令，或单击"插入"/"HTML"面板上的"鼠标经过图像"按钮，如图5-27所示，弹出"插入鼠标经过图像"对话框，如图5-28所示。

 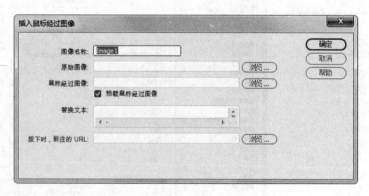

图5-27 "鼠标经过图像"按钮　　　　　　图5-28 "插入鼠标经过图像"对话框

3）在"图像名称"文本框中输入鼠标经过图像的名称。

4）在"原始图像"文本框中输入初始图像的路径；或者单击"浏览"按钮，从弹出的对话框中浏览选择所需的图像文件。

5）在"鼠标经过图像"文本框中输入鼠标经过时要显示的图像的路径；或者单击"浏览"按钮，从弹出的对话框中浏览选择图像文件。

104

6）选中"预载鼠标经过图像"复选框，这样可以将图像预先加载到浏览器的缓存中，加快图像的下载速度。

7）在"替换文本"文本框中输入图像不能显示时显示的替代文本。

8）在"按下时，前往的URL"文本框中输入链接的文件路径及文件名，表示在浏览时单击鼠标经过图像，会打开链接的网页。也可通过单击右边的"浏览"按钮，从弹出的文件选择窗口中选择文件。

9）单击"确定"按钮，并保存文件。按F12键查看，效果如图5-29所示。初始时时，显示图5-29a；将鼠标移到图像上时，显示图5-29b；移开鼠标，则又显示图5-29a。

a)　　　　　　b)

图5-29　鼠标经过图像前后的效果

5.2.7　导入Fireworks HTML

Fireworks是一款比较流行的Web图形处理软件，与Dreamweaver能够高度整合。在Fireworks中可以将创建的分割图像、热点图像、翻转图像以及相应的链接和脚本导出，同时生成相应的HTML代码及图像。这些HTML代码可以轻松地导入到Dreamweaver中，便于Dreamweaver对网站进行总体规划和开发。

在Dreamweaver页面中插入Fireworks HTML可以采用多种方式，如复制并粘贴HTML代码、导出Fireworks HTML代码并粘贴等。下面通过一个简单示例，演示导出并粘贴Fireworks HTML代码的方法和步骤。

1）打开Fireworks软件，在Fireworks中创建一组切片图像，如图5-30所示。切片图像的具体创建方法请参阅Fireworks相关书籍。

图5-30　Fireworks中设计的切片图像

2）在Fireworks中，执行"文件"/"导出"命令，在弹出的"导出"对话框中设置

Dreamweaver CC 2018中文版入门与提高实例教程

导出类型为"HTML和图像"; 在"HTML"下拉列表中选择"复制到剪贴板"选项。

3) 返回到Dreamweaver文档窗口, 将光标置于要插入HTML文件的位置。执行"编辑"/"粘贴Fireworks HTML"命令, 如图5-31所示, 即可在文档中插入Fireworks HTML。导入后的页面预览效果如图5-32所示。

撤消(U)	Ctrl+Z
重做(R)	Ctrl+Y
剪切(T)	Ctrl+X
拷贝(C)	Ctrl+C
粘贴 Fireworks HTML(P)	Ctrl+V
选择性粘贴(S)...	Ctrl+Shift+V
全选(A)	Ctrl+A
选择父标签(G)	Ctrl+[
选择子标签(H)	Ctrl+]
转到行(G)	Ctrl+G
显示代码提示(H)	Ctrl+H
代码折叠(S)	▶
快速标签编辑器(Q)...	Ctrl+T
链接(L)	▶
表格(T)	▶
图像(I)	▶
模板属性(P)...	
重复项(E)	▶
代码(D)	▶
文本(X)	▶
段落格式(F)	▶
列表(I)	▶
同步设置(S)	▶
快捷键(Y)...	
首选项(P)...	Ctrl+U

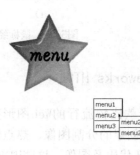

图5-31 选择"粘贴Fireworks HTML"命令   图5-32 导入Fireworks HTML文件后的页面预览效果

第 6 章　制作超链接

本章导读

　　Internet 的核心就是超链接（Hyperlink），没有链接，就不存在 World Wide Web。使用超链接可以将各个网页联系起来，构成一个有机整体，使访问者能够在各个页面之间跳转。超链接可以是一段文本、一幅图像或其他网页元素，在浏览器中单击这些对象，浏览器可以载入一个指定的新页面，或者转到页面的其他位置。

📖 认识超链接

📖 创建、管理链接

📖 使用热点制作图像映射

📖 全程实例——制作导航条

6.1 认识超链接

超链接由两部分组成，一部分是在浏览网页时可以看到的部分，称为超链接载体；另一部分是超链接所链接的目标。在浏览网页时，可单击超链接载体打开链接目标。超链接载体可以是文本和图像，链接的目标可以是网页、图像、视频、声音和电子邮件地址等。例如，单击如图6-1所示的产品图像或产品名称，可以打开如图6-2所示的产品详细介绍页面。

图6-1　单击超链接载体

图6-2　打开的链接目标

在这里，产品图像或产品名称就是超链接载体，而打开的产品详情页面则是链接目标。

网页上的超链接一般有三种：第一种是绝对网址的超链接，http://www.tsighua.edu.cn链接到清华大学的站点主页；第二种是相对网址的超链接，例如将主页上的图像链接到本站点的其他页面；第三种是同一个页面的超链接，也称为锚点。

了解了超链接的基本概念和分类之后，接下来了解各种超链接的具体创建方法。

6.2 创建、管理链接

在Dreamweaver CC 2018中创建超链接有多种方法，创建超链接后，用户还可以随时对链接载体、链接目标和链接的打开方式进行修改。此外，还可以通过"URLs"面板统一管理网站中的所有超链接。

6.2.1 创建文本超链接

在网页上用到最多的就是文本超链接，如单击文本，跳转到另一个页面。创建文本超链接的方法很多，下面通过一个简单的示例进行简要说明。

1）在文档窗口中选中需要建立链接的文本。如页面上的http://www.sina.com.cn。

通常，创建超链接是在属性面板的"链接"文本框中完成的。

2）执行"窗口"/"属性"菜单命令，打开属性面板。在"链接"文本框中输入链接目标。本例输入http://www.sina.com.cn。

操作完成后，可以看到被选择的文本变为蓝色，并且带有下划线。在浏览器中将鼠标移到文本上时，鼠标指针变为手形。如图6-3所示。

图6-3　超链接效果

默认情况下，文本链接显示为蓝色，并加有下划线。可以执行"文件"/"页面属性"菜单命令，在"页面属性"对话框的"链接"分类设置超链接在各种状态下的颜色，以及是否显示下划线。

如果链接目标是计算上的一个文件或图像，可以单击"链接"文本框右侧的文件夹图标 📁，打开"选择文件"对话框，查找并选择文件。或者在"指向文件"图标⊕上按下鼠标并左键拖动到"文件"面板中一个已有的页面。

> **注意：**
> Dreamweaver 不支持扩展字符集（也被称为 High ASCII），所以在指定链接的 URL 时不能包含扩展字符集，且完全的 URL 最多不能超过 255 个字符。此外，尽管大多数浏览器可以解释路径名或 URL 中的空格，但在 UNIX 应用中，空格会被变为%20，这将使得 URL 比较难看。

3）在"目标"下拉列表中选择打开链接目标的方式。

> **提示：**
> 如果要链接到站点外的某一页面，应始终使用_top 或_blank，以确保该页面不会显示为站点的一部分。

此外，还可以执行"插入"/"超链接"菜单命令，或直接单击"HTML"插入面板中的"超链接"按钮⑧，打开"超链接"对话框，设置选定文本的超链接。

6.2.2 创建图像链接

很多情况下，为了去掉文本链接默认的下划线效果或美化页面，网页设计者会选择用图像代替文本创建超链接，这种方式适用于所有能识别图像的浏览器。

创建图像链接的方法与创建文本链接大致相同，不同之处在于链接的载体是图像，而不是文本。下面通过为一个图像创建超链接，演示创建图像链接的步骤。

1）选中需要创建链接的图像，如图6-4所示的Google网徽。

图6-4　选定需要创建超链接的图像

2）在属性面板的"链接"文本框中键入超链接的URL。本例输入http://www.google.com。

3）在"替换"文本框中键入"Google"。在浏览器中，当该图像没有下载或不能显示时，在图像所在位置显示替换文本。

4）在"目标"下拉列表中选择打开该网站的方式。本例使用默认设置。

至此，图像链接创建完毕，按F12键可在浏览器中预览。

使用图像链接时，浏览器中的链接图像默认显示一个蓝色边框，如图6-5所示。

如果不希望显示该边框，可以新建一个CSS规则，将边框宽度设置为0。例如，下面的代码定义了网页中的所有<img>标签都不显示边框：

```
img {
    border-width: 0px;
}
```

图6-5　设置了图像链接的图像

6.2.3　链接到命名锚点

通常情况下，使用绝对地址或相对地址链接到一个网页时，浏览器会重新载入并显示这个页面。如果网页的内容比较多，浏览者就必须滚动页面，查看当前屏幕以下的信息。

使用命名锚点可以立即响应浏览者单击锚点的事件，由于整个页面已被载入，所以浏览器只需移动到文档中的特定位置。这种技术能够迅速定位需要的主题或返回菜单，而无须手工来回滚动页面。

命名锚点通常与目录或索引列表结合使用，放置在网页中每个屏幕或每个主题之后。单击某一个命名锚点时，可以转到网页的特定段落，以方便阅读。

下面通过一个简单实例演示命名锚点的使用方法。

1）将光标放在要设置锚点的位置，如图6-6所示的"观书有感"之前。切换到"代码"视图，输入\<a id="m1"\>\</a\>，即创建一个命名为m1的锚点。

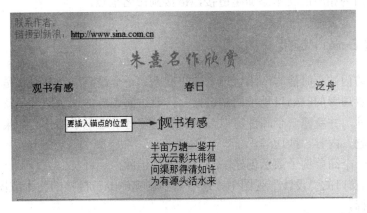

图6-6　指定插入锚点的位置

切换到"设计"视图，在页面指定的位置可看到插入的命名锚点，效果如图6-7所示。

提示：如果看不到锚点标记，可执行"查看" / "设计视图选项" / "可视化助理" / "不可见元素"命令，使锚点标记可见。

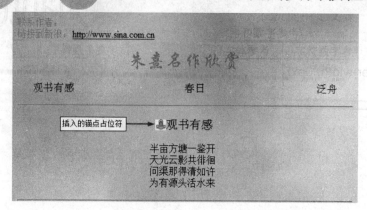

图6-7 插入的命名锚点

2）在页面中选择要链接到命名锚点的文字。如图6-7中水平线以上的"观书有感"，然后在属性设置面板的"链接"文本框中输入锚点的名称。本例输入"#m1"。

注意：

在"链接"文本框中输入锚点名称时，需要在锚点名称前面添加一个特殊的符号"#"，如#top，其中，top为命名锚点。如果所链接的锚点不在当前文档中，则在"链接"文本框中首先要添加链接页面的 URL，然后输入井号（#）和锚点名称。例如，如果要在当前页面调用同一文件夹中的 index.html 页面上名为 top 的锚点，则应在"链接"文本框中输入"index.html#top"。

在同一页面中可以添加任意数量的命名锚点。

3）参照上面的步骤，在"春日"和"泛舟"两首诗之前也添加命名锚点，分别为"m2"和"m3"，然后为相应的文本添加超链接，链接到命名锚点。

6.2.4 创建 E-mail 链接

如果要在访问站点时能与网络管理者取得联系，一个最简单的办法就是在页面的适当位置加上网络管理者的E-mail地址的超链接。只要访问者单击这个地址，就可以调用默认的电子邮件程序，并新建一个邮件窗口，给网络管理者发送电子邮件。如果需要，还可以自定义发送主题、内容、抄送等。

下面通过一个简单例子演示创建E-mail链接的步骤。

1）在文档窗口的"设计"视图中，选中需要创建E-mail链接的文本或图像，如图6-8所示的邮箱图标。

2）在属性面板的"链接"文本框中输入收件人的地址。本例输入mailto:webmaster@website.com。然后在"替换"文本框中键入替换文本"Email"。

3）保存文档，并按F12键预览页面，效果如图6-9所示。

在浏览网页时，单击图像，即可打开默认的电子邮件程序编辑邮件，收件人邮件地址自动填充为指定的电子邮件地址。

细心的读者可能已注意到了，在"链接"文本框中输入邮件地址时，与创建常规超链

接不同，在邮件地址前面必须添加"mailto:"，表示该超链接是邮件链接。

图6-8　选中要创建邮件链接的图像　　　　　　图6-9　电子邮件链接

　　如果没有选中任何文本或图像，可以通过"电子邮件链接"对话框在页面中插入E-mail链接，如下面的示例。

　　1）将插入点放置在需要添加邮件链接的位置。例如"联系作者："之后。

　　2）单击"HTML"面板中的"电子邮件链接"按钮⊠，或者执行"插入"/"HTML"/"电子邮件链接"菜单命令，弹出如图6-10所示的"电子邮件链接"对话框。

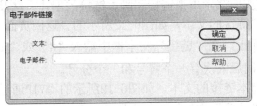

图6-10　"电子邮件链接"对话框

　　3）在"文本"域中键入要显示在页面上的链接文本，本例输入"webmaster"；在"电子邮件"域中输入要发送到的E-mail地址，本例输入"webmaster@website.com"。

　　4）单击"确定"按钮关闭对话框，完成链接的创建。

　　5）保存文档，按F12键在浏览器中预览。页面效果如图6-11所示。

　　在"文本"域中输入的文本显示为超链接文本，在浏览器中将鼠标指针移到该文本上时，状态栏显示该链接的具体地址mailto:webmaster@website.com。

图6-11　页面效果

制
作
超
链
接

113

6.2.5 虚拟链接和脚本链接

虚拟链接也称为空链接，是指没有指定链接目标的链接，一般用于向页面上的文本或对象添加行为。虚拟链接主要包含以下两种格式：

- `<a href="# ">虚拟链接</a>`
- `<a href="javascript:; ">虚拟链接</a>`

使用第1种格式的虚拟链接在单击后将返回到页面顶部，这种格式无法添加行为；采用第2种格式创建的虚拟链接在单击时不会发生任何动作，就好像根本没有单击一样。

如果为第2种虚拟链接添加了动作脚本，则执行相应的动作行为，此时的链接即为脚本链接。脚本链接可以执行JavaScript代码或调用JavaScript函数，在不离开当前网页的情况下给予访问者有关项目的补充信息。脚本链接也可用于在访问者单击特定项目时执行计算、表单验证或其他处理任务。

下面通过一个简单实例演示虚拟链接和脚本链接的创建方法及功能。

1）选择要作为虚拟链接的文本，如图6-12所示的"返回页面顶端"。

2）打开属性设置面板，在"链接"文本框中输入"#"或"javascript:;"。要注意的是，"javascript"一词后依次有一个冒号和一个分号。

3）选择需要作为脚本链接的文本，如图6-12所示的"VIP通道"。

4）在属性面板的"链接"文本框中输入脚本，如javascript:alert('只有VIP会员方可进入！')。括号中的内容必须使用单引号，或在双引号前添加反斜杠进行转义，如JavaScript:alert(\"只有VIP会员方可进入！\")。

5）保存文档，按F12键在浏览器中浏览。

当把鼠标指针移到虚拟链接或脚本链接上时，鼠标指针变为手形；单击虚拟链接"返回页面顶端"，页面会返回到顶端；单击脚本链接"VIP通道"，会弹出一个警告框，显示"只有VIP会员方可进入！"。预览效果如图6-13所示。

图6-12　添加链接前的页面效果

图6-13　预览效果

6.2.6　使用"URLs"面板管理超链接

对于某些大型站点来说，处理所有超链接资源的完整列表是一件很棘手的事情。利用Dreamweaver提供的"URLs"面板，可以将所有链接资源归类在一起，为资源指定别名以

指明用途，以便日后查找、维护资源。

URL的全称是Uniform Resource Locator（统一资源定位器）。从最简单的单一页面到复杂的综合站点，所有的资源内容都可以通过"URLs"面板进行访问。下面通过两个简单例子演示新建URL和编辑URL的方法。

1）执行"窗口"/"资源"菜单命令，打开"资源"面板。

2）单击"资源"面板左侧的"URLs"按钮，切换到"URLs"面板。

"URLs"面板有两种视图："站点"视图和"收藏"视图。"站点"视图如图6-14所示，在该面板下方的列表窗格中列出了当前站点中使用的所有链接资源及类型，包括FTP、gopher、HTTP、HTTPS、JavaScript、电子邮件（mailto）以及本地文件（file://）链接。

"收藏"视图用于收藏常用的资源，存储的是对"站点"视图列表中的资源的引用。

3）单击"收藏"单选按钮，切换到"收藏"视图，如图6-15所示。

图6-14　"站点"视图

图6-15　"收藏"视图

4）单击"收藏"视图底部的"新建URL"按钮，弹出如图6-16所示的"添加URL"对话框。

5）在"添加URL"对话框中输入URL以及昵称。本例在"URL"文本框中输入"http://www.sina.cn"；在"昵称"文本框中键入"新浪"。

6）单击"确定"按钮关闭对话框。

此时，在"收藏"视图中可以看到新建的URL，视图下方的窗格中显示该URL的昵称为"新浪"，类型为"HTTP"，值为"http://www.sina.cn"，如图6-17所示。

7）在"设计"视图中选中要应用该URL的文本或图像，如图6-18所示。

8）在"URLs"面板的"收藏"视图中选中需要的URL，如"百度搜索"，然后单击视图底部的"应用"按钮，即可将指定的URL应用到选定文本。如图6-19所示。

9）如果在步骤7）中没有选中文本，而是将插入点放在文本后面，则"收藏"视图底部的"应用"按钮变为"插入"按钮。单击该按钮，可在插入点处插入指定的链接文本，如图6-20所示。

制作超链接

图6-16 "添加URL"对话框

图6-17 添加URL

图6-18 选中文本   图6-19 应用URL   图6-20 插入URL

6.3 使用热点制作图像映射

在通常情况下,一个图像只能对应一个超链接。在浏览网页时,读者可能会遇到一个图像的不同部分建立了不同的超链接,这就是图像映射。图像映射只要使用热点工具就可以轻松实现。

简单地说,图像映射就是用热点工具将一幅图像分割为若干个区域,并将这些子区域设置成热点区域,然后将这些不同的热点区域链接到不同的页面。单击图像上的不同热点区域,可以跳转到不同的页面。

下面通过一个实例来说明如何创建图像映射。

1)新建一个HTML文件。执行"插入"/"图像"命令,在文档窗口中插入一幅图像,如图6-21a所示。

2)选中图像,单击属性面板上的"矩形热点工具"按钮 ,此时该图标会下凹,表示被选中。在图像上的"故宫"两字左上角按下鼠标左键并向右下角拖动,直到出现的矩形框将"故宫"两个字包围后释放鼠标。这样第一个热点建立完成,热点区域显示为半透明。

3)选中矩形热点,在属性面板中设置链接目标、打开方式和替换文字。

4)选择"圆形热点工具"按钮 ,在"神农顶"的左上角按下鼠标左键并向右下角拖动,将"神农顶"三个字包围后释放鼠标。然后在属性面板上设置其链接属性。

5)选择"多边形热点工具"按钮 ,在"九寨沟"的左上角单击鼠标左键,加入一个定位点;然后在左下角单击鼠标左键,加入第二个定位点,这时两个定位点之间会连成一条直线。按同样的方法再添加三个定位点,此时五个定位点会连成一个五边形,将"九寨沟"三个字包围。

6)选中多边形热点区域,在属性面板中设置链接属性。

7)按照步骤5)和6)的方法,为"三亚"添加多边形热点。然后在属性面板上设置其链接属性。最终效果如图6-21b所示。

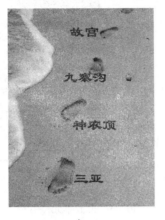
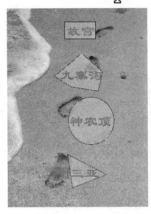

a)   b)

图6-21　插入热点区域前后的效果

8）执行"文件"/"保存"命令保存文档，然后按F12键在浏览器中预览页面。当鼠标指针移到热点区域时，指针的形状变为手形，并且在浏览器下方的状态栏中显示链接的路径。单击各个热点区域，会打开相应的超链接文件。

在绘制热点区域后，常常需要调整热点区域的大小和形状，以满足设计需要。步骤如下：

1）单击属性面板左下角的"指针工具"按钮 ，然后单击需要调整大小的热点区域。此时被选中的热点区域周围会出现控制手柄。

2）将鼠标指针移到控制手柄上，然后按下鼠标左键拖动，即可改变热点区域的大小或形状。

如果是矩形或多边形热点区域，上述操作会改变区域的形状；而对于圆形热点区域，上述操作只会改变形状的大小。

如果要改变热点区域的位置，可以单击"指针工具"按钮 ，并在需要移动的热点区域单击，然后按下鼠标左键拖动。但这种移动方式很难精确地将热点移动到需要的位置，用键盘的方向键可以以像素为单位移动热点位置。选中热点，按Shift+方向键，一次可以移动10个像素；如果直接按方向键，一次只能移动一个像素。

6.4　全程实例——制作导航条

在第5章5.5.1节的实例制作中，我们已完成了导航条的一部分，本节将制作具体的导航项目，并为导航项目添加超链接。

1）将光标定位在如图6-22所示的第2行单元格中，然后单击属性面板上的"拆分单元格"按钮 ，打开"拆分单元格"对话框。在对话框中选中"行"，并设置"行数"为3，然后单击"确定"按钮，将第2行单元格拆分为3行。

2）将光标定位在拆分后的第1行单元格中，设置单元格内容水平对齐方式为"左对齐"、垂直对齐方式为"顶端对齐"。然后执行"插入"/"图像"命令，在打开的"选择图像源文

制作超链接

Dreamweaver CC 2018中文版入门与提高实例教程

件"对话框中选中需要的图像，单击"确定"按钮插入图像。此时的页面效果如图6-23所示。

图6-22　导航条效果　　　　　　　图6-23　拆分单元格并插入图像后的效果

3）选中插入的图像，右击打开快捷菜单，执行"CSS样式"/"新建"命令，打开"新建CSS规则"对话框。指定选择器类型为"类"、选择器名称为".imgborder"，定义规则的位置选择"newcss.css"。单击"确定"按钮，在弹出的规则定义对话框中选择"边框"分类，并设置边框类型为"none"、宽度为"0px"，如图6-24所示。单击"确定"按钮关闭对话框。选中上一步插入的图像，在属性面板上的"类"下拉列表中选择"imgborder"。

4）新建规则.background2，定义第3行单元格的背景图像为"leftbar_r3_c1.gif"，水平居中，垂直顶端对齐，不平铺，并在属性面板上设置单元格高度为"333px"。然后设置第4行单元格内容水平对齐方式为"居中对齐"、垂直对齐方式为"顶端对齐"，插入一幅图像，设置"类"为"imgborder"。此时的页面效果如图6-25所示。

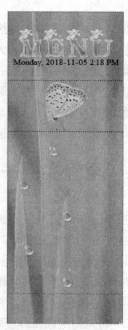

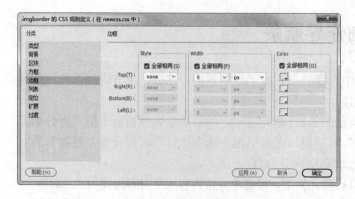

图6-24　设置边框类型　　　　　　　图6-25　设置表格背景

118

5）将光标置于如图6-25所示的第三行单元格中，设置单元格内容水平对齐方式为"左对齐"、垂直对齐方式为"顶端对齐"。打开"HTML"插入面板，单击面板上的"Div"按钮 ，打开"插入Div"对话框，如图6-26所示，设置ID为"nav1"。单击"确定"按钮关闭对话框。

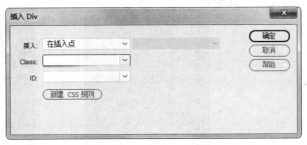

图6-26　"插入Div"对话框

6）按照步骤5）同样的方法，插入其他4个Div，设置ID分别为"nav2""nav3""nav4"和"nav5"，效果如图6-27所示。

7）删除Div标签"nav1"中的占位文本，执行"插入"/"图像"命令，在打开的"选择图像源文件"对话框中选择第一个导航项目，然后单击"确定"按钮插入图像，如图6-28所示。

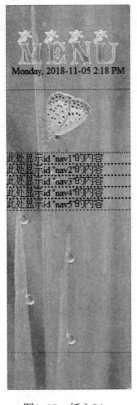
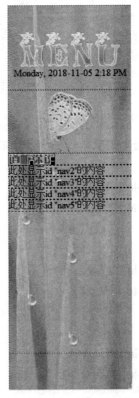

图6-27　插入Div　　　　　　　图6-28　插入图像

制作超链接

119

接下来定义CSS规则定位Div标签。

8）打开"CSS设计器"面板，在"源"窗格中选择样式表"newcss.css"；单击"添加选择器"按钮，输入选择器名称"#nav1"，然后在"布局"属性列表中设置左边距为100px，上边距为30px，如图6-29所示。定位后图像的位置如图6-30所示。

9）按照步骤7）和8）同样的方法，在其他4个Div布局块中插入图像，并定义CSS规则调整位置，对应的代码如下，效果如图6-31所示。

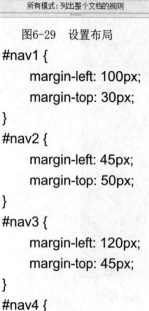

图6-29　设置布局

图6-30　调整位置

图6-31　插入图像

```
#nav1 {
    margin-left: 100px;
    margin-top: 30px;
}
#nav2 {
    margin-left: 45px;
    margin-top: 50px;
}
#nav3 {
    margin-left: 120px;
    margin-top: 45px;
}
#nav4 {
```

```
    margin-left: 55px;
    margin-top: 50px;
}
#nav5 {
    margin-left: 120px;
    margin-top: 35px;

}
```

10）选中第一个导航项目图像，单击"链接"文本框右侧的"指向文件"图标⊕，并按下鼠标左键拖动到"文件"面板中一个已有的页面write.html。然后释放鼠标，即可将选定的导航项目图像链接到指向的文件。

11）在"目标"下拉列表中选择链接目标打开的方式。本例暂时保留默认设置，具体设置将在后面的章节中进行修改。

12）用同样的方法，为其他三个导航图像添加超链接，分别链接到shop.asp?offset=0、ph.oto.html、message.html。

在这里，初学者需要注意，在链接到shop.asp网页时，需要添加一个"？"后缀。我们通常见到的网页的扩展名是.htm、.html、.shtml、.xml等，这是静态网页的常见形式。与此相对应的是动态网页，其网页URL的扩展名为.asp、.aspx、.jsp、.php、.perl、.cgi等形式，且在访问动态网页时，网址中有一个标志性的符号——?,如http://www.pagehome.cn/ip/index.asp?id=1。在本实例中，shop.asp就是一个动态网页。

动态网页中的"？"对搜索引擎检索存在一定的问题，搜索引擎一般不可能从一个网站的数据库中访问全部网页，或者出于技术方面的考虑，不去抓取网址中"？"后面的内容，因此采用动态网页的网站在进行搜索引擎推广时，需要做一定的技术处理才能适应搜索引擎的要求。

13）选中第4个导航图像，即"友情链接"，在其属性面板的"链接"文本框中输入"http://www.uy123.com/"。

14）选中第2行单元格中插入的图像，即蝴蝶图像。打开属性面板，单击面板底部的多边形热点工具图标▽。

15）沿蝴蝶的边缘单击鼠标，绘制一个多边形热点区域，效果如图6-32所示。

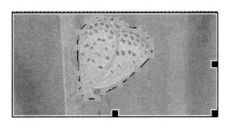

图6-32　多边形热点区域

16）在属性面板上的"链接"文本框中输入网站首页的URL，即index.html；"目标"为"_blank"；在"替换"文本框中输入"返回首页"。

制作超链接

121

17）单击第4行单元格中插入的图像，在属性面板的"链接"文本框中输入"#"，在"类"下拉列表中选择"imgborder"，即为该图像创建了一个虚拟链接，且在浏览器中无边框显示。在浏览器中单击此图像后，将返回到页面顶部。

18）保存文件，按F12键在浏览器中预览效果，检查超链接。

单击导航项目图像，即可切换到相应的页面。由于其他页面还未制作，因此是空白页面。单击导航条底部的图像，即可返回到页面顶端。

第 2 篇　Dreamweaver CC 2018 技能提高

第 7 章　表格与 IFRAME

第 8 章　Div+CSS 布局

第 9 章　应用表单

第 10 章　Dreamweaver 的内置行为

第 11 章　制作多媒体网页

第 12 章　统一网页风格

第 13 章　动态网页基础

第 7 章　表格与 IFRAME

本章导读

　　在网页设计的众多环节中，页面布局是最为重要的环节之一。表格是用于网页布局设计的常用工具，可以记载表单式的资料、规范各种数据，输入列表式的文字、排列文字和图形，在整个网页空间编排上发挥着重要的作用。合理布局表格，会使网页布局整齐，且便于管理和修改。

　　IFRAME 是浮动框架，可以放置在网页中的任何位置，它引用的 HTML 文件直接嵌入在一个 HTML 文件中。此外，IFRAME 还可以在同一个页面中的不同位置显示同一内容，而不必重复写内容，这种极大的自由度可以给网页设计带来很大的灵活性。

　　📖 设置表格和单元格属性

　　📖 表格的常用操作

　　📖 创建 IFRAME

　　📖 全程实例——使用 IFRAME 显示页面

7.1 创建表格

在Dreamweaver中，利用表格可以方便地将数据、文本和图片规范地显示在页面上，使网页更加美观、有条理。在HTML中，表格是很多优秀站点设计的整体标准，用表格格式化的页面在不同平台、不同分辨率的浏览器中都能保持布局和对齐。

不过，表格有一个缺陷：它会使网页显示的速度变慢。因为在浏览器中，文字是逐行显示的，即从服务器上传过来多少内容，就显示多少内容，以方便浏览，而使用表格就不同了，整个表格的内容全部下载完成之后，才能在客户端的浏览器上显示出来，因此在多重嵌套的表格布局中，页面打开速度会比较慢。

尽管如此，表格在网页布局中仍扮演着很重要的角色，是网页设计者必须掌握的一个强大的工具。下面介绍表格一些常用的操作。

表格由三个基本部分组成：行、列和单元格。在表格中，被线条分开的一个个小格称为单元格，其中可插入文字和图像等对象；分隔单元格的线条称为边框；位于水平方向上的一排单元格称作一行，位于垂直方向上的一排单元格称作一列。单元格是表格的基本组成部分。

下面以在网页中插入一个3行3列的表格为例，演示在网页中创建一个表格的具体操作步骤。本例具体操作如下：

1）在"插入"／"HTML"面板上单击"表格"按钮⊞，或执行"插入"／"表格"菜单命令，打开如图7-1所示的"Table（表格）"对话框。

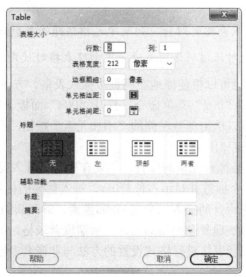

图7-1 "Table（表格）"对话框

2）在"行数"文本框中输入表格的行数3，在"列数"文本框中输入表格的列数3。

3）在"表格宽度"文本框中键入表格的宽度，然后在右侧的下拉列表中选择计量单位。如果选择"百分比"，则根据浏览器的视窗宽度调整表格的宽度。本例采用默认设置。

4）在"边框粗细"文本框中输入表格的边框厚度，以像素为单位。设置为0时不显示边框。本例输入2。

5）在"单元格边距"文本框中键入单元格中的内容与边框的间距。本例设置为2。

6）在"单元格间距"文本框中键入单元格之间的距离，相当于设置单元格的边框厚度。本例设置为2。

7）在"标题"栏选择页眉显示方式，有四个选项，分别是："无""左""顶部"和"两者"，具体显示效果见相应的图标。本例选择"无"。

> 提示：在"边框粗细"文本框中输入的是表格边框的宽度，单元格的边框不受该值影响。如果要在"边框"设置为0时查看表格的边框，可执行"查看" / "设计视图选项" / "可视化助理" / "表格边框"菜单命令。

8）在"标题"文本框输入标题"第一张表格"。

9）在"摘要"栏键入表格的说明等信息。这里输入的内容对表格的显示无影响。

10）单击"确定"按钮插入表格，结果如图7-2所示。

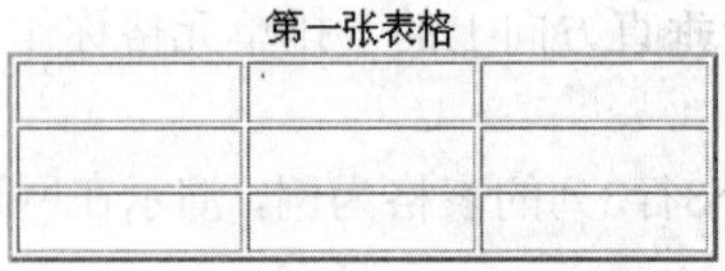

第一张表格

图7-2　插入表格

> 提示：如果插入表格时对行、列及单元格边距等参数进行了设置，则下一次插入表格时，"表格"对话框将保留最近一次创建表格时使用的参数设置。

使用"DOM"面板也可以很便捷地在网页中插入表格。方法如下：

1）执行"窗口" / "DOM"菜单命令，打开"DOM"面板。按空格键或单击DOM面板中与所需元素相邻的标签，单击标签左侧的"添加元素"按钮，在弹出的下拉菜单中选择要插入元素的位置，如图7-3所示。

2）根据需要选择要插入元素的位置，如要在图片后插入元素，则选择"在此项后插入"命令，将会插入一个标签并显示占位符Div。键入需要的标签名称"table"，如图7-4所示。此时，在页面中将自动插入一个宽为200像素、3行3列的表格。

嵌套表格技术可以实现复杂的布局设计。所谓嵌套表格，就是在一个表格的单元格内包含另一个表格。对嵌套表格进行格式设置的方法与非嵌套表格一样，但是其宽度受它所在单元格的宽度的限制。

若要在表格单元格中嵌套表格，可以单击现有表格中的一个单元格，再在单元格中插入表格。例如，在图7-2所示的3行3列的表格的中间单元格中插入一个2行3列的表格，就形成一个如图7-5所示的嵌套表格。

表格属于块级元素，默认占一行。在页面上绘制多个表格或嵌套表格时，Dreamweaver

自动控制，不允许表格重叠。

图7-3　添加元素下拉菜单　　　　　　　图7-4　键入标签名称

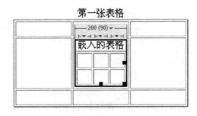

图7-5　嵌套表格

与插入表格类似，使用"DOM"面板也可以很轻松地插入嵌套表格，步骤如下：

1）选中要嵌套表格的单元格，打开DOM面板，单击"添加元素"按钮，在弹出的下拉菜单中选择"插入子元素"命令，如图7-6所示。

2）将自动插入的Div标签修改为table，按Enter键，如图7-7所示，即可在指定单元格中插入表格。

 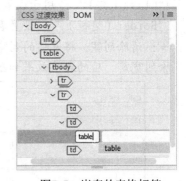

图7-6　选择"插入子元素"　　　　　　　图7-7　嵌套的表格标签

在文档中插入表格后，可以在表格中输入各种数据。输入数据或插入图像的方法是先将光标放置在需要插入数据的单元格中，然后直接输入数据或插入图像即可。

表格与IFRAME

127

提示：制作嵌套表格应遵循以下两个原则：①从外向内建立，即先建立最大的表格，再在其内部创建较小的表格；②设置外部表格的宽度时使用绝对值，设置内部表格的宽度时使用相对值。当然，这并不是一个不容改变的规则，但最好将外部表格宽度设置成一个特定的绝对像素值，而将内部表格宽度设置为相对的百分比数。如果内部表格宽度也设为一个绝对的像素值，那么表格的每一部分宽度都要计算精准

7.2 设置表格和单元格属性

选中表格或单元格后，即可在对应的属性面板上修改选定的表格元素的属性。表格的属性面板中的绝大多数属性与"表格"对话框中的参数相同，这里不再赘述。下面简要介绍一些没有介绍过的属性。

选中表格，执行"窗口"/"属性"命令，展开表格属性面板，如图7-8所示。

图7-8　表格属性面板

表格属性面板的各选项功能说明如下：

- "表格"：用于设置表格的名称。
- "CellPad（边距）"：设置单元格内容和边框的间距，即"表格"对话框中的"单元格边距"。
- "CellSpace（间距）"：用于设置表格内单元格之间的距离。
- "Align（对齐）"：用于设置表格在文档中相对于同一段落中的其他元素（如文本或图像）的显示位置。
- "Class（类）"：用于设置应用于表格的 CSS 样式。
- "Border（边框）"：设置表格边框的宽度。
- 清除列宽。将表格的列宽压缩到最小值，但不影响单元格内元素的显示。清除列宽前、后的表格效果如图 7-9 所示。

a) 清除列宽前　　　　　　　　　　　b) 清除列宽后

图7-9　清除列宽前、后的表格效果

- I⊟：清除行高。将表格的行高压缩到最小值，但不影响单元格内元素的显示。图 7-9b 所示的表格清除行高后的效果如图 7-10 所示。
- ⊬X：将表格宽度的单位转化为像素（即固定大小）。
- ⊬%：将表格宽度的单位转化为百分比（即相对大小）。

如果要设置单元格的属性，则选中单元格，执行"窗口"/"属性"命令，展开单元格属性面板进行修改，如图7-11所示。

表头	说明	备注
123	qet54u76o87p89	25332
456	reui96o	w52

图7-10　清除行高后的效果

HTML面板

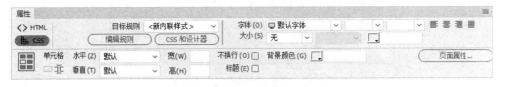

CSS面板

图7-11　单元格属性面板

单元格属性面板分为如图7-11所示的"HTML"和"CSS"两个面板，每一个面板又分为两部分。"HTML"面板的上部分用于设置单元格内文本内容的基本属性，各选项的功能不再赘述（请参见第5章的相应部分）。下部分用于设置单元格的属性，各选项的功能简要说明如下：

- "水平"：设置单元格内容的水平对齐方式。
- "垂直"：设置单元格内容的垂直对齐方式。
- "宽"和"高"：设置单元格的宽度和高度。
- "不换行"：单元格按需要增加列宽以适应文本，而不是在新的一行上继续文本。
- "标题"：设置单元格为标题单元格。标题单元格内的文字将以加粗黑体显示。
- "背景颜色"：用于设置单元格的背景颜色。
- ▭：将多个单元格合并为一个单元格，选中多个单元格时可用。
- ⊁：将选定单元格拆分为多行或多列。

从图7-11可以看出，用户不能直接在属性面板上设置表格或单元格的背景图像。如果希望将图像设置为表格或单元格的背景，就要用到"CSS设计器"面板了。

下面通过一个简单实例，介绍在Dreamweaver CC 2018中新建CSS规则设置表格和单元格背景图像的一般操作步骤。

1）执行"插入"/"表格"菜单命令，在弹出的"表格"对话框中设置表格的宽度为300像素，行数为3、列数为3、边框粗细为1。

表格与IFRAME

129

2）将光标置于第1行第1列的单元格中，右击弹出快捷菜单，执行"CSS样式"/"新建"命令，打开"新建CSS规则"对话框。

3）在"选择器类型"下拉列表中选择"标签"，"选择器名称"选择td，"规则定义"选择"（仅限该文档）"，如图7-12所示。然后单击"确定"按钮打开对应的规则定义对话框。

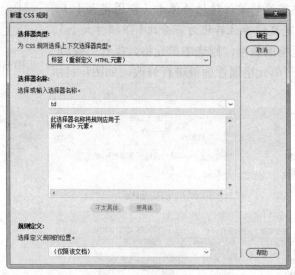

图7-12　"新建CSS规则"对话框

4）在对话框左侧的"分类"列表中选择"背景"，然后单击"Background-image（背景图像）"右侧的"浏览"按钮，在弹出的资源对话框中选择背景图像，如图7-13所示。单击"确定"按钮关闭对话框。

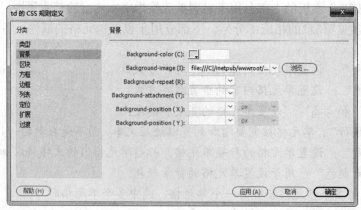

图7-13　选择背景图像

此时，在文档窗口中可以看到，表格中所有的单元格都自动应用了选择的背景图像，效果如图7-14所示。

如果希望不同的单元格应用不同的背景图像，则选中要设置背景图像的单元格之后，在上述步骤3）的"选择器类型"下拉列表中选择"类"，然后在"选择器名称"中键入名称，如".background1"。用同样的方法，定义其他单元格的背景图像，效果如图7-15所示。

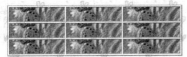

图7-14　设置单元格背景图像　　　　　　图7-15　设置单元格背景图像

表格的行、列的属性与单元格的属性一样，在此不再赘述。

> **注意：** 使用属性面板更改表格和单元格的属性时，需要注意表格格式设置的优先顺序：单元格格式优先于行格式，行格式又优先于表格格式。例如，如果将单个单元格的背景颜色设置为蓝色，然后将整个表格的背景颜色设置为黄色，则蓝色单元格不会变为黄色，因为单元格格式优先于表格格式。

7.3　表格的常用操作

Dreamweaver具备强大的表格编辑功能，拖放表格设置尺寸、简便的行列组合、单元格与表格的复制与粘贴，以及表格数据的导入、导出和排序，使用户可以在很短的时间内完成大量的表格任务成为可能。

7.3.1　选择表格元素

在对表格进行操作之前，必须先选中表格元素。在Dreamweaver中，可以一次选择整个表格、1行或1列表格单元、多个连续的或不连续的表格单元。下面分别进行说明。

1. 选择整个表格

若要选择整个表格，可以执行以下操作之一：

- 将光标放置在表格的任一单元格中，然后单击状态栏上的<table>标记
- 执行"编辑"/"表格"/"选择表格"命令
- 在表格的边框线上单击

选取整个表格后，表格的周围会出现黑色的控制手柄，如图7-16左图所示。

Dreamweaver CC 2018支持在实时视图中编辑表格。切换到实时视图，单击表格顶端或底部的"元素显示"按钮，即可选中整个表格，如图7-16右图所示。

2. 选择1行或1列单元格

若要选择1行或1列单元格，可以执行以下操作之一：

- 将光标放置在一行表格单元的左边界上，或将光标放置在一列表格单元的顶端，当指针变为黑色箭头➡或⬇时单击鼠标。
- 选中一个单元格，按下鼠标左键，横向或纵向拖动鼠标，可选择一行或一列单元格。

选中一行和一列表格单元的效果如图7-17所示。

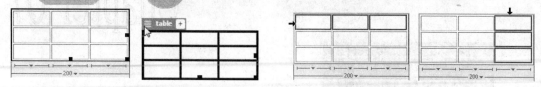

图7-16 选中整个表格   图7-17 选中一行、一列表格单元

Dreamweaver CC 2018在实时视图中引入了一个与设计视图中类似的箭头图标，利用该图标可以轻松地在实时视图中选择表格的一行或一列。在实时视图中选中表格，将鼠标指针悬停在要选择的行或列的边框，即可看到一个黑色箭头，如图7-18所示。单击即可选中一行或一列。

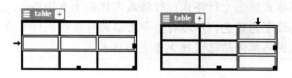

图7-18 选中一行或一列单元格

3. 选择多个连续的表格单元

若要选择多个连续的单元格，可以执行以下操作之一：

● 选中一个表格单元，按住鼠标左键，纵向或横向拖动鼠标到另一个表格单元。
● 选中一个表格单元，按住 Shift 键的同时单击另一个表格单元，所有矩形区域内的表格单元都被选择。

选中多个连续的表格单元后的效果如图7-19左图所示。

在实时视图中选中表格后，按下鼠标左键拖动，或按下Shift键单击需要选择的单元格，可以选择连续的单元格区域，效果如图7-19右图所示。选中的单元格显示为蓝色边框。

4. 选择多个不连续的表格单元

若要选择多个不连续的单元格，可以在按住Ctrl键的同时，单击多个要选择的表格单元。

选中多个不连续的表格单元后的效果如图7-20左图所示。

在实时视图中选中表格后，按下鼠标左键拖动，或按住Ctrl键单击需要选择的单元格，可以选择不连续的单元格区域，效果如图7-20右图所示。

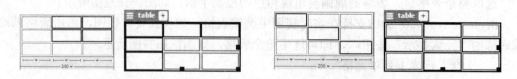

图7-19 选中多个连续表格单元   图7-20 选中多个不连续表格单元

7.3.2 调整表格的尺寸、行高和列宽

在网页制作过程中，经常要调整表格和单元格的大小，下面分别进行介绍。

1. 调整表格的大小

选中表格后，在表格周围的控制手柄上按下鼠标左键，并沿相应的方向拖动，即可调

整表格的大小。

1）拖动右下角的手柄，可以在两个方向上同时调整表格的大小。

2）拖动表格底边框上的手柄，可以调整表格的高度。

3）拖动右边框上的手柄，可以调整表格的宽度。

调整整个表格的大小时，其中的所有单元格大小会按比例进行缩放。如果表格的单元格指定了明确的宽度和高度，则调整表格大小会在文档窗口中更改单元格的可视大小，但不会更改这些单元格的实际宽度和高度。

2．将表格的宽度或高度压缩到最小

选择整个表格，然后执行“编辑”/“表格”/“清除单元格宽度”或“清除单元格高度”命令，则对所有单元格的宽度、高度进行压缩，直到内容最多的单元格与上下左右边界之间没有空隙为止。

3．调整行高

将光标放在行的底边框上，当光标变为上下箭头÷时，拖动鼠标。通过拖动行的底边线改变行的高度时，如果该行不是最下面的行，则相邻行的高度会自动调整，使表格的总高度不变；如果是表格的最下面的行，则表格的总高度发生变化，所有行按比例变高或变窄。

4．调整列宽

将光标放在列的右边框上，当光标变为左右箭头⫲时，拖动鼠标。通过拖动列的右边线改变列的宽度时，如果该列不是最右边的列，则相邻列的宽度自动调整，使表格的总宽度不变；如果是表格最右侧的列，则表格的总宽度发生变化，所有列按比例变宽或变窄。

5．转换表格单位

选择整个表格，然后执行“编辑”/“表格”/“转换宽度为百分比”或“转换宽度为像素”命令，即可将表格的宽度转换为以百分比或像素为单位；同理转换表格的高度。

此外，还可以通过属性面板上的“宽”和“高”属性设置表格的大小、行高及列宽。

7.3.3 使用扩展表格模式

前面章节中提到的表格是在标准模式下直接插入的，其最初的用途是显示表格式数据。虽然它也能任意改变大小和行列，但在页面中编辑表格和表格中的数据并不方便。本节将介绍扩展表格模式。

扩展表格模式可以临时给文档中的所有表格添加单元格边距和间距，并且增加表格的边框，便于在表格内部和表格周围选择。

下面通过一个简单实例演示切换到表格的“扩展”模式下的具体操作步骤。

1）由于在“代码”视图下无法切换到表格的“扩展”模式，所以应先将当前文档窗口的视图切换到“设计”视图或“拆分”视图。

2）在文档窗口插入一个表格，如图7-21所示。

3）将鼠标放置在任一单元格处，右击弹出快捷菜单，执行“表格”/“扩展表格模式”

Dreamweaver CC 2018 中文版入门与提高实例教程

命令，如图7-22所示。

表格(B)	▶	选择表格(S)	
段落格式(P)	▶	合并单元格(M)	Ctrl+Alt+M
列表(L)	▶	拆分单元格(P)...	Ctrl+Alt+Shift+T
字体(N)	▶		
样式(S)	▶	插入行(N)	Ctrl+M
CSS 样式(C)	▶	插入列(C)	Ctrl+Shift+A
		插入行或列(I)...	
模板(T)	▶	删除行(D)	Ctrl+Shift+M
元素视图(W)	▶	删除列(E)	Ctrl+Shift+-
		增加行宽(R)	
代码浏览器(C)...		增加列宽(A)	Ctrl+Shift+]
插入HTML(H)...		减少行宽(W)	
创建链接(L)		减少列宽(U)	Ctrl+Shift+[
打开链接页面(K)		✓ 表格宽度(T)	
添加到颜色收藏(F)		扩展表格模式(X)	
创建新代码片断(C)			
剪切(U)			
拷贝(O)			
粘贴(P)	Ctrl+V		
选择性粘贴(S)...			
属性(T)			

图7-21　标准模式下的表格　　　　　　　　图7-22　执行扩展模式

此时，文档窗口的顶部会出现"扩展表格模式"标记，且文档窗口中的所有表格自动添加了单元格边距与间距，并增加了表格边框。如图7-23所示。

图7-23　表格的扩展模式

利用扩展模式，可以很方便地选择表格中的项目，或者精确地放置插入点。例如，可以将插入点放置在图像的左边或右边，从而避免无意中选中该图像或表格单元格。

> **注意：**
> 扩展表格模式与浏览器中实际显示的表格不一样。因此，一旦选择了表格中的某个对象或放置了插入点，在移动表格元素或调整表格元素的大小之前，应该返回到"标准"模式下进行编辑。诸如调整大小之类的一些可视操作在"扩展表格"模式中不会产生预期结果。

如果要退出扩展表格模式，可以执行以下操作之一：
- 单击文档窗口顶部"扩展表格模式"标记右侧的"退出"。
- 右击任一单元格弹出快捷菜单，执行"表格" / "扩展表格模式"命令。

134

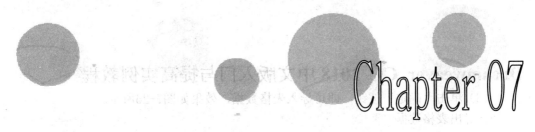

7.3.4 表格数据的导入与导出

在实际工作中，有时需要把其他应用程序（如Microsoft Excel）建立的表格数据发布到网上。如果重新在Dreamweaver中插入表格和数据，可以想象这是一件很枯燥、烦琐的事，如果表格数据量庞大，势必要花费不少时间和精力。

Dreamweaver具备导入表格式数据的功能，只需要把表格数据保存为带分隔符格式的数据，然后导入到Dreamweaver中，即可用表格重新对数据进行格式化，从而极大地简化了网页制作的过程，并能有效地保证数据的准确性。同样，也可以把在Dreamweaver中制作好的表格数据导出为文本文件。

1. 导入表格式数据

Dreamweaver可以导入许多应用程序的表格数据并生成自己的表格，只要是以分隔符格式（如制表符、逗号、分号、引号或其他分隔符）保存的数据均可以导入其中，并且重新格式化为表格。

下面通过一个实例演示将文本文件数据导入为表格数据的具体操作。

1）在"记事本"中创建一组带分隔符格式的数据，如图7-24所示。

2）在Dreamweaver文档窗口中新建一个文件，然后执行"文件"/"导入"/"表格式数据"命令，弹出"导入表格式数据"对话框。如图7-25所示。

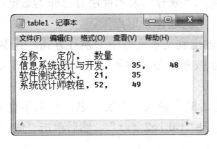

图7-24　数据文件　　　　　　图7-25　"导入表格式数据"对话框

3）单击"数据文件"右侧的"浏览"按钮，找到需要导入的数据源文件。

4）在"定界符"下拉列表中选择源文件数据的分隔方式。本例选择"逗号"。
如果选择"其他"，应在下拉列表右侧的文本框中输入分隔表格数据的分隔符。

> **注意:**
> 如果不指定文件使用的分隔符，将不能正确导入文件，数据也不能在表格中正确格式化。

5）在"表格宽度"区域设置表格宽度的呈现方式。如果选中"匹配内容"，则根据数据长度自动决定表格宽度。如果选中"设置为"，则可在右侧的文本框中输入表格宽度数值，并可在下拉列表中选择宽度的计量单位。本例选中"匹配内容"。

6）设置单元格边距和单元格间距，并将边框设置为1。

7）在"格式化首行"下拉列表中选中"粗体"选项。

Dreamweaver CC 2018 中文版入门与提高实例教程

（8）单击"确定"按钮，即可导入表格数据，效果如图7-26所示。

2．导出表格数据

在Dreamweaver中，还可以将表格数据导出到文本文件中，相邻单元格的内容由分隔符隔开。可以使用的分隔符有逗号、引号、分号或空格。

导出表格数据针对的是整个表格，不能选取表格的一部分导出。如果只需要表格中的某些数据，应先创建一个新表格，将需要的信息复制到新表格中，再将新表格数据导出。

下面通过一个简单实例演示将表格数据导出为文本文件的具体操作步骤。

1）在Dreamweaver文档窗口中创建一个表格，并在表格中输入数据，如图7-27所示。

名称	定价	数量
信息系统设计与开发	35	48
软件测试技术	21	35
系统设计师教程	52	49

Item	Code	Color
Kid tablet	SGH-E908	Orange
Kid tablet	SGH-i718	Blue
KKC	XT-713	Purple
KKC	XT-795	Pink

图7-26 导入数据后的效果　　　　　图7-27 表格数据

2）将光标放置在该表格中或选中该表格，然后执行"文件"/"导出"/"表格"命令，弹出"导出表格"对话框，如图7-28所示。

3）在"定界符"下拉列表中选择一种表格数据输出到文本文件后的分隔符。其中"Tab"表示使用制表符作为数据的分隔符，该项是默认设置；"空白键"表示使用空格作为数据的分隔符；"逗点"表示使用逗号作为数据的分隔符；"分号"表示使用分号作为数据的分隔符；"引号"表示使用引号作为数据的分隔符。本例选择"逗点"。

4）在"换行符"下拉列表中选择一种表格数据输出到文本文件中的换行方式。其中，"Windows"表示按Windows系统格式换行，"Mac"表示按苹果公司的系统格式换行，"UNIX"表示按UNIX的系统格式换行。本例使用默认设置。

5）单击"导出"按钮，弹出"表格导出为"对话框，输入一个文件名，可以不使用扩展名，也可以使用一个文本类型的扩展名。本例键入"table2.txt"，然后单击"保存"按钮导出表格数据。

6）使用"记事本"应用程序打开导出的文本文件"table2.txt"，内容如图7-29所示。

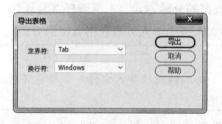

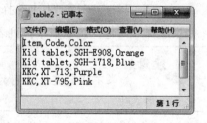

图7-28 "导出表格"对话框　　　　　图7-29 使用"记事本"打开导出文本文件

7.3.5 增加、删除行和列

在Dreamweaver CC 2018中增加、删除行或列也非常简单。下面简要介绍增加、删除

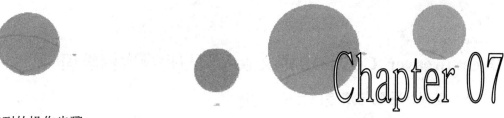

行和列的操作步骤。

1）执行以下操作之一删除一行：

● 将光标定位于要删除的行中任一单元格，执行"编辑"/"表格"/"删除行"命令

● 将光标放置在指定行的左边界上，当出现黑色箭头➜时单击鼠标选中该行，然后按Delete键

● 在要删除的行中任一单元格上右击，在弹出的快捷菜单中选择"表格"/"删除行"命令

2）执行以下操作之一删除一列：

● 把光标定位于要删除的列中任一单元格，执行"编辑"/"表格"/"删除列"命令

● 将光标放置在指定列的上边界上，当出现黑色箭头⬇时单击鼠标选中该列，然后按Delete键

● 在要删除的列中任一单元格上右击，在弹出的快捷菜单中选择 "表格"/"删除列"命令

3）执行以下操作之一增加一行：

● 将光标定位于单元格中，执行"编辑"/"表格"/"插入行"命令。

● 右击单元格，在弹出的快捷菜单中执行"表格"/"插入行"命令。

4）执行以下操作之一增加一列：

● 将光标定位于单元格中，选择"编辑"/"表格"/"插入列"命令。

● 右击单元格，在弹出的快捷菜单中执行"表格"/"插入列"命令。

此外，借助Dreamweaver CC 2018的实时视图，也可以很便捷地对行和列进行操作。例如，在实时视图中选中一个单元格，单击鼠标右键，将弹出如图7-30所示的快捷菜单。利用该菜单，可以插入行或列。如果选中一行或一列单元格，快捷菜单中的"删除行"或"删除列"命令将变为可用。

表格与IFRAME

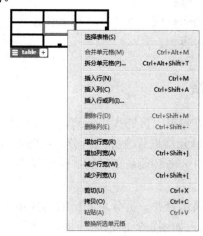

图7-30　快捷菜单

7.3.6 复制、粘贴与清除单元格

在Dreamweaver CC 2018中，可以非常灵活地复制、粘贴单元格，并保留单元格的格式；也可以只复制和粘贴单元格中的内容。可以一次只复制粘贴一个单元格，也可以一次复制粘贴一行、一列乃至多行多列单元格。

下面简要介绍复制、粘贴单元格内容的操作步骤。

1）选择一个或多个单元格。所选的单元格必须是连续的，并且形状必须为矩形。

2）在选中的单元格上单击鼠标右键，在弹出的快捷菜单中选择"拷贝"命令。

3）选择要粘贴单元格的位置。

● 若要用剪贴板上的单元格替换现有的单元格，应选择一组与剪贴板上的单元格布局相同的单元格。例如，如果复制或剪切了一块 3×2 的单元格，则应选择另一块 3×2 的单元格作为粘贴位置。

● 若要在特定单元格所在的行粘贴一整行单元格，则单击该单元格。

● 若要在特定单元格左侧粘贴一整列单元格，则单击该单元格。

● 若要用剪贴板上的单元格创建一个新表格，则将插入点放置在表格之外。

4）把光标定位于目标单元格中，单击鼠标右键，在弹出的快捷菜单中选择"粘贴"命令，完成粘贴。

在粘贴多个单元格时，被粘贴的单元格结构必须与剪贴板中的内容结构是相同的，否则将弹出一个提示框，提示无法完成粘贴操作。

> **注意:**
> 如果剪贴板中的单元格不到一整行或一整列，单击某个单元格然后粘贴，则单击的单元格和与它相邻的单元格内容可能（根据它们在表格中的位置）被粘贴的单元格替换。

若要清除单元格中的内容，可以执行以下操作步骤：

1）选择一个或多个单元格，且这些单元格不构成一行或一列。

2）直接按键盘上的Delete键。

如果选定的多个单元格为一行或一列，则执行上述操作后，将从表格中删除整行或整列，而不仅仅是单元格中的内容。

7.3.7 合并、拆分单元格

通常情况下，表格纵横方向单元格的大小一致，而在网页设计中，表格的布局是多样的，所以必须对其中的一些单元格进行合并或拆分。在Dreamweaver中，可以合并任意数量的相邻单元格，但整个选中区域必须是矩形的；也可以将一个单元格拆分为任意数量的行或者列。

下面通过一个简单实例演示合并、拆分单元格的具体步骤。

1）在"设计"视图中插入如图7-31所示的表格。

2）选中要合并的单元格"合并"和"单元格"。

3）通过以下方法之一合并选中的单元格：

● 单击属性面板中的"合并所选单元格"按钮 ☐ 。

● 执行"编辑" / "表格" / "合并单元格"命令。

● 鼠标右击选中的单元格，在弹出的快捷菜单中选择"表格" / "合并单元格"命令。

操作以上操作之一后，原来的两个单元格合并为一个，如图7-32所示。

合并	单元格	13	14
Adobe	Dreamweaver	23	24
31	拆分单元格	33	34
41	DIY教程	43	44

图7-31　插入表格

合并单元格		13	14
Adobe	Dreamweaver	23	24
31	拆分单元格	33	34
41	DIY教程	43	44

图7-32　合并单元格

4）用同样的方法合并单元格"Adobe"和"Dreamweaver"，操作结果如图7-33所示。

5）光标定位于"拆分单元格"单元格，通过以下方法之一打开如图7-34所示的"拆分单元格"对话框。

合并单元格	13	14
AdobeDreamweaver	23	24
31	拆分单元格	33	34
41	DIY教程	43	44

图7-33　合并单元格

图7-34　"拆分单元格"对话框

● 单击属性面板中的"拆分单元格为行或列"按钮 ⟡

● 执行"编辑" / "表格" / "拆分单元格"命令

● 鼠标右击选中的单元格，在弹出的快捷菜单中选择"表格" / "拆分单元格"命令

6）在对话框中选择"把单元格拆分为列"，在"列数"文本框中输入2。单击"确定"按钮完成单元格拆分，结果如图7-35所示。

此外，调整行或列的跨度也可以实现合并、拆分单元格的效果。增加行或列的跨度就是将邻近的单元格的行或列合并，使选中单元格的高或宽扩展到原来的两倍；减少行或列的跨度，就是将邻近单元格的行或列进行拆分，使选中单元格的高或宽缩小到原来的一半。

7）光标定位于"14"单元格，执行"编辑" / "表格" / "增加行宽"命令，即可将"14"和"24"单元格合并。再次执行"增加行宽"命令两次，可将表格最右列合并为一个单元格，效果如图7-36所示。

合并单元格		13	14
AdobeDreamweaver		23	24
31	拆分单元格	33	34
41	DIY教程	43	44

图7-35　拆分单元格

合并单元格		13	
AdobeDreamweaver		23	14243444
31	拆分单元格	33	
41	DIY教程	43	

图7-36　增加行宽的效果

8）将光标定位于"拆分单元格"单元格，然后执行"编辑"/"表格"/"增加列宽"命令，即可将"拆分单元格"和其右侧相邻的单元格合并。同理，再次执行"增加列宽"命令，然后将光标定位在单元格"31"中，执行"增加列宽"命令，即可将表格第3行的前三个单元格合并为一个单元格，效果如图7-37所示。

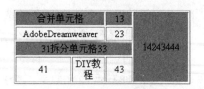

图7-37　增加列宽效果

7.3.8　表格数据排序

使用表格查看数据时，常常需要对表格数据进行排序。Dreamweaver提供了表格排序功能，可以对一个单列内容的简单表格排序，也可以对多列内容的复杂表格排序。

下面通过一个实例演示表格排序的具体步骤。

1）将光标放置在需要排序的表格中，然后执行"编辑"/"表格"/"排序表格"命令，打开"排序表格"对话框。如图7-38所示。

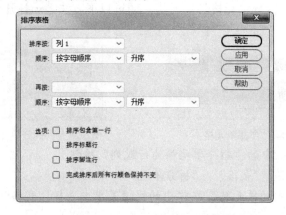

图7-38　"排序表格"对话框

注意：
"排序表格"命令无法应用至使用直行合并或横列合并的表格。

2）在"排序按"下拉列表中选择需要进行排序的列。本例选择"列3"。

3）在"顺序"下拉列表框中设置表格内容排序列顺序。其后的下拉列表框中有两个选项，其中"升序"表示按字母或数字升序排列，"降序"表示按字母或数字降序排列。本例选择"按数字顺序"且"升序"。

4）在"再按"下拉列表中选择第二个需要进行排序的列。本例选择"列4"和"按数字顺序"且"降序"。

5）如果第一行不是标题，可以选中"排序包含第一行"，表示排序时包括第一行。本例不选择此项。

6）选中"完成排序后所有行颜色保持不变"，然后单击"确定"按钮完成操作。排序前后的表格如图7-39所示。

当列的内容是数字时，选择"按数字顺序"。如果按字母顺序对一组由一位或两位数组成的数字进行排序，则会将这些数字作为单词进行排序（排序结果如 1、10、2、20、3、30），而不是将它们作为数字进行排序（排序结果如 1、2、3、10、20、30）。

产品名称\销量	第一季度	第二季度	第三季度	第四季度
键盘	12	46	80	23
鼠标	23	57	80	45
音箱	24	55	14	57

排序前

产品名称\销量	第一季度	第二季度	第三季度	第四季度
键盘	12	46	80	23
音箱	24	55	14	57
鼠标	23	57	80	45

排序后

图7-39　排序前、后的表格

7.4　表格布局实例

在Dreamweaver中，表格主要应用于网页布局和内容定位。下面通过一个实例介绍表格布局的操作方法。本例的操作步骤如下：

1）新建一个HTML文档，执行"文件"/"页面属性"命令，在弹出的"页面属性"对话框中设置页面字体为"新宋体"、大小为15px，并设置背景图像。

2）执行"插入"/"表格"命令，在文档中插入一个3行5列、宽度为778像素、边框为1的表格。然后在属性面板上设置表格的对齐方式为"居中对齐"。

3）分别合并第1行和第3行单元格，将光标定位在第3行单元格中，执行"插入"/"表格"命令，插入一个3行2列、宽度为100%、边框为0的表格。

4）选中嵌套表格第2列的所有单元格，单击属性面板上的"合并所选单元格"按钮，合并单元格。此时网页的基本布局如图7-40所示。

5）选中表格第1行单元格，执行"插入"/"图像"命令，插入一幅网页标题图像，效果如图7-41所示。

6）选中第2行的所有单元格，在属性面板上设置单元格内容水平"居中对齐"、垂直"居中"、高度为30。然后右击弹出快捷菜单，执行"CSS样式"/"新建"命令，打开"新建CSS规则"对话框。

7）在"选择器类型"下拉列表中选择"类"，在"选择器名称"中键入".fontcolor"，

Dreamweaver CC 2018 中文版入门与提高实例教程

在"规则定义"下拉列表中选择"仅限该文档"。然后单击"确定"按钮，打开对应的规则定义对话框。

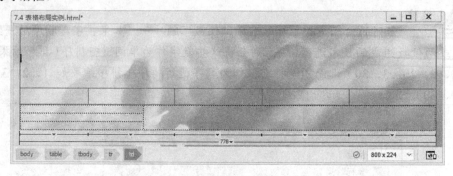

图7-40 网页布局

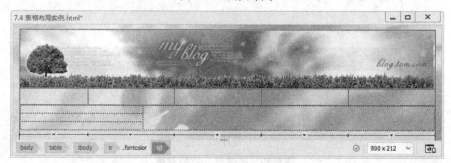

图7-41 插入网页标题图像

8）在该对话框左侧的分类列表中选择"类型"，然后单击颜色拾取器右下角的下拉箭头，在弹出的颜色面板中选择白色，如图7-42所示。

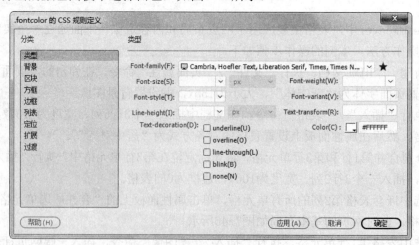

图7-42 设置文本颜色

9）在该对话框左侧的分类列表中选择"背景"，然后单击颜色拾取器右下角的下拉箭头，在弹出的颜色面板中选择绿色#090，如图7-43所示。单击"确定"按钮关闭对话框。

10）在第2行单元格中输入导航标题，此时的页面效果如图7-44所示。

11）选中嵌套表格第1列的单元格，单击鼠标右键，在弹出的快捷菜单中选择"CSS样式"/"新建"命令，新建一个CSS规则.tablebg，为单元格设置背景图像，效果如图7-45

142

所示。

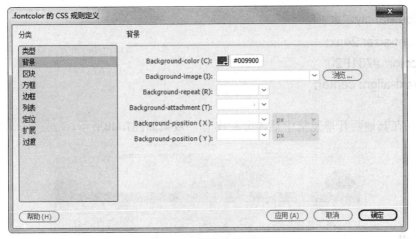

图7-43　设置背景颜色

图7-44　在单元格中输入导航标题

图7-45　设置单元格背景图像

表格与IFRAME

12）选中嵌套表格的第1列单元格，设置单元格宽度为30%，水平对齐方式为"左对齐"、垂直对齐方式为"顶端"，然后在第1行单元格中插入一个4行1列、宽为98%、边框为0的表格。

13）选中表格的第1行，设置高度为50；选中其他3行，设置高度为40，然后在各行单元格中键入内容。选中第2行～第4行单元格中的内容，单击属性面板上的"项目列表"按钮，创建列表。

14）打开"CSS设计器"面板，新建CSS规则h2，设置标题文本格式。对应的样式定义代码如下：

```
h2 {
    font-family: "隶书";
    font-size: 24px;
    color: #781F20;
    text-align: center;
}
```

同样，在其他两行单元格中插入分栏内容，效果如图7-46所示。

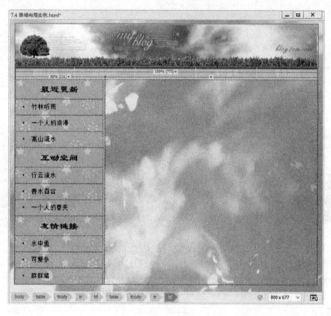

图7-46 创建列表及插入文本

15）选中右下角的单元格，在属性面板上设置单元格内容水平对齐方式为"居中对齐"、垂直对齐方式为"顶端"，然后插入一个宽度为96%、1行1列、无边框的表格。在嵌套表格中输入文本，并设置文本的格式。文本标题样式h1的规则定义代码如下：

```
h1 {
    font-size: 20px;
    text-align: center;
    font-family: Cambria, "Hoefler Text", "Liberation Serif", Times, "Times New
Roman", serif;
    line-height: 150%;
}
```

文本正文样式.fontstyle的规则定义如下：

```
.fontstyle {
    line-height: 150%;
```

```
text-align: justify;
}
```

16）保存文档，然后按F12键，预览网页的最终效果，如图7-47所示。

图7-47　网页最终效果

　　本例主要讲解了表格布局页面的方法，所以页面中的链接文本并没有设置。有兴趣的读者可以进一步完善该实例。

7.5　全程实例——使用表格布局主页

　　在前面的几章中，已制作了个人网站实例的导航条，并创建了页面样式表。本节将使用表格制作主页。步骤如下：

　　1）打开个人网站实例的主页index.html。

　　2）执行"插入"/"表格"命令，在打开的"表格"对话框中设置表格的行数为2、列数为1、表格宽度为700像素、边框为0。单击"确定"按钮插入一个2行1列的表格。选中表格，在属性面板上设置表格"间距"和"填充"均为0、对齐方式为"居中对齐"。

　　3）将光标定位在第1行的单元格中，在属性面板上将单元格内容的水平对齐方式设置为"居中对齐"，垂直对齐方式为"底部"。然后执行"插入"/"图像"命令，在打开的对话框中选择已制作的LOGO图像topbar.jpg，单击"确定"按钮插入图像。

　　表格与IFRAME

4）将光标定位在第2行的单元格中，单击属性面板上的"拆分单元格为行或列"按钮，在打开的"拆分单元格"对话框中选择"列"，设置"列数"为2。单击"确定"按钮，将第2行拆分为两列。

5）将光标放置在第2行第1列的单元格中，在属性面板上设置宽度为212像素。然后在"水平"下拉列表中设置单元格内容的对齐方式为"居中对齐"，在"垂直"下拉列表中选择"顶端"。此时的页面效果如图7-48所示。

图7-48　页面效果

6）将前面章节中已制作的导航条插入第1行第1列的单元格中,效果如图7-49所示。

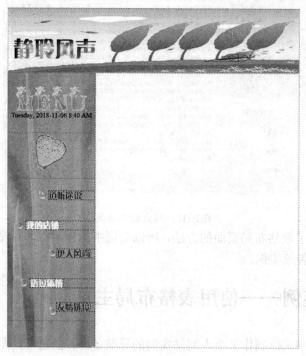

图7-49　插入导航条的效果

> 提示：如果不链接外部样式表文件 newcss.css，则预览页面时可以看到，添加了超链接的图片显示有蓝色边框。

7）将光标定位在第2行第2列的单元格中，在属性面板上设置单元格内容水平对齐方式为"居中对齐"、垂直对齐方式为"顶端"；单击"HTML"面板上的"表格"按钮，在

打开的"表格"对话框中设置表格的行数为4、列数为1、表格宽度为488像素、边框为0，单击"确定"按钮插入一个4行1列的表格。

8）选中上一步插入的表格中的所有单元格，在属性面板上将单元格内容的水平对齐方式设置为"居中对齐"。

9）将光标定位在第1行的单元格中，在单元格中右击弹出快捷菜单，执行"CSS样式"/"新建"命令，打开"新建CSS规则"对话框。

10）在"选择器类型"下拉列表中选择"标签"，在"选择器名称"列表中选择"h1"，在"规则定义"下拉列表中选择"newcss.css"，然后单击"确定"按钮，打开对应的规则定义对话框。

11）在对话框左侧的分类列表中选择"类型"，然后在"字体"下拉列表中选择"管理字体"命令，弹出"管理字体"对话框。切换到"自定义字体堆栈"选项卡，在"可用字体"列表框中选择"方正粗倩简体"。然后单击按钮 将其添加到字体列表中，如图7-50所示。单击"完成"按钮关闭对话框。

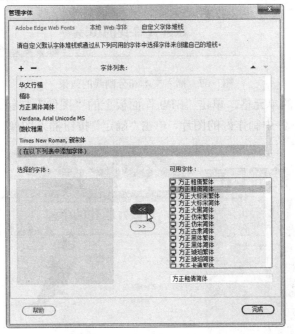

图7-50　添加字体列表

12）在规则定义对话框的"Font-family（字体）"下拉列表中选择"方正粗倩简体"，在"Font-size（字号）"下拉列表中选择"xx-large"，然后单击颜色拾取器右下角的下拉箭头，在弹出的颜色面板中选择"#999999"，如图7-51所示。单击"确定"按钮关闭对话框。

13）在第1行单元格中输入文本"欢迎光临我的小屋"，设置单元格高度为80。在属性面板上单击按钮 HTML，在"格式"下拉列表中选择"标题1"，即可将上一步定义的样式表应用到文本。

14）将光标放置在输入的文本右侧，然后按下Shift+Enter组合键插入一个软回车。

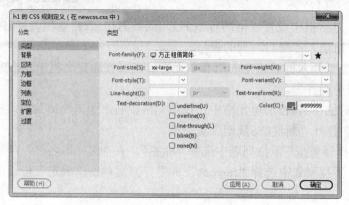

图7-51　定义属性

15）单击"HTML"面板上的"图像"按钮 ，在打开的对话框中选择一条水平分割线，单击"确定"按钮插入图像。在属性面板上设置图片宽度为480像素，效果如图7-52所示。

图7-52　插入文本和分割线的效果

16）选中第2行的单元格，单击"HTML"面板上的"图像"按钮，在打开的对话框中选择已在图像编辑软件中制作好的图片，单击"确定"按钮插入图像。效果如图7-53所示。

图7-53　插入图片的效果

17）将光标定位在第3行单元格中，单击"HTML"面板上的"图像"按钮，在打开的对话框中选择已制作好的水平分割图片，单击"确定"按钮插入图像。

18）在第4行的单元格中输入文本，并选中文本。单击文档窗口顶部的"代码"按钮，切换到"代码"视图，在选中的代码之前添加以下代码：

```
<marquee behavior="scroll" direction="up" hspace="0" height="160" vspace="30"
loop="-1" scrollamount="1" scrolldelay="60">
```

在选中的代码末尾加上</marquee>，如图7-54所示。

```
60 ▼            <tr>
61 ▼               <td align="center"><marquee behavior="scroll"
                   direction="up" hspace="0" height="220" vspace="10"
62 loop="-1" scrollamount="1" scrolldelay="60">
63                  <p>刚刚风无意吹起</p>
64                  <p>花瓣随着风落地</p>
65                  <p>我看见多么美的一场樱花雨</p>
66                  <p>闻一闻茶的香气</p>
67                  <p>哼一段旧时旋律</p>
68                  <p>要是你一定欢天喜地</p>
69 ▼                 <p>……</p></marquee></td>
70            </tr>
```

图7-54 添加代码

此时保存文件，在浏览器中预览会发现，滚动文本并不居中显示，而是左对齐。接下来创建CSS规则设置文本的显示方式。

19）打开"CSS设计器"面板，在CSS源newcss.css中添加选择器"p.style"，设置文本对齐方式为"居中"。然后切换到"代码"视图，修改滚动文本的样式，如图7-55所示。

提示：在Dreamweaver CC 2018中，可利用多个光标同时编写多行代码，而不必多次编写同一行代码。例如，将光标放在第一行滚动文本所在的代码p标签之后，按下Alt键，再按下鼠标左键并垂直拖到滚动文本的最后一行，即可添加多个光标。然后输入class="style"，即可同时修改多行代码。

20）保存文档，按F12键在浏览器中预览效果。如图7-56所示，正文区域底部的文本向上循环移动，形成跑马灯效果。

```
60 ▼            <tr>
61 ▼                <td align="center"><marquee behavior="scroll"
                 direction="up" hspace="0" height="220" vspace="10"
62  loop="-1" scrollamount="1" scrolldelay="60">
63 ▼                    <p class="style">刚刚风无意吹起</p>
64                      <p class="style">花瓣随着风落地</p>
65                      <p class="style">我看见多么美的一场樱花雨</p>
66                      <p class="style">闻一闻茶的香气</p>
67                      <p class="style">哼一段旧时旋律</p>
68                      <p class="style">要是你一定欢天喜地</p>
69                      <p class="style">......</p></marquee></td>
70            </tr>
```

图7-55 修改代码

图7-56 主页正文区域预览效果

7.6 创建 IFRAME

IFRAME是浮动框架,是一个相对比较新的标识,可以调用一个外部文件,放置在网页中的任何位置。IFRAME引用的HTML文件不与另外的HTML文件相互独立显示,而是直接嵌入在一个HTML文件中,与这个HTML文件内容相互融合,成为一个整体。

此外,利用IFRAME还可以在同一个页面的不同位置显示同一内容,而不必重复写内容,一个形象的比喻即"画中画"。这种极大的自由度可以给网页设计带来很大的灵活性。

下面通过一个简单实例演示IFRAME的使用方法和页面效果。

1)新建一个HTML文档。

2)执行"插入"/"HTML"/"IFRAME"菜单命令。切换到"代码"视图,可以看到插入的<iframe></iframe>标记,如图7-57所示。

3)在文档窗口的空白处单击,即可在"设计"视图中看到一个灰色的矩形,表示插入的IFRAME,如图7-58所示。

4)在"代码"视图中将<iframe></iframe>修改为<iframe name="i1" src="iframe.html" width="600" height="300"></iframe>。

图7-57 插入IFRAME标签

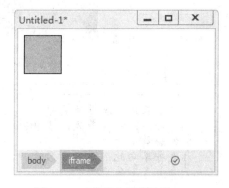

图7-58 "设计"视图中的IFRAME

IFRAME标记的使用格式如下:

<iframe name="main" src="URL" width="x" height="x" scrolling="[OPTION]" frameborder="x"></iframe>

各个属性的功能简要介绍如下:

- name:浮动框架名称。该名称将出现在超链接的 target 属性下拉列表中。
- src:浮动框架默认显示的页面,既可是 HTML 文件,也可以是文本、ASP 等。
- width、height:浮动框架的宽与高。
- scrolling:设置是否显示滚动条。"auto"表示自动显示;"yes"表示总是显示;"no"则表示不显示。
- frameborder:浮动框架的边框大小,默认值为 1。为了与邻近的内容相融合,通常设置为 0，不显示。

- `marginwidth`: 设置浮动框架的水平边距，单位为像素。
- `marginheight`: 浮动框架的垂直边距，单位为像素。

5）在"设计"视图中，将光标放置在浮动框架下方，输入需要的文本，并设置文本的超链接。尤其需要注意的是，将超链接文本的"target"属性设置为"i1"，即本例中插入的浮动框架的名称。

6）保存文档，按F12键在浏览器中预览，页面效果如图7-59所示。

浮动框架还可以嵌套。如图7-60所示。

图7-59　IFRAME的效果

图7-60　嵌套的IFRAME效果

7.7　全程实例——使用 IFRAME 显示页面

在前面的几章中已制作了主页的各个部分，本节将使用IFRAME对各个部分进行规划，

以形成一个完整的页面。步骤如下：

1）打开已基本完成的主页index.html。

2）执行"文件"/"另存为"命令，在弹出的对话框中设置文件名为photo.html，即导航图片"伊人风尚"的链接目标。

3）删除页面中的正文内容，只保留页面LOGO、导航条和正文部分前两行的文字和图片。此时的页面效果如图7-61所示。

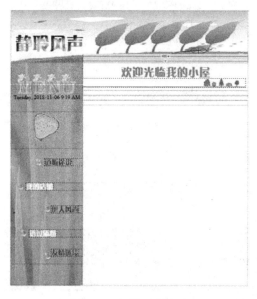

图7-61　初始页面效果

> **注意：**
> 删除最后一行单元格中的内容时，要切换到"代码"视图，删除多余的<marquee>标签和<p>标签。

4）选中正文部分的其他三行，单击属性面板上的"合并所选单元格"按钮，将选中的三行单元格合并为一行。然后在属性面板上设置单元格内容的水平对齐方式为"居中对齐"，垂直对齐方式为"顶端"。

5）将光标放置在合并后的单元格中，执行"插入"/"HTML"/"IFRAME"菜单命令，在页面中插入一个浮动帧框架。此时的页面效果如图7-62所示。

6）在"代码"视图中，将IFRAME的标签<iframe></iframe>修改为如下代码：

```
<iframe src="images/xiangce/index.html" name="i1" width="488" height="530" bgcolor="green" vspace="0" frameborder="0" ></iframe>
```

其中，src="images/xiangce/index.html"表示在浮动帧框架中显示制作的网站相册索引页。

7）保存页面，按F12键在浏览器中预览，页面效果如图7-63所示。

单击其中一幅缩略图，即可在浮动帧框架中打开所选图片的大图，效果如图7-64所示。

表格与IFRAME

153

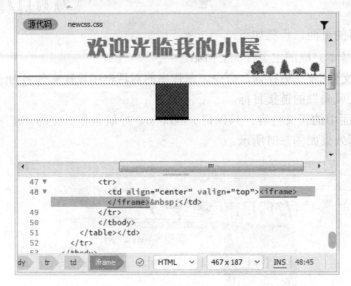

图7-62 插入iframe

图7-63 页面预览效果

单击链接文本"前一个"或"下一个",即可在图片之间切换浏览。单击"首页",可返回到如图7-64所示的页面。

图7-64　页面预览效果

第 8 章　Div+CSS 布局

本章导读

　　Div+CSS，简单地说，就是使用块级元素放置页面内容，然后使用 CSS 规则指定布局块的位置、大小和呈现方式。一个使用 Div+CSS 布局且结构良好的 HTML 页面，可以在任何网络设备上以任何外观呈现，而且用 Div+CSS 布局构建的网页可以简化代码，加快显示速度。

 学 习 要 点

- Div+CSS 概述
- CSS 盒模型
- CSS 层叠顺序
- CSS 布局块
- 常用 CSS 布局版式

8.1 Div+CSS 概述

在使用Dreamweaver进行网页制作时，初学者总是习惯先考虑网页外观的呈现样式，如图片、字体、颜色等所有表现在页面上的内容，然后用Photoshop或者Fireworks绘制出来并切割成小图。最后通过编辑HTML或使用Dreamweaver的可视化编辑方法，将所有设计放置在表格或框架中组织成网页。

随着移动和网络技术的发展，网页不仅呈现在电脑屏幕上供浏览，越来越多的用户会选择在PDA、移动电话或屏幕阅读机上查看网页，使用上述方法精心设计的页面在这些设备上可能就不能显示了。

本节将从传统的表格布局（table）跨入到Div+CSS布局。一个使用Div+CSS布局且结构良好的HTML页面可以通过CSS以任何外观表现出来，在任何网络设备上（包括手机、PDA和计算机）上以任何外观呈现，而且用Div+CSS布局构建的网页可以简化代码，加快显示速度。

注意：　Div+CSS 是一种不准确的说法，确切地说，应称之为 Web 标准。合理利用每个 html 标签进行布局，是 web 标准设计的一个准则。

Div+CSS，简单地说，就是使用块级元素（或称为层）放置页面内容，然后使用CSS规则指定层的位置、大小和呈现方式。

使用Div+CSS制作网页，最重要的是摒弃传统的表格布局观念，在考虑页面的整体表现效果之前，应当先考虑内容的语义，分析每块内容的目的，并根据这些目的建立相应的HTML结构，然后再针对语义、结构添加CSS。例如，图8-1所示的页面。

图8-1　页面示例

Div+CSS 布局

157

Dreamweaver CC 2018 中文版入门与提高实例教程

仔细分析图8-1所示的页面结构，可以得到如下几部分：

- 站点 logo。
- 导航菜单。
- 主页面内容。
- 页脚。

接下来，可以采用块元素定义这些结构：

```
<header id="head">此处显示　id "head" 的内容</header>
<nav id="nav">此处显示　id "nav" 的内容</nav>
<article id="content">此处显示　id "content" 的内容</article>
<footer id="foot">此处显示　id "foot" 的内容</footer>
```

结构化HTML之后，就可以定义CSS样式进行布局了。CSS是一种对文本进行格式化操作的高级技术，从一个较高的级别上对文本进行控制。使用CSS设置页面格式时，内容与表现形式是相互分离的。页面内容位于自身的HTML文件中，而定义代码表现形式的CSS规则位于外部样式表或HTML文档的另一部分（通常为<head>部分）。使用CSS可以非常灵活地控制页面的外观，从精确的布局定位到特定的字体和样式等，而且可以在文档中实现格式的自动更新。

通过ID选择器可以精确定义每一个页面元素的外观表现，包括颜色、字体、链接、边框、背景以及对齐属性等。例如，如下的规则定义了ID为header的Div的宽、高、边距、下边框样式和框阴影的模糊半径。

```
#header {
    width: 200px;
    height: 60px;
    margin: 8 auto;
    border-bottom: 1px solid #CCCCCC;
    -webklt-box-shadow: 0px 0px 3px;
    box-shadow: 0px 0px 3px;
}
```

有关CSS属性的介绍，请参见本章8.2.2节的介绍。

8.2　CSS 盒模型

早在1996年推出CSS1的时候，W3C组织就建议把所有网页上的对象都放在一个"盒"中，通过创建规则控制"盒"的属性。CSS盒模型是Web标准布局的核心所在，在详细介绍Div+CSS布局之前，读者很有必要先了解CSS盒模型的概念和组成。

8.2.1　CSS 盒模型简介

所谓CSS盒模型，是指通过由CSS定义的大小不一的盒子和盒子嵌套排版网页。采用这种编排方式的网页代码简洁，表现和内容分离，后期维护方便，能兼容更多的浏览器。CSS

158

盒模型的示意图如图8-2所示。

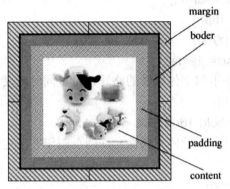

margin
boder
padding
content

图8-2　CSS盒模型示意图

从图8-2可以看出，整个盒模型在页面中所占的宽度=左边距+左边框+左填充+内容宽度+右填充+右边框+右边距；高度=上边距+上边框+上填充+内容高度+下填充+下边框+下边距。

注意：
　　在CSS样式中，width（height）属性定义的宽度（高度）仅指内容部分的宽度（高度），而不是盒模型的宽度（高度）。

初学者在学习Div+CSS布局方式时，常会误认为只能使用Div标签进行布局，从而导致Div标签的滥用。事实上，"盒子"可以是Div标签、标题和段落等任何块级元素。

8.2.2　常用的盒模型属性

盒模型主要定义四个区域：内容（content）、填充（padding）、边框（border）和边距（margin）。此外，还可以指定盒模型的定位（position）和浮动（float）等属性，创建灵活多变的排版效果。下面分别进行简要介绍。

1．内容（content）

内容区域可以放置任何网页元素，下面介绍常用的文本和背景属性。

（1）font-family属性　用于指定网页中文本的字体集合，取值可以是多个字体，字体之间用逗号分隔。使用示例：

　　　　body,td,th{font-family: Georgia, Times New Roman, Times, serif;}

（2）font-style属性　用于设置字体风格，取值可以是normal（普通）、italic（斜体）或oblique（倾斜）。使用示例：

　　　　p{font-style: normal;}
　　　　h1{font-style: italic;}

（3）font-size属性　用于设置字体显示的大小。这里的字体大小可以是绝对大小

Div+CSS布局

Dreamweaver CC 2018 中文版入门与提高实例教程

（xx-small、x-small、small、medium、large、x-large、xx-large）、相对大小（larger、smaller）、绝对长度（使用的单位为pt-像素和in-英寸）或百分比，默认值为medium。使用示例：

```
h1{font-size: x-large;}
o{font-size: 18pt;}
li{font-size: 90%;}
stong{font-size: larger;}
```

（4）font属性　用作不同字体属性的略写，可以同时定义字体的多种属性，各属性之间以空格间隔。使用示例：

```
p{font: italic bold 16pt 华文宋体;}
```

（5）color属性　color（颜色）属性允许网页制作者指定一个元素的颜色。使用示例：

```
h1{color:black;}
h3{color: #ff0000;}
```

（6）background-color属性　background-color（背景颜色）属性设定一个元素的背景颜色，取值可以是颜色代码或transparent（透明）。使用示例：

```
body{background-color: white;}
h1{background-color: #000080;}
```

为了避免与用户的样式表之间发生冲突，在指定背景颜色的同时，通常还指定背景图像。而大多数情况下，background-image:none都是合适的。网页制作者也可以使用略写的背景属性，通常会比背景颜色属性获得更好的支持。

（7）background-image属性　background-image（背景图像）属性设置一个元素的背景图像。使用示例：

```
body{ background-image: url(/images/bg.gif);}
```

考虑那些不加载图像的浏览者，定义背景图像时，应同时定义一个类似的背景颜色。

（8）background-repeat属性　用来描述背景图片的重复排列方式，取值可以是repeat（沿X轴和Y轴两个方向重复显示图片）、repeat-x（沿X轴方向重复图片）和repeat-y（沿Y轴方向重复图片）。使用示例：

```
body {
    background-image:url(pendant.gif);
    background-repeat: repeat-y;
}
```

（9）background属性　用作不同背景属性的略写，可以同时定义背景的多种属性，各属性之间以空格间隔。使用示例：

```
p{background: url(/images/bg.gif) yellow;}
```

（10）line-height属性　line-height（行高）属性可以接受一个控制文本基线之间的间隔的值。取值可以是normal、数字、长度和百分比。当值为数字时，行高由元素字体大小的量与该数字相乘所得。百分比的值相对于元素字体的大小而定。不允许使用负值。使用示例：

p{line-height:120%;}
```

2. 填充（padding）

padding属性用于描述盒模型的内容与边框之间的距离，分为padding-top、padding-right、padding-bottom和padding-left四个属性，分别表示盒模型四个方向的内边距。属性值是数值，单位可以是长度、百分比或auto。使用示例：

```
#container {padding-left:20px;}
#side {padding-right:6px;}
#footer { padding-top:10%;}
```

如果同时指定盒模型四个方向的内边距，可以使用简写方法，就是直接用padding属性，四个值之间用空格隔开，顺序为上、右、下、左，例如：

```
body { padding: 5px 10px 5px 5px;}
```

上面的代码等同于：

```
body {
        padding -top:5px;
        padding -right:10px;
        padding -bottom:5px;
        padding -left:5px;
}
```

根据需要，padding属性的值也可以不足四个。这种情况下也可以使用简写方式，例如：

```
#side {padding: 2px;}         /* 所有的内边距都设为2px */
#side {padding: 1px 5px;}     /* 上、下内边距为1px，左、右内边距为5px */
#side { padding: 0px 2px 3px;} /* 上内边距为0，左、右内边距为2px，下内边距为
3px*/
```

3. 边框（border）

border属性用于描述盒模型的边框。border属性包括border-width、border-color和border-style，这些属性下面又有分支，下面分别进行简要介绍。

border-width属性用于设置边框宽度，又分为border-top-width、border-right-width、border-bottom-width、border-left-width和border-width属性，值用长度（thin/medium/thick）或长度单位表示。与margin属性类似，border-width为简写方式，顺序为上、右、下、左，值之间用空格隔开。使用示例：

```
img {
        border-width: 0px;
}
```

border-style属性用于设置对象边框的样式，属性值为CSS规定的关键字，平常看不到border是因为其默认值为none。属性值的名称和含义简要介绍如下：
```

- none：无边框。
- dotted：边框为点线。
- dashed：边框为长短线。
- solid：边框为实线。
- double：边框为双线。
- groove、ridge、inset和outset：显示不同效果的3D边框（根据color属性）。

border-color属性用于显示边框颜色，分为border-top-color、border-right-color、border-bottom-color、border-right-color和border-color属性。属性值为颜色，可以用十六进制表示，也可用RGB()表示，border-color为快捷方式，顺序为上、右、下、左，值之间用空格隔开。使用示例：

```
img {
        border-color: #EC7B37;
    }
```

如果要同时设置边框的以上三种属性，可以使用简写方式border，属性值之间用空格隔开，顺序为"边框宽度 边框样式 边框颜色"，例如：

```
#layout {
        border: 2px solid #EC7B37;
    }
```

还可以用border-top、border-right、border-bottom、border-left分别作为上、右、下、左边框的快捷方式，属性值顺序与border属性相同。

4. 边距（margin）

margin属性分为margin-top、margin-right、margin-bottom、margin-left四个属性，分别表示盒模型四个方向的外边距。属性值是数值单位，可以是长度、百分比或auto，margin甚至可以设为负值，实现容器与容器之间的重叠显示，使用示例：

```
#side {margin-top:6px;}
h1 {margin-right: 12.3%;}
```

margin还有一个简写方法，就是直接用margin属性，四个值之间用空格隔开，顺序为上、右、下、左，例如：

```
body { margin: 5px 10px 2px 10px;}
```

上面的代码等同于：

```
body {
        margin-top:5px;
        margin-right:10px;
        margin-bottom:2px;
        margin-left:10px;
    }
```

同样，margin属性的值也可以不足四个，例如：

```
#side { margin: 2px }              /*所有的边距都设为2px */
```

162

```
#side { margin: 1px 5px }        /*上下边距为1px，左右边距为5px */
#side { margin: 0px 2px 3px } /*上边距为0，左右边距为2px，下边距为3px*/
```

提示：在 IE6 及以上版本和标准的浏览器中，设置一个盒模型的外边距属性均为 auto（margin:auto;）时，可以使盒模型在页面上居中。

5．布局（layout）

使用以上四类属性可以指定CSS布局块的显示外观。在进行页面布局时，还需要一些属性对布局块进行定位，指定布局块在页面中的呈现方式。

（1）position属性　用于指定元素的位置类型。各个属性值的含义如下：

● absolute：屏幕上的绝对位置。位置将依据浏览器左上角开始计算。绝对定位使元素可以覆盖页面上的其他元素，并可以通过 z-index 来控制它的层级次序。

● relative：屏幕上的相对位置。相对定位时，移动元素会导致它覆盖其他元素。

注意：父容器使用相对定位、子元素使用绝对定位后，子元素的位置不再相对于浏览器左上角，而是相对于父窗口左上角。

● static：固有位置。是 position 属性的初始值。

相对定位和绝对定位需要配合top、right、bottom、left来定位具体位置。此外，这四个属性同时只能使用相邻的两个，不能使用top又使用bottom，或同时使用right和left。使用示例：

```
#menu { position: absolute; left: 100px; top: 0px; }
#menu ul li {position:relative; right: 100px; bottom: 0px; }
```

（2）float和clear属性　在CSS中，任何元素都可以浮动。浮动元素会生成一个块级框，而不论它本身是何种元素。设置元素浮动后应指明一个宽度，否则它会尽可能地窄；当可供浮动的空间小于浮动元素时，它会跑到下一行，直到拥有足够放下它的空间。

float属性有三个值left、right、none，用于指定元素飘浮在其他元素的左方或右方，或不浮动。使用示例：

```
#side { height: 300px; width: 120px; float: left; }
```

相反地，使用clear属性将禁止元素飘浮。其属性值有left、right、both、none，初始值为none。使用示例：

```
clearfloat {clear:both; font-size: 1px;line-height: 0px;}
```

（3）overflow属性　在规定元素的宽度和高度时，如果元素的宽度或高度不足以显示全部内容，就要用到overflow属性。overflow属性值的含义如下：

● visible：增大宽度或高度，以显示所有内容。

● hidden：隐藏超出范围的内容。

Div+CSS布局

- scroll：在元素的右边显示一个滚动条。
- auto：当内容超出元素宽度或高度时显示滚动条，让高度自适应。

使用示例：

.nav_main { height:36px; overflow:hidden;}

（4）z-index属性　在CSS中允许元素重叠显示，这样就有一个显示顺序的问题，z-index属性用于描述元素的前后位置。

z-index使用整数表示元素的前后位置，数值越大，就会显示在相对越靠前的位置，适用于使用position属性的元素。z-index初始值为auto，可以使用负数。使用示例：

#Div1 {position:absolute; left:121px; top:441px; width:86px; height:24px; z-index:2;}

8.3　CSS 层叠顺序

"层叠"是指浏览器最终为网页上的特定元素显示样式的方式。三种不同的源决定了网页在浏览器中显示的样式：由页面设计者创建的样式表、自定义样式和浏览器的默认样式。网页的最终外观是由所有这三种源的规则共同作用（或者"层叠"）的结果，最后以最佳方式呈现网页。

实际上，所有在选择器中嵌套的选择器都会继承外层选择器指定的属性值，除非另外更改。例如，一个body定义了的颜色值会应用到段落的文本中。有些情况是内部选择器不继承周围选择器的值，但理论上这些都是特殊的。例如，段落不会继承文档body的上边界值。

在介绍CSS层叠顺序之前，先简要介绍一下在网页中添加CSS样式常用的四种方式：

1. 外部样式

外部样式是把CSS单独写到一个CSS文件中，然后在源代码中以link方式链接。例如：

<link href="layout.css" rel="stylesheet" type="text/css" />

外部样式不但本页可以调用，其他页面也可以调用，在Web标准设计中，使用外部样式，可以不修改页面，只修改样式文件，从而改变页面的样式。

2. 内部样式

内部样式写在源代码的head标签内，以<style>和</style>结尾。这种样式在页面内定义，仅在定义的页面中有效。例如：

```
<style type="text/css">
body {
    background-image: url(../images/bg.jpg);
    background-repeat: no-repeat;
}
</style>
```

3. 行内样式

行内样式在标签内以style标记，只针对标签内的元素有效。例如：

点击这里！

由于这种样式嵌在HTML结构中，没有与内容分离，不便于后期的维护与更新，所以不

建议使用。

4．导入样式

导入样式通过使用@import url标记附加外部样式表，例如：

```
<style type="text/css">
    @import url("../css/newcss.css");
</style>
```

导入样式一般用在另一个样式表内部。例如，newcss.css为主页所用样式，全局样式定义在global.css文件中，在newcss.css中添加@import url("/css/global.css")可以导入全局样式，从而使代码达到很好的重用性。

如果在页面中为同一元素定义了多种CSS样式，可按以下规则层叠样式：

● ID选择器定义的规则优先级高于类选择器定义的规则。

例如，在类.fontstyle中定义了页面中的文本颜色为黑色，又使用ID选择器#content定义了Div容器中的文本显示为绿色，则容器中的文本最终显示为绿色。

● 指定的样式优先级高于继承的样式。

● 后面定义的样式覆盖前面已定义的样式。

● 行内样式高于内部或外部样式。

8.4　CSS布局块

CSS布局与传统表格（table）布局最大的区别在于：传统表格布局采用表格定位，通过表格的间距或者用无色透明的GIF图像控制布局版块的间距；用CSS布局则主要用块（如Div）定位，通过指定块的margin、padding、border等属性控制版块的间距，使用ID选择器定义块的样式。

CSS布局块是一个HTML页面元素，可以将它定位在页面上的任意位置。更具体地说，CSS布局块是不带display:inline的Div标签，或者是包括display:block、position:absolute或position:relative等CSS声明的任何其他页面元素。下面是几个在Dreamweaver中被视为CSS布局块的元素的示例：

● Div标签

● 指定了绝对或相对位置的图像。

● 指定了display:block样式的a标签。

● 指定了绝对或相对位置的段落。

注意：

出于可视化呈现的目的，CSS布局块不包含内联元素（也就是代码位于一行文本中的元素）或段落之类的简单块元素。

8.4.1 创建 Div 标签

本节将介绍Web标准中常用的一种CSS布局块——Div标签的创建方法。

Div标签常用于定义网页内容中的逻辑区域，通常被称为"块"。使用Div标签可以将内容块居中，创建列效果以及创建不同的颜色区域等。可以通过插入Div标签，并应用CSS定位样式创建页面布局。

在Dreamweaver CC 2018中创建Div标签的操作步骤如下：

1）在"文档"窗口的"设计"视图中，将插入点放置在要显示Div标签的位置。

2）执行下列操作之一，弹出如图8-3所示的"插入Div"对话框：

图8-3 "插入Div"对话框

● 执行"插入"/"Div"菜单命令。

● 执行"插入"/"HTML"/"Div"菜单命令。

● 在"HTML"插入面板中，单击"Div"按钮 <>。

3）在"插入Div"对话框中指定插入位置、要应用的类以及Div标签的ID。

● 插入：用于选择 Div 标签的位置。如果选择"在标签开始之后"或"在标签结束之前"，则还要选择一个已有的标签名称。

● "Class（类）"：指定要应用于 Div 标签的类样式。如果附加了样式表，则该样式表中定义的所有类都将显示在"类"下拉列表中。

● ID：指定用于标识 Div 标签的唯一名称。如果附加了样式表，则该样式表中定义的所有 ID（除当前文档中已有的块的 ID）都将出现在列表中。

● 新建 CSS 规则：单击该按钮，打开如图 8-4 所示的"新建 CSS 规则"对话框。

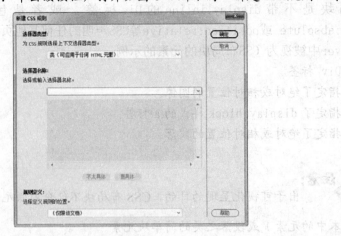

图8-4 "新建CSS规则"对话框

4）单击"插入Div"对话框中的"确定"按钮关闭对话框，即可插入一个Div标签。

在"设计"视图中，Div标签默认以虚线框的形式出现，并显示占位文本，如图8-5a所示。将指针移到虚线框的边缘上时，虚线框高亮显示，如图8-5b所示。

a)   b)

图8-5　创建Div标签

8.4.2　编辑Div标签

插入Div标签之后，就可以在"CSS设计器"面板中查看和编辑应用于Div标签的规则，或在标签中添加内容了。操作步骤如下：

1）选中Div标签。执行以下操作之一选择Div标签：

● 单击Div标签的边框。

● 在Div标签内单击，然后按两次Ctrl+A（Windows）或Command+A（Macintosh）。

● 在Div标签内单击，然后在状态栏上单击Div标签ID。

2）在Div标签中添加内容。选中Div标签中的占位文本，然后键入内容，或按Delete键删除占位文本，然后以在页面中添加内容的方式添加内容，如图8-6所示。

3）打开"CSS设计器"面板查看或定义规则。执行"窗口"/"CSS设计器"命令，打开"CSS设计器"面板，当前Div标签已应用的规则显示在"选择器"窗格中。如果没有为当前选中的Div标签定义CSS规则，则显示为空。

4）根据需要编辑CSS规则。例如，要定义如图8-6所示的Div标签宽为350px、高为150px、文本颜色为橙色、边框为1px的深灰色实线，且在页面上居中，可以定义如下的规则：

```
#main {
    width: 350px;
    height: 150px;
    border: 1px solid #666666;
    margin: auto;
    color: #FF6600;
}
```

效果如图8-7所示。

图8-6　在Div 标签中添加内容　　　　　　　图8-7　CSS布局块效果

8.4.3　可视化 CSS 布局块

Dreamweaver提供了多个可视化助理，用于查看CSS布局块。例如，在设计时可以为CSS布局块启用外框、背景和框模型。将鼠标指针移动到布局块上时，可以显示选定CSS布局块属性的工具提示。

默认情况下，Dreamweaver CC 2018在"设计"视图中显示Div标签的外框，且当鼠标指针移到Div标签外框上时高亮显示，如图8-8所示。如果不希望在页面上显示CSS布局块外框，可以执行"查看"/"设计视图选项"/"可视化助理"/"CSS布局外框"菜单命令取消显示，如图8-9所示。

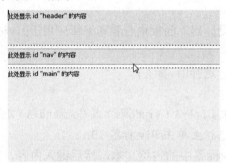

图8-8　Div标签的外框　　　　　　图8-9　取消显示CSS布局块外框

下面简要介绍一下如图8-9所示的CSS布局块可视化助理列表的含义。

- CSS 布局背景：显示各个 CSS 布局块的临时指定背景颜色，并隐藏通常出现在页面上的其他所有背景颜色或图像，如图 8-10 所示。

注意：

每次启用可视化助理查看 CSS 布局块背景时，Dreamweaver 都使用一个算法自动为每个 CSS 布局块分配一种不同的背景颜色，帮助用户区分不同的 CSS 布局块。用户无法自行指定布局块背景颜色。

- CSS 布局框模型：显示所选 CSS 布局块的框模型（即填充和边距）。图 8-11 所示为设置了如图 8-10 所示的 ID 为 head 的布局块上下左右填充 10px、上下边距为 10px，左右边距为 5px 的效果。
- CSS 布局外框：显示页面上所有 CSS 布局块的外框。取消显示 "CSS 布局外框"后的效果如图 8-12 所示。

图8-10　显示CSS布局背景　　　　　　　　图8-11　显示CSS布局框模型

图8-12　取消显示"CSS布局外框"

　　如果要更改Div标签的高亮颜色或禁用高亮显示功能，可以打开"首选项"对话框进行设置，步骤如下：

　　1）执行"编辑"/"首选项"命令，打开"首选项"对话框。

　　2）在左侧的"分类"列表中选择"标记色彩"。

　　3）单击"鼠标滑过"颜色拾取框，并使用颜色选择器来选择一种高亮颜色（或在文本框中输入高亮颜色的十六进制值），如图8-13所示。

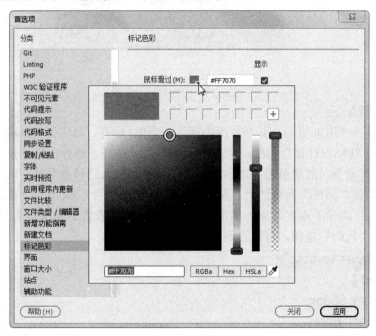

图8-13　设置高亮颜色

若要启用或禁用高亮显示功能，则选中或取消选中"鼠标滑过"的"显示"复选框。

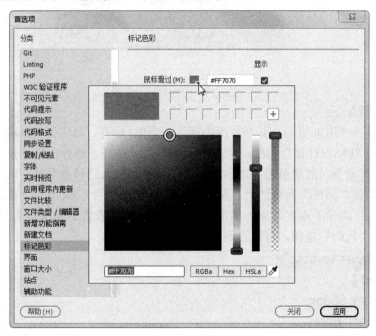

注意:

这些选项会影响鼠标指针滑过时 Dreamweaver 高亮显示的所有对象, 如表格。

8.5 常用 CSS 布局版式

前面几节介绍了CSS布局块的创建, 以及利用CSS规则定位布局块的方法。本节将介绍网页制作中常见的几种CSS布局版式。本节将综合前几节的知识点, 希望通过本节的学习, 读者能从原来的表格布局跨入到Web标准布局, 会使用Web标准制作出常见的页面。

8.5.1 一列布局

一列布局常用于显示正文或文章内容的页面, 示意图如图8-14所示。

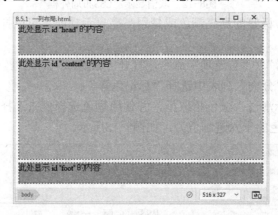

图8-14 一列布局示意图

制作步骤如下:

1) 新建一个HTML页面, 并在页面中插入一个Div标签, 命名为"head"。

2) 打开"CSS设计器"面板, 单击"添加CSS源"按钮, 在弹出的下拉列表中选择"在页面中定义"命令。然后单击"添加选择器"按钮, 输入选择器名称"#head"。

3) 切换到"属性"面板的"布局"类别, 设置宽度为"500px", 高度为"60px", 下边距为8px; 为便于观察效果, 切换到"背景"类别, 设置背景颜色为"#ADDD17"。

切换到"代码"视图, 可以看到如下所示的代码:

```
<style type="text/css">
    #head {
        width: 500px;
        height: 60px;
        background-color: #ADDD17;
        margin-bottom: 8px;
```

```
        margin-right: auto;
        margin-left: auto;
    }
</style>
```

4）按照以上三步的方法，插入两个Div标签content和foot，然后定义CSS规则#content和#foot，分别用于设置Div标签content和foot的外观。代码如下：

```
#content {
        width: 500px;
        height: 200px;
        background-color: #FFB5B5;
        margin-bottom: 8px;
        margin-right: auto;
        margin-left: auto;
    }
#foot {
        width: 500px;
        height: 40px;
        background-color: #31DBAE;
        margin-right: auto;
        margin-left: auto;
    }
```

此时预览页面，可以看到如图8-15所示的效果。细心的读者可能会发现，Div标签与页面的左、上显示有边距，即使指定Div标签的左、上边距为0，仍显示有空白。事实上，这是body标签的默认边距。

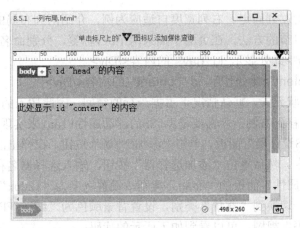

图8-15　一列固定宽度布局效果

5）打开CSS设计器，添加选择器body，设置边距为0，代码如下：

```
body {
        margin: 0px;
}
```

此时预览页面，可以看到Div标签head与页面顶端没有空白了，如图8-14所示。

如果希望页面内容的显示宽度随着浏览器的宽度改变而改变，可以使用自适应宽度的Div标签。使用过表格布局的用户应该会想到使用宽度的百分比。例如以下代码：

```
<style type="text/css">
#head {
        width: 80%;
        height: 60px;
        background-color: #ADDD17;
        margin: 0px auto 8px;
}
</style>
```

提示：如果不设置盒模型的宽度，它默认是相对于浏览器显示的，即自适应宽度。

例如：

```
#content {
        height: 200px;
        background-color: #FFB5B5;
}
```

8.5.2 两列布局

下面以常见的左列固定、右列宽度自适应为例，介绍两列布局的创建方法。

1）按照8.5.1节的方法，在页面中插入两个Div标签，分别命名为#nav和#content。

```
<Div id="nav">此处显示 id "nav" 的内容</Div>
<Div id="content">此处显示 id "content" 的内容</Div>
```

由于Div为块状元素，默认情况下占据一行的空间，因此插入的两个布局块上下排列。要想让下面的Div移到右侧，就需要借助CSS的浮动属性float来实现。

2）打开"CSS设计器"面板，单击"添加CSS源"按钮，在弹出的下拉列表中选择"在页面中定义"命令。然后单击"添加选择器"按钮，输入选择器名称"#nav"。

3）切换到"属性"面板的"布局"类别，设置宽度为"120px"、高度为"200px"；为便于观察效果，切换到"背景"类别，设置背景颜色为"#FFCCFF"。

切换到"代码"视图，可以看到如下所示的代码：

```
<style type="text/css">
```

#nav {
    width: 120px;
    height: 200px;
    background-color: #FFCCFF;
    float: left;
}
</style>
```

此时的布局效果如图8-16所示。可以看到第二个Div标签已移到右侧。

4）在CSS设计器中创建规则#content，定义Div标签content的外观。代码如下：

```
#content {
    height: 200px;
    width: 240px;
    background-color: #99FFFF;
}
```

此时预览页面，效果如图8-17所示。布局块content的实际显示宽度只有120px，而不是指定的240px，这是因为绝对定位元素的位置依据浏览器左上角开始计算，布局块content的一部分与nav重叠。接下来设置边距定位布局块。

图8-16　浮动效果

图8-17　页面效果

5）打开CSS设计器，设置布局块content的左边距为120px，代码如下：

```
#content {
    height: 200px;
    width: 240px;
    background-color: #99FFFF;
    margin-left: 120px;
}
```

此时的页面效果如图8-18所示。

通常页面内容都居中显示,接下来的步骤

图8-18　页面效果

Div+CSS布局
```

使两列布局居中。在8.5.1节介绍了一列居中的方法，可以使用同样的方法将两列放置在一列中，使布局居中。

6）切换到"代码"视图，选中两个Div的代码，然后执行"插入"/"Div"菜单命令，在弹出的对话框中指定Div标签为main，即可将两个Div标签放入一个父标签中。

7）定义规则#main，指定布局块宽度为360px，左、右边距为auto，最终代码如下所示：

```
<head>
<meta charset="utf-8">
<title>无标题文档</title>
<style type="text/css">
#nav {
    width: 120px;
    height: 200px;
    background-color: #FFCCFF;
    float: left;
}
#content {
    height: 200px;
    width: 240px;
    background-color: #99FFFF;
    margin-left: 120px;
}
#main {
    margin: 0px auto;
    width: 360px;
}
</style>
</head>
<body>
<Div id="main">
  <Div id="nav">此处显示 id "nav" 的内容</Div>
  <Div id="content">此处显示 id "content" 的内容</Div>
</Div>
</body>
```

8.5.3 三列布局

常用的三列布局结构是左列和右列固定，中间列固定宽度，或根据浏览器宽度自适应。创建步骤如下：

174

Chapter 08

1）在页面中插入三个Div标签，分别命名为"#left""#content"和"#right"。

<Div id="left">此处显示 id "left" 的内容</Div>

<Div id="right">此处显示 id "right" 的内容</Div>

<Div id="content">此处显示 id "content" 的内容</Div>

2）打开"CSS设计器"面板，单击"添加CSS源"按钮，在弹出的下拉列表中选择"在页面中定义"命令。然后单击"添加选择器"按钮，输入选择器名称"#left"。切换到"属性"面板的"布局"类别，设置宽度为"120px"、高度为"400px"、向左浮动；为便于观察效果，切换到"背景"类别，设置背景颜色为"#FFCCFF"。

3）按上一步同样的方法定义CSS规则#right，设置宽度为200px，高度为400px，向右浮动，背景颜色为"#FFCCFF"。

4）从上一节的例子可以看出，要让中间的布局块按指定宽度显示，应设置左、右边距。按上一步同样的方法定义CSS规则#content，设置高度为"400px"、背景颜色为"#FFCCFF"、左边距为"125px"、右边距为"205px"。

切换到"代码"视图，可以看到如下所示的代码：

```
<style type="text/css">
#left {
    background: #99FF99;
    height: 400px;
    width: 120px;
    float: left;
}
#right {
    background: #99FF99;
    height: 400px;
    width: 200px;
    float: right;
}
#content {
    background: #99FFFF;
    height: 400px;
    margin: 0 205px 0 125px;
    }
</style>
</head>
<body>
    <Div id="left">此处显示   id "left" 的内容</Div>
```

Div+CSS布局

175

<Div id="right">此处显示 id "right" 的内容</Div>

<Div id="content">此处显示 id "content" 的内容</Div>

</body>

预览页面效果，如图8-19所示。

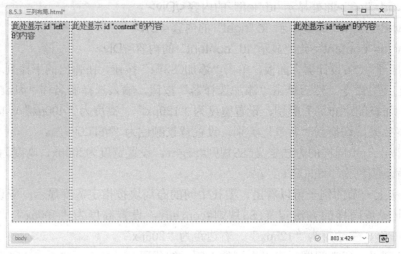

图8-19　页面显示效果

8.6　Div 标签应用实例

Div标签在网页布局中占有十分重要的地位，不仅可以精确定位网页元素，还可以配合表单和动作制作出许多经典的特效。下面将用一个简单实例演示Div标签的简单特效。

本例的最终效果如图8-20所示，当鼠标指针移动到右侧的缩略图上时，左侧的图像被隐藏，显示另一幅图像，如图8-21所示；鼠标指针离开缩略图时，再次显示原来的图像。

图8-20　实例效果1

本实例的具体制作步骤如下：

1）启动Dreamweaver CC 2018，新建一个文档，设置背景图像，并设置字体为"方正粗倩简体"，颜色为#000，大小为100px，标题为"流金岁月"并保存。

2）单击"插入"/"HTML"面板中的"Div"图标，在弹出的"插入Div"对话框中

指定ID为pic1。删除Div标签中的占位文本，插入一幅图像。

图8-21　实例效果2

3）打开"CSS设计器"面板，单击"添加CSS源"按钮，在弹出的下拉列表中选择"在页面中定义"；单击"添加选择器"按钮，输入选择器名称"#pic1"；在"布局"属性列表中设置width:408px、height:398px；切换到"文本"属性列表，设置text-align:center。此时的页面效果如图8-22所示。

4）单击"插入"/"HTML"面板中的"Div"图标，在弹出的"插入Div"对话框中指定ID为liu。删除Div标签中的占位文本，输入文字"流"。

5）打开"CSS设计器"面板，在"CSS源"列表中选择<style>；单击"添加选择器"按钮，输入选择器名称"#liu"，然后在"布局"属性列表中设置width:120px、height:115px、padding-top:10px；切换到"文本"属性列表，设置text-align:center；切换到"背景"属性列表，设置background-color:#F60。

图8-22　页面效果

本步使用CSS设计器可视化定义CSS规则，如果熟悉CSS代码规范，建议直接在"代码"视图中编写代码以提高效率。

6）按照上面两步的方法再插入三个Div标签，设置ID分别为"jin""sui""yue"。删除占位文本后，分别输入文本"金""岁"和"月"。

7）打开"CSS设计器"面板，单击"添加选择器"按钮，添加三个选择器#jin、#sui和#yue，并分别定义规则，代码如下：

```
#jin {
    width: 120px;
    height: 115px;
```

```
        padding-top: 10px;
        text-align: center;
        background-color: #9966FF;
    }
    #sui {
        width: 120px;
        height: 115px;
        padding-top: 10px;
        text-align: center;
        background-color: #999900;
    }
    #yue {
        width: 120px;
        height: 115px;
        padding-top: 10px;
        text-align: center;
        background-color: #99CCFF;
    }
```

此时的页面效果如图8-23所示。

8）上面的代码有些冗余，添加一个组选择器#liu、#jin、#sui、#yue定义Div标签的宽、高、文本对齐方式和上填充，修改后的代码如下：

```
<style type="text/css">
body {
    background-image: url(../images/bg2.jpg);
    color: #000000;
    font-family: "方正粗倩简体";
    font-size: 100px;
}
#liu,#jin,#sui,#yue{
    width: 120px;
    height: 115px;
    text-align: center;
    padding-top: 10px;
}
#liu {
    background-color: #FF6600;
}
#jin {
    background-color: #9966FF;
```

图8-23　页面效果

```
}
#sui {
    background-color: #999900;
}
#yue {
    background-color: #99CCFF;
}
</style>
```

接下来使用position属性对布局块进行定位。

9) 打开 "CSS设计器" 面板, 修改选择器#sui的规则。切换到 "布局" 属性列表, 设置position:absolute、left: 450px、top:160px.。用同样的方法, 修改选择器#liu、#jin、#yue的规则定义。修改后的代码如下:

```
<style type="text/css">
body {
    background-image: url(../images/bg2.jpg);
    color: #000000;
    font-family: "方正粗倩简体";
    font-size: 100px;
}
#pic1 {
    width: 408px;
    height: 398px;
    text-align: center;
}
#liu,#jin,#sui,#yue{
    width: 120px;
    height: 115px;
    text-align: center;
    padding-top: 10px;
    position: absolute;
}
#liu {
    background-color: #FF6600;
    left: 660px;
    top: 160px;
}
```

```
#jin {
        background-color: #9966FF;
        left: 550px;
        top: 255px;
}
#sui {
        background-color: #999900;
        left: 450px;
        top: 160px;
}
#yue {
        background-color: #99CCFF;
        left: 550px;
        top: 55px;
}
</style>
```

此时的页面效果如图8-24所示。

图8-24 页面效果

10）单击"插入"/"HTML"面板中的"Div"图标 <>，在弹出的"插入Div"对话框中指定ID为"slt"。删除Div标签中的占位文本，插入一幅图像。然后添加选择器"#slt"定位图像。代码如下：

```
#slt {
        width: 92px;
        height: 92px;
        position: absolute;
        left: 570px;
        top: 180px;
        z-index: -1;
}
```

Chapter 08

上面的代码使用z-index设置布局块slt的堆叠顺序，将其值指定为-1，使该布局块位于其他布局块下层。

此时的页面效果如图8-25所示。

图8-25　页面效果

11）打开"CSS设计器"面板，修改选择器#pic1的visibility属性为"hidden"，隐藏Div布局块pic1。此时，在"设计"视图中仍可看到布局块pic1，切换到"实时视图"中可以看到布局块pic1已隐藏。

12）为便于在"设计"视图中编辑并查看页面效果，可以在"代码"视图中将布局块pic1相关的代码进行注释。如下所示：

```
<!--<Div id="pic1"><img src="../images/p1.jpg" width="407" height="397" alt="tu1"/></Div>-->
```

13）切换到"代码"视图，在布局块pic1相关代码下添加一行如下代码，即可在页面中插入一个Div布局块pic2，并插入图像。

```
<!--<Div id="pic1"><img src="../images/p1.jpg" width="407" height="397" alt="tu1"/></Div>-->
<Div id="pic2"><img src="../images/p2-2.jpg" width="407" height="397" alt="tu2"/></Div>
```

此时的页面效果如图8-26所示。

14）打开"CSS设计器"面板，添加选择器#pic2，并定义如下规则：

```
#pic2 {
    width: 408px;
    height: 398px;
    visibility: hidden;
}
```

上述代码使用visibility:hidden，使布局块pic2初始时在页面中隐藏。

15）切换到"代码"视图，修改选择器#pic1的visibility属性为（visible），并取

Div+CSS布局

消"代码"视图中Div块"pic1"的相关注释。

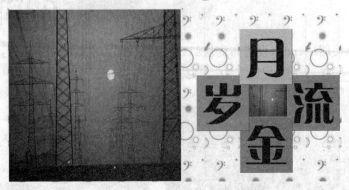

图8-26 页面效果

接下来使用"行为"面板创建布局块的显示和隐藏效果。

16)在"设计"视图中选中Div块"slt",然后执行"窗口"/"行为"命令,打开"行为"面板。单击"添加行为"按钮,从弹出的下拉菜单中选择"显示-隐藏元素"命令,弹出"显示-隐藏元素"对话框。

17)在该对话框中的元素列表中选择"Div pic1",然后单击"隐藏"按钮;选择Div pic2,然后单击"显示"按钮。单击"确定"按钮关闭对话框。然后单击事件下拉列表按钮,从弹出的事件列表菜单中选择"onMouseOver"。

18)为"Div slt"添加第二个"显示-隐藏元素"行为。在"显示-隐藏元素"对话框中选择"Div pic2",然后单击"隐藏"按钮;选择"Div pic1",然后单击"显示"按钮。单击"确定"按钮关闭对话框后,设置事件为"onMouseOut"。

19)保存文档,按F12键在浏览器中预览,效果如图8-27和图8-28所示。

初始时,页面效果如图8-27所示;将鼠标指针移到布局块slt上时,显示效果如图8-28所示。可以看到布局块pic2的位置并不与pic1相同。移开鼠标时,显示效果如图8-27所示。

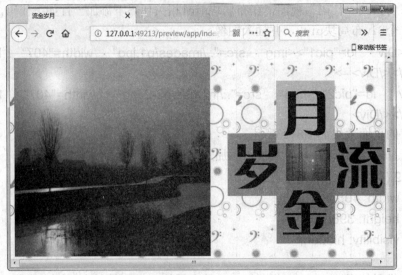

图8-27 移开鼠标的效果图

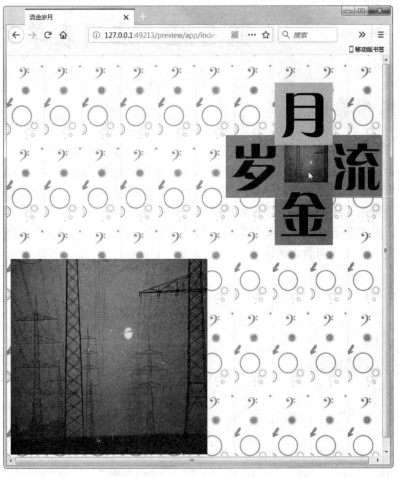

图8-28　鼠标移到图片上的效果图

接下来修改布局块pic的CSS定义，使其位置与pic1一致。

20）打开"CSS设计器"面板，选中选择器#pic2，在"布局"属性列表中设置上边距为-398px；或直接切换到"代码"视图，在#pic2的定义中添加如下代码：

margin-top: -398px;

将边距设为负值，可以实现容器与容器之间的重叠显示。

此时，打开浏览器预览页面，将鼠标移到布局块slt上，页面效果如图8-21所示。

第9章 应用表单

本章导读

　　表单是交互式网站的基础，在网页上的用途很多，包括用户注册、调查问卷、讨论区、电子商务、客户订单等。这些功能通常由表单结合动态数据库实现。利用表单及相应的表单构件，可以将用户输入的表单数据提交到服务器，服务器处理表单数据并反馈相应的信息，从而实现收集用户信息、提供电子商务服务和获取用户反馈信息等功能。可以说，表单是网站与浏览者之间沟通的桥梁。

 学 习 要 点

📖 创建表单网页

📖 处理表单

📖 全程实例——制作留言板

Dreamweaver CC 2018中文版入门与提高实例教程

9.1 创建表单网页

一个完整的表单应该有两个重要组成部分：一个是含有表单和表单元素的网页文档，用于收集用户输入的信息；另一个是用于处理用户输入信息的服务器端应用程序或客户端脚本，如CGI、JSP、ASP等。

提交表单之后，表单内容将传送到服务器上，并由事先撰写的脚本程序处理，最后再由服务器将处理结果传回给浏览者，即提交表单之后出现的页面。

表单中包含多种对象（也称作表单控件），如用于输入文字的文本域、用于发送命令的按钮、用于选择的单选框和复选框、用于设置信息的列表和菜单等。所有这些控件与在Windows各种应用程序中遇到的非常相似。如果熟悉某种脚本语言，用户还可以编写脚本或应用程序来验证输入信息的正确性。例如，可以检查某个必须填写的文本域是否包含了一个特定的值。

此外，Dreamweaver CC 2018还集成了轻量级的JavaScript框架jQuery。利用一系列预置的表单验证控件，用户可以更加轻松快捷地以可视化方式设计、开发和部署动态用户界面。

9.1.1 插入表单

制作表单网页，首先要在文档中插入表单。插入表单的具体操作如下：

1）新建一个文档，将光标置于要插入表单的位置。

2）执行"插入"/"表单"/"表单"菜单命令；或者在如图9-1所示的表单插入面板上单击"表单"按钮▦，在页面中插入表单。

插入后的表单如图9-2所示。在"设计"视图中，用红色的虚线轮廓线表示插入的表单。

图9-1 表单插入面板

图9-2 插入的表单

提示：表单标记可以嵌套在其他 HTML 标记中，其他 HTML 标记也可以嵌套在表单中。但是，一个表单不能嵌套在另一个表单中。

3）执行"窗口"/"属性"命令，打开如图9-3所示的表单属性面板，设置表单参数。

图9-3　表单属性面板

属性面板中的各个参数简要介绍如下：

● "ID"：对表单命名以进行识别。

该名称必须唯一。只有为表单命名后表单才能被脚本语言引用或控制。

● "Action（动作）"：指明用于处理表单信息的脚本或动态页面路径，该属性决定如何处理表单内容。可以直接输入 URL，或者单击右侧的文件夹图标浏览选择 URL。通常被指定为运行一个特定的脚本程序或者发送 E-mail 的 URL。

● "Method（方法）"：选择将表单数据传输到服务器的方法。

"POST"方法将在HTTP请求中嵌入表单数据，将表单值以消息方式送出，对传送的数据量没有限制。

"GET"方法将提交的表单值作为请求该页面的URL的附加值发送，传送的数据量有限制。

"默认"方法使用浏览器的默认设置将表单数据发送到服务器。通常，默认方法为"GET"。

提示：不要使用"GET"方法发送长表单。URL 的长度限制在 8192 个字符以内。如果发送的数据量太大，数据将被截断，从而导致意外的或失败的处理结果。另外，在发送用户名和密码、信用卡号或其他机密信息时，用"GET"方法传递信息不安全。

● "Target（目标）"：在目标窗口中显示调用程序返回的数据。如果命名的窗口尚未打开，则打开一个具有该名称的新窗口。

● "Enctype（编码类型）"：指定对提交给服务器进行处理的数据使用的编码类型。

默认设置application/x-www-form-urlencode通常与"POST"方法协同使用。如果要创建文件上传域，则应指定multipart/form-data MIME类型。

● "Accept Charset（字符集）"：可接受的字符集。它标示文档的语言编码。

Dreamweaver CC 2018 默认使用 UTF-8 编码创建 Unicode 标准化表单。

● "No Validate（不验证）"：提交表单时不对 form 或 input 域进行验证。

● "Auto Complete（自动完成）"：在表单项中键入字符后，将显示可自动完成

输入的候选项列表。

在文档窗口中插入表单后，选中表单，可以在"代码"视图中看到类似如下的代码：

```
<form    action="result.asp    method="post"    name="form1"    target="_blank"
id="firstform">

</form>
```

这段代码表示将名为firstform的表单以post的方式提交给result.asp进行处理，且提交结果在一个新的页面显示，提交的MIME编码为默认的application/x-www-form-urlcncode类型。

创建表单后，就可以在表单内创建各种表单对象了。表单的所有元素都应包含在表单标签<form>···</form>中。在Dreamweaver CC 2018中，对表单对象的操作命令主要集中在"插入"/"表单"菜单命令中，或如图9-1所示的"插入"/"表单"面板中。下面对这些表单元素进行简单的介绍。

- 文本：在表单中插入文本输入框。
- 电子邮件：用于输入 E-mail 地址，且在提交表单时会自动验证电子邮件域的值格式是否符合规范。
- 密码：用于输入密码或口令，显示为*号。
- Url：用于填写 URL 地址，在提交表单时，会自动验证 Url 格式是否正确。
- Tel：用于填写 URL 地址。
- 搜索：显示为常规的文本域。
- 数字：用于验证输入数值，并能指定数字的范围、步长和默认值。
- 范围：使用滑动条指定数字范围。
- 颜色：在页面中添加一个颜色选择控件。
- 月：在页面中添加一个日历控件，用于选取月和年。
- 周：在页面中添加一个日历控件，用于选取周和年。
- 日期：在页面中添加一个日历控件，用于选取日、月、年。
- 时间：在页面中添加一个时间控件，用于选取小时和分钟。
- 时间日期：在页面中添加一个时间控件，用于选取时间、日、月、年（UTC 时间）。
- 时间日期（当地）：在页面中添加一个时间控件，用于选取时间、日、月、年（本地时间）。
- 隐藏：在表单中插入包含隐藏的信息。
- 文本区域：在表单中插入可以输入多行文本的文本域。
- 单选按钮：用于在提供的多个选项中做出单个选择。
- 复选框：用于在提供的多个选项中做出多个选择。
- 复选框组：用于创建多个复选框，并使这些复选框成为一组。
- 单选按钮组：用于创建多个单选按钮，并使这些单选按钮成为一组。
- 选择：在网页中以列表的形式为用户提供一系列的预设选择项。

应用表单

187

- 图像按钮：用图形对象替换表单中的标准按钮对象。
- 文件：在网页中插入一个文件地址的输入选择栏。
- 普通按钮：用于触发服务器端脚本处理程序的表单对象。
- "提交"按钮：提交表单，用于触发服务器端脚本处理程序。
- "重置"按钮：将表单中的输入项置为初始状态。
- 标签：在表单中插入该对象时，将拆分文档窗口，并排显示代码视图和设计视图，并在代码视图中添加<label>标签和</label>标签，在这两个标签之间用户可以输入相应的文本或代码。
- 域集：用于将它所包围的元素用线框衬托起来。

在表单中插入该对象时，将弹出一个"域集"对话框。在对话框的"标签"文本框中可以输入内容，系统自动将类似如下的标签和代码加入到表单源代码中：

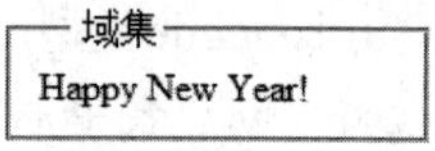

图9-4　域集

```
<fieldset>
    <legend>域集</legend>
    Happy New Year!
</fieldset>
```

效果如图9-4所示。

9.1.2　文本字段和文件域

文本字段即网页中供用户输入文本的区域，文本字段分为单行文本、文本区域和密码三种类型，可以接受任何类型的文本、字母或数字。

文件域与单行文本字段非常相似，不同的是文件域多了一个"浏览"按钮，用于浏览选择随表单一起上传的文件。利用文件域的功能，可以将图像文件、压缩文件、可执行文件等本地计算机上的文件上传到服务器上，前提条件是服务器支持文件匿名上传功能。

下面通过一个简单实例演示在文档中插入单行文本、文本区域、密码和文件域的具体操作。

1）新建一个HTML文件，并设置背景。执行"插入"/"表单"/"表单"命令，或者单击表单插入面板上的"表单"按钮，在文档中插入一个表单。

2）在表单的属性面板中，将表单的"Enctype（MIME类型）"设置为"multipart/form-data"，"Method（方法）"属性设置为"POST"方式。这一步的设置主要用于上传文件。

3）将光标置于表单中，执行"插入"/"表单"/"文本"菜单命令，或单击"表单"面板中的"文本"图标按钮，即可在表单中添加一个文本字段，然后将文本字段的标签占位文本"Text Field："修改为"昵称："。

4）选中插入的文本字段，在属性面板左侧的"Name（名称）"文本框中键入字段的名称"textfield"，在"Size（字符宽度）"文本框中输入20，"Max Length（最多字符数）"设置为18，在"Value（初始值）"文本框中输入"行云流水"。此时属性面板如图9-5所示。

图9-5　文本域的属性面板

需要注意的是，"Size"用于设置文本字段的字符宽度，而"Max Length"用于设置最多可输入的字符数。不要把这两者弄混淆。

此时的页面效果如图9-6所示。

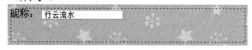

图9-6　添加单行文本

5）另起一行，执行"插入"/"表单"/"密码"命令，添加第二个文本字段，并将标签占位文本"Password："修改为"密码："。然后在属性面板中设置"Name（名称）"为"pwd"、"Size（字符宽度）"为14、"Max Length（最多字符数）"为12、"Value（初始值）"为"vivian"。此时属性面板如图9-7所示。

图9-7　密码域的属性面板

此时的页面效果如图9-8所示。

图9-8　添加密码

如果希望输入信息不被他人看到，可以使用密码域。例如，在ATM上输入时，PIN号码是隐藏的。输入密码域中的信息不会以任何方式被加密，并且当发送到Web管理者手中时，它会以常规文本的形式显示。

6）另起一行，执行"插入"/"表单"/"文本区域"命令，添加第三个文本字段，并将标签占位文本"Text Area："修改为"自我介绍："。在属性面板中设置"Name（名称）"为"info"、"Cols（字符宽度）"为30、"Rows（行数）"为5（即最多能输入的文本行数为5行）、"Value（初始值）"为"个人资料说明"。此时属性面板如图9-9所示。

图9-9　文本区域的属性设置面板

此时的页面效果如图9-10所示。

图9-10　添加文本区域

7）另起一行，执行"插入"/"表单"/"文件"命令，添加一个文件域，并将标签占位文本"File："修改为"个人风采："。在属性面板中设置"Name（名称）"为"photo"。此时属性面板如图9-11所示。

图9-11　文件域的属性设置面板

此时的页面效果如图9-12所示。

图9-12　添加文件域

有时候，需要访问者提供的信息过于复杂，无法在文本区域中达成，如经过排版的简历、图形文件或其他文件，这时就可以通过在网页中加入文件域来实现。

8）保存文档。按F12键在浏览器中预览整个页面。

9.1.3　选择框

选择框能够以列表的形式提供一系列的预设选择项，这对于美化版面和空间有限的页面来说是非常不错的选择。

选择框与文本域不同，在文本域中用户可以随心所欲键入任何信息，甚至包括无效的数据，而选择框则提供确切的选择项。

在Dreamweaver CC 2018中，可以在表单中插入两种类型的选择框：一种是单击时下拉的菜单，另一种是提供选择项的可滚动项目列表。尽管创建下拉菜单和滚动列表的方式是一样的，但是下拉菜单和滚动列表却提供不同的功能。下拉菜单通过下拉方式显示多个可选项，一般只允许选择一个可选项；列表通过类似浏览器滚动条的滚动框显示多个可选项，并可以自定义滚动框的行高，允许浏览者选择一个或多个选项。

一般而言，当可用的页面空间非常小的时候，使用下拉菜单；当需要控制显示的选项数时，使用滚动列表。

下面通过一个简单例子演示在表单中插入选择框的方法。

1）新建一个HTML文档。设置页面背景后，执行"插入"/"表单"/"表单"命令；或者单击"表单"面板中的"表单"按钮🗏，在文档中插入一个表单。

2）执行"插入"/"表单"/"选择"命令；或直接单击"表单"面板中的"选择"按钮🗏，在表单中插入一个选择框。将标签占位文本"Select:"修改为"您经常使用Adobe的哪些产品："，如图9-13所示。

图9-13　插入选择框

3）选中插入的选择框，在属性面板中设置其"Name（名称）"为"product"、"Size（高度）"为3，并勾选"Multiple"复选框，即允许多选。

4）单击"列表值"按钮打开"列表值"对话框，编辑列表项目。在"项目标签"下单击鼠标，当文本框变为可编辑状态时输入需要的列表项，该项将显示在列表框中。然后单击"值"下面的文本框，输入该列表项目对应的值。

5）单击"列表值"对话框顶部的按钮➕添加其他四个项目，"项目标签"分别为"Adobe Dreamweaver""Adobe Fireworks""Adobe Animate"和"Adobe Reader"，并输入其对应的值，如图9-14所示。

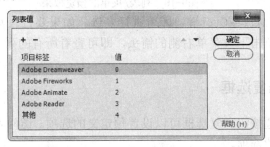

图9-14　"列表值"对话框

应用表单

6）单击"确定"按钮返回到列表的属性面板，在"Selected（初始化时选定）"列表框中选择"Adobe Dreamweaver"。

● "Size（高度）"：用于设置列表显示的行数。

● "列表值"：用于设置列表内容。在这个对话框中可以添加或修改"列表/菜单"的项目。

● "Class（类）"：用于设置应用于"选择框"的CSS样式。

● "Selected（初始化时选定）"：用于设置"选择框"的默认选项。

7）按照上面的方法，在页面中插入另一个选择框，然后在属性面板中设置其列表值，如图9-15所示。

8）单击"确定"按钮返回到菜单的属性面板，在"Selected（初始化时选定）"列

191

Dreamweaver CC 2018 中文版入门与提高实例教程

表框中选择"Adobe Dreamweaver"。

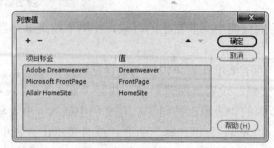

图9-15　下拉菜单的"列表值"对话框

9）保存文档，按F12键在浏览器中预览，效果如图9-16所示。

图9-16　列表/菜单的预览效果

在列表中，按下Shift或Ctrl键，即可进行多选。如果要查看其他列表项，可以拖动列表右侧的滚动条。单击下拉菜单右侧的箭头，即可查看所有的列表项。

9.1.4　单选按钮与复选框

在表单中使用单选按钮和复选框可以设置预定义的选项。访问者可以通过单击单选按钮或复选框选择预置的选项。

单选按钮和复选框的区别在于它们的运作方式不同。每个复选框都是独立的，单击选中只是在切换单个选项的选中与否，因此可以选中多个选项。而单选按钮所有的待选项是一个整体，对于选项的选择具有独占性，也就是说，在单选按钮的待选项中，只允许有一个选项处于被选中状态。

下面通过一个简单例子演示单选按钮和复选框的使用方法。

1）继续上例。在表单中输入文本"性别："，然后单击表单插入面板中的"单选按钮"图标◉，添加一个单选按钮，将标签占位文本修改为"男"。

2）在属性面板中将新添加的单选按钮对象命名为"gender"，设置"Value（选定值）"为0、"Checked（选中）"为"未选中"，如图9-17所示。

- "Name（名称）"：用于设置单选按钮的名称。该名称可以被脚本或程序所引用。
- "Value（选定值）"：该单选按钮被选中时的值，这个值将会随表单一起提交。

192

- "Checked（选中）"：用于设置单选按钮的初始状态。同一组单选按钮中只能有一个按钮的初始状态是选中的。
- "Class（类）"：用于设置应用于单选按钮的 CSS 样式。

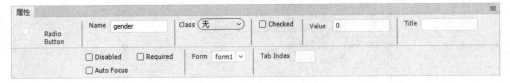

图9-17　单选按钮的属性面板

3）按照上面两步同样的方法，再添加一个名为"gender"的单选按钮，设置"Value（选定值）"为1，然后在单选按钮右侧键入文本"女"。此时结果如图9-18所示。

性别：　○男　　　○女

图9-18　插入的单选按钮

注意：

由于单选按钮是以组为单位的，因此所有的单选按钮都必须拥有同一个名称，并且值均不能相同。

如果页面中某个选项需要添加的单选按钮很多，逐个添加单选按钮，然后再逐个改名，操作起来特别繁琐。若使用"单选按钮组"则可以一次建立一组单选按钮。

4）单击"单选按钮组"按钮 ，打开如图9-19所示的"单选按钮组"对话框。

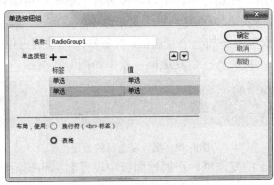

图9-19　"单选按钮组"对话框（1）

5）在"名称"文本框中定义单选按钮组的名称。本例使用默认设置。

6）在"单选按钮"区域定义单选按钮组中单选按钮的个数，以及代表的值。单击"标签"列下的"单选"，该文本框即变为可编辑状态，输入要在页面上显示的单选按钮的标签；单击"值"下面的"单选"，然后设置该单选按钮被选中时的值。

7）单击列表框左上角的按钮 和 ，添加和减少单选按钮的数目。

8）单击列表框右上角的按钮 和 ，调整当前选中的单选按钮在单选按钮组中的位置。

9）在"布局，使用"区域设置单选按钮组中各个单选按钮的分隔方式。本例选择"表

应用表单

193

Dreamweaver CC 2018 中文版入门与提高实例教程

格"。此时的对话框如图9-20所示。

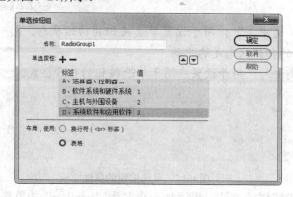

图9-20 "单选按钮组"对话框（2）

插入的单选按钮组的各个单选按钮是上下排列的，用户可以通过
标签分开，也可以选择通过表格的单元格来界定。

10）单击"确定"按钮关闭对话框，并在页面中插入单选按钮组，如图9-21所示。

图9-21 插入的单选按钮组

11）选中单选按钮组，在属性面板中可以设置各个单选按钮的初始状态。

12）执行"插入"/"表单"/"复选框"菜单命令，或单击"表单"插入面板中的"复选框"按钮☑，即可在表单中添加一个复选框，然后修改标签的占位文本为"Photoshop"。

13）重复步骤12），再插入三个复选框，效果如图9-22所示。

图9-22 插入复选框的效果

14）分别选中页面上的复选框，在属性面板中设置名称和初始状态。

● "Name（名称）"：用于设置复选框的名称。该名称可以被脚本或程序所引用。

注意：
与单选按钮不同，由于每一个复选框都是独立的，因此应为每个复选框设置唯一的名称。

● "Value（选定值）"：用于设置该复选框被选中时的值，这个值将会随表单提交。

15）至此，文档创建完毕，保存文档。按下快捷键F12即可在浏览器中预览页面的效果。

194

9.1.5 按钮

按钮对于HTML表单来说是必不可少的，表单中的按钮对象是用于触发服务器端脚本处理程序的工具。

Dreamweaver CC 2018提供了三种类型的按钮：提交、重置、无。其中，"提交"按钮使用POST方法将表单提交给指定的动作进一步处理，通常是服务器端程序的URL或者一个mailto地址；"重置"按钮清除表单中所有的域，以便重新输入表单数据。

下面通过一个简单实例演示在文档中插入按钮的具体操作。

1）继续上例。执行"插入"/"表单"/"提交按钮"菜单命令，或单击"表单"插入面板中的"提交按钮"图标✅，在表单中插入一个提交按钮。

2）在属性面板的"Name（按钮名称）"文本框中输入按钮的名称，该名称可以被脚本或程序所引用，必须唯一。本例保留默认值submit。

3）在"Value"文本框中设置按钮的标识，该标识将显示在按钮上。本例使用默认设置"提交"。

4）"Class（类）"用于设置按钮上文字的CSS样式。本例使用默认设置。

5）执行"插入"/"表单"/"重置按钮"菜单命令，或单击"表单"插入面板中的"提交按钮"图标⤴，在表单中插入一个"重置"按钮。在属性面板中设置按钮名称为reset，"Value"为"重置"。

6）保存文档。按F12键在浏览器中预览整个页面，效果如图9-23所示。

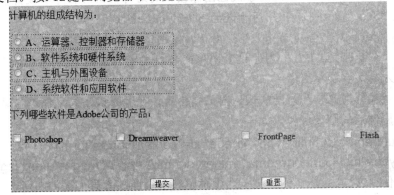

图9-23　插入按钮的效果

9.1.6 图像按钮

在表单中，通常使用"提交"按钮提交表单。事实上，"图像按钮"可以替代"提交"按钮将表单数据提交给服务器端程序，而且使用图像按钮可以使页面更美观。

下面通过一个简单实例演示在网页中插入图像按钮的具体操作，以及利用图标代替"提交"按钮的技术。

1）新建一个HTML文档。执行"插入"/"表单"/"表单"菜单命令，或者单击"表

应用表单

195

Dreamweaver CC 2018 中文版入门与提高实例教程

单"面板上的"表单"按钮 ▤，在页面中插入一张表单，设置表单ID为form1。

2）将光标定位在表单内，执行"插入"/"表格"菜单命令，插入一个3行1列的表格，宽为260像素。然后在属性面板上将表格对齐方式设置为"居中"。

3）选中所有单元格，在属性面板上设置单元格高度为30；选中第1行和第2行单元格，在属性面板上设置单元格内容水平"左对齐"、垂直"居中对齐"；选中第3行单元格，设置单元格内容水平对齐方式为"居中对齐"、垂直对齐方式为"居中对齐"。

4）将光标置于第一行单元格中，执行"插入"/"表单"/"文本"命令，在第1行插入文本域，并将标签的占位文本修改为"Name："。同样的方法，在表格的第2行插入文本域，并修改标签占位文本为"Tel："。

5）将光标定位于表格第3行的单元格内，执行"插入"/"表单"/"图像按钮"菜单命令，或单击"表单"面板上的"图像按钮" ▨，在弹出的"选择图像源"对话框中选择一个需要的图像文件，然后单击"确定"按钮，在属性面板上设置关联的表单为form1。

6）保存文档，按F12键预览页面。

用户将发现单击图像后页面没有变化，并没有提交表格。继续下面的步骤。

7）单击文档窗口上的"拆分"按钮，切换到"拆分"视图。在"设计"视图中单击图像按钮，"代码"视图中相应的代码将突出显示。

8）在图像按钮代码末尾加上value属性，并指定值。这时图像按钮代码如下：

```
<input type="image" name="imageField" id="imageField" src="../images/email.jpg"
value="submit">。
```

9）在"设计"视图中选中图像按钮，在对应的属性面板上设置图像按钮的属性。

- "Name（名称）"：用于设置图像按钮的名称。该名称可以被脚本或程序引用。
- "Src（源文件）"：用于设置图像的 URL 地址。
- "Form Action（动作）"：用于指定图像按钮的动作脚本。
- "Alt（替换）"：用于设置图像的替换文字，当浏览器不显示图像时，会用输入的文字替换图像。
- "编辑图像"：启动默认的图像编辑器，并打开该图像文件进行编辑。

设置属性后的图像域代码如下：

```
<input name="submit" type="image" id="submit" form="form1"
formenctype="multipart/form-data" value="submit" src="../images/email.jpg" alt="提交">
```

10）保存文档。按F12键在浏览器中预览整个页面，效果如图9-24所示。

图9-24 实例效果

9.1.7 隐藏域

将信息从表单传送到服务器处理时，编程者常常需要发送一些不应该被访问者看到的数据，如服务器端脚本程序需要的变量。此时，隐藏域对于编程者而言极其有用。

"隐藏域"是一种在浏览器上不显示的表单对象，利用"隐藏域"可以实现浏览器与服务器在后台隐藏地交换信息。"隐藏域"可以为表单处理程序提供一些有用的参数，而这些参数是用户不关心的，不必在浏览器中显示。

在网页中插入"隐藏域"的操作步骤如下：

1）执行"插入"／"表单"／"表单"命令，或者单击"表单"面板中的"表单"按钮▤，添加表单。

2）将光标置于表单中，执行"插入"／"表单"／"隐藏"菜单命令，或单击"表单"插入面板上的"隐藏"按钮▢插入隐藏域，此时"设计"视图中显示隐藏域占位符，如图9-25所示。

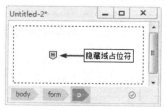

图9-25　插入隐藏域的效果

3）在属性设置面板中设置隐藏域的参数值。

- "Name（名称）"：用于设置隐藏域的名称。该名称可以被脚本或程序所引用。
- "Value（值）"：用于设置隐藏域的参数值。该值将在提交表单时传递给服务器。
- "Form（表单）"：用于指定隐藏域关联的表单 ID。

9.2　处理表单

一个完整的表单应该有两个重要组成部分：一个是含有表单和表单元素的网页文档，另一个是用于处理输入信息的服务器端应用程序或客户端脚本。因此，若要在网页中实现信息的真正交互，仅在网页中创建表单及表单对象是不够的，还必须使用脚本或应用程序来处理相应的信息。通常，这些脚本或应用程序由<form>标记中的action属性指定。如果需要完成的操作比较简单，可以放在客户端进行。

下面通过一个简单的例子演示处理表单的一般方法。

1）新建一个 HTML 文件，在页面中添加一张表单，并在属性面板上设置其 ID 为"f1"，动作为"mailto:webmaster@website.com"。然后在表单中插入一张表格，并设置表格的背景颜色为"#99CC99"，输入相关文本，效果如图 9-26 所示。

应
用
表
单

197

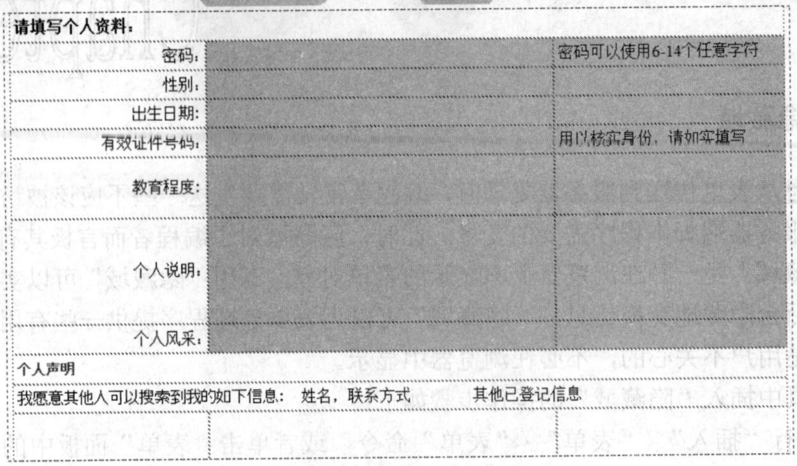

请填写个人资料：		
密码：		密码可以使用6-14个任意字符
性别：		
出生日期：		
有效证件号码：		用以核实身份，请如实填写
教育程度：		
个人说明：		
个人风采：		
个人声明		
我愿意其他人可以搜索到我的如下信息： 姓名，联系方式　　其他已登记信息		

图9-26　设置表格、文本

2）将光标放置于"密码"后面的单元格中。执行"插入"/"表单"/"密码"命令，或者直接单击"表单"插入面板中的"密码"按钮 [**]，在表格中插入文本域对象，然后删除密码文本域的占位文本，如图9-27所示。

请填写个人资料：		
密码：		密码可使用长度为6-14的任意字符

图9-27　添加文本域对象

3）选中文本域对象，在属性面板中设置"Name"为"password"、"Size"为25、"Max Length"为14。

4）将光标放置于"出生日期"单元格右侧的单元格，单击"表单"插入面板中的"文本"按钮 □，添加一个文本域对象，并在文本域对象后键入文本"年"。然后设置"Name"为"year"、"Size"为5、"Max Length"为4，"Value"为20。

5）按照上一步的方法添加文本域对象"day"和"idcard"。

6）将光标放置于"个人说明"单元格右侧的单元格，单击"表单"面板上的"文本区域"按钮 □，添加文本区域对象"text"。设置"Value"为"请简要介绍自己！"。此时的"设计"视图如图9-28所示。

个人说明：	请简要介绍自己！

图9-28　添加文本域对象的效果图

7）将光标放置于"性别"单元格右侧的单元格，单击"表单"插入面板中的"单选按钮"按钮 ◉，修改单选按钮的标签占位文本为"男"。然后在属性面板中设置"Name"为"gender"、"Value"为0、"Checked"为"未选中"。

8）再次单击"单选按钮"按钮 ◉，添加一个名为"gender"的单选按钮，设置"Value"为1，并将标签占位文本修改为"女"。此时文档的效果如图9-29所示。

密码：		密码可使用长度为6-14的任意字符
性别：	◉ 男　　◉ 女	

图9-29　添加单选按钮

9）将光标放置于文本"姓名，联系方式"左侧，单击"表单"面板中的"复选框"按钮 ☑，添加一个复选框。设置"Name"为"yes2"、"Checked"为"已勾选"。按照同样的方法，在文本"其他已登记的信息"左侧添加一个复选框，此时的效果如图 9-30 所示。

图9-30　添加复选框

10）将光标放置于文本"年"之后，单击"表单"面板中的"选择"按钮 ▤，添加一个选择框。选中选择框，在属性面板中设置"Name"为"month"、"初始选中"为"01"。然后单击属性面板中的"列表值"按钮，在弹出的对话框中设置列表值。此处设置项目标签与值都是从"01"到"12"，如图 9-31 所示。

11）将光标置于"教育程度"单元格右侧的单元格，单击"表单"插入面板中的"选择"按钮 ▤，添加一个选择框。然后单击属性面板中的"列表值"按钮，设置列表值，具体设置如图 9-32 所示。

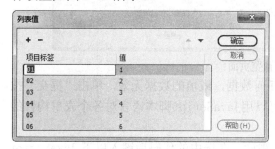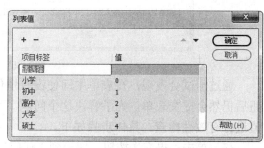

图9-31　设置列表值1　　　　　　　　图9-32　设置列表值2

12）在属性面板中设置选择框的 Name 为"degree"、"Size"为3。完成上面的步骤后的页面效果如图 9-33 所示。

图9-33　选择框效果图

13）将光标置于"个人风采"单元格右侧的单元格，单击"表单"面板中的"文件"按钮 ▤，添加一个文件域对象。然后在属性面板中设置"Name"为"file"。此时的页面效果如图 9-34 所示。

个人风采：　　　　　　　　　　　　　　　　　　浏览...

图9-34　添加文件域

14）将光标置于最后一行单元格，单击"表单"插入面板中的"提交"按钮 ☑，添加一个按钮对象。在属性面板中设置"Name"为"submit"、"Value"为"提交"。用同样的方法，添加一个"重置"按钮 ↩，设置"Name"为"reset"、"Value"为"重填"。

至此，表单基本完成，可以保存文档并按F12键在浏览器中浏览测试，效果如图 9-35 所示。

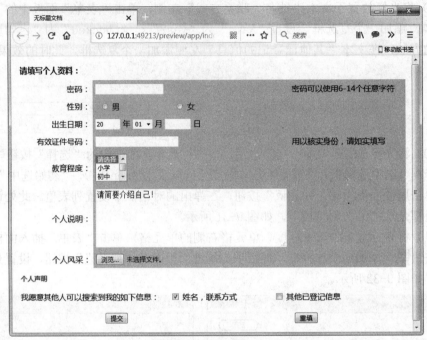

图9-35 预览页面

通过测试会发现，在表单中即使没有填任何数据，或填的数据无效，单击"提交"按钮后仍然会提交表单。为了解决这个问题，可以用JavaScript脚本语言对各个表单构件的值进行有效性检查。具体步骤如下。

15）单击"提交"按钮，切换到"代码"视图，在选中的代码后键入以下JavaScript程序段：

```javascript
<script type="text/javascript">
  function checkForm(){
    if(document.f1.password.value==""){
        alert("密码不能为空！");
        return false;
      }
    return true;
  }
</script>
```

16）选中"提交"按钮对应的代码，添加按钮响应事件onclick="return checkForm();"。修改后的代码如下：

```html
<input type="submit" name="submit" id="submit" value="提交" onclick="return checkForm();" />
```

17）保存文档，在浏览器中预览页面效果。

本例网页的最终功能只检验输入的密码，最多可以输入 14 个字符；当密码为空值时，

单击"确定"按钮会弹出相应的错误提示框,并取消提交表单,如图9-36所示。

图9-36 弹出错误提示框

9.3 全程实例——制作留言板

本例制作的留言板页面是导航项目图片"语过添情"的链接目标。由于其页面布局与主页相同,所以本例使用模板制作留言板。步骤如下:

1)打开已制作的个人主页"index.html",选中正文部分的表格(即页面右侧的表格)。

2)打开"插入"浮动面板,并切换到"模板"面板。单击"模板"面板上的"可编辑区域"按钮,弹出一个信息提示框,提示用户执行此操作,Dreamweaver会自动将此文档转换为模板。

3)单击"确定"按钮,在弹出的"新建可编辑区域"对话框中将可编辑区域命名为"content",然后单击"确定"按钮关闭对话框。选中表格变为可编辑区域,如图9-37所示。

4)执行"文件"/"另存为模板"命令,将"index.html"另存为模板"layout.dwt"。

5)执行"窗口"/"资源"命令,打开"资源"面板。单击"资源"面板左侧的模板按钮,切换到"模板"面板。

6)在模板列表中选中模板"layout.dwt",单击右键,从弹出的快捷菜单中选择"从模板新建"命令,即可新建一个与"index.html"相同的未命名文档,但只有命名为"content"的区域可以编辑。

Dreamweaver CC 2018 中文版入门与提高实例教程

有关模板的介绍参见本书第12章。

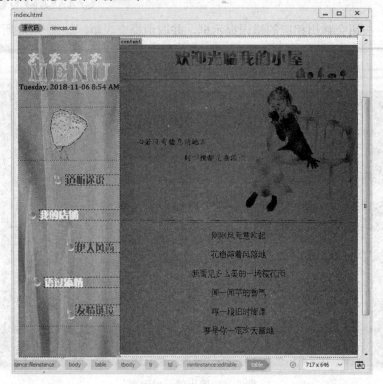

图9-37　插入可编辑区域

7）删除正文区域第2行～第4行的内容，然后将"欢迎光临我的小屋"修改为"语过添情"。此时的页面如图9-38所示。

图9-38　修改标题文字后的页面

8）选中第2行～第4行的单元格，在属性面板上单击"合并所选单元格"按钮，将选中的单元格合并为一行。然后设置单元格内容的水平对齐方式为"居中对齐"，垂直对齐方式为"顶端"。

9）将光标定位在单元格中，切换到"表单"插入面板。然后单击"表单"按钮，在单元格中插入一个表单。

10）在表单的属性面板上，设置表单的"Name"为"form1"，在"Action"文本框中输入"mailto:webmaster@website.com"，在"Method"下拉列表中选择"POST"，在"Target"下拉列表中选择"_blank"，如图9-39所示。

202

图9-39　表单的属性面板

当浏览者单击表单的"提交"按钮时，该表单内容将会发送到指定的邮箱。

11）将光标放置在表单中，单击"HTML"面板上的"表格"按钮▦，在弹出的对话框中设置表格的行数为5、列数为2、表格宽度为98%、边框粗细为1像素、单元格边距和间距均为5。单击"确定"按钮在页面中插入一个5行2列的表格。

12）选中表格，打开"CSS设计器"面板。在"源"窗格中选择"newcss.css"，然后单击"添加选择器"按钮，输入选择器名称为".tableborder,.tableborder td"。切换到"边框"属性列表，设置边框类型为"solid"、宽度为1像素、颜色为"#9c0"。然后在属性面板上的"Class"下拉列表中选择".tableborder,.tableborder td"。此时的表格如图9-40所示。

图9-40　插入表格

13）选中第1列的前四行单元格，设置单元格内容水平"右对齐"、垂直"居中"、宽为150、高为80。然后在单元格中输入文本，如昵称、性别、主题类别、留言。

14）选中第2列的前四行单元格，设置单元格内容水平"左对齐"、垂直"居中"。然后将光标放置在第1行第2列的单元格中，单击"表单"面板中的"文本"按钮▢，插入一个单行文本域，并删除标签占位文本。

15）选中插入的文本域，在属性面板上指定其名称为"name"，设置"Size"为20、"Max Length"为16，并勾选"自动完成"复选框。此时的页面效果如图9-41所示。

16）将光标定位在第2行第2列的单元格中，单击"表单"面板中的"单选按钮"◉，添加一个单选按钮，将标签占位文本修改为"男"。然后在属性面板中指定单选按钮的名称为"gender"，设置"Value"为0、"Checked"为"未选中"。

17）再次单击"表单"插入面板上的"单选按钮"按钮◉，添加一个名为"gender"

应用表单

203

的单选按钮，修改标签占位符为"女"，设置"Value"为1 、"Checked"为"未选中"。此时文档的效果如图9-42所示。

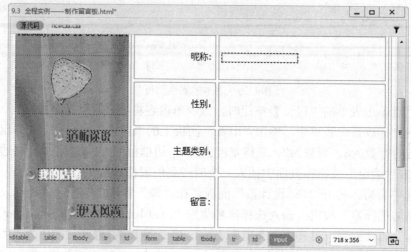

图9-41　添加文本域

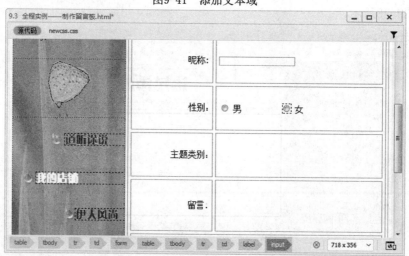

图9-42　添加单选按钮

18）在"主题类别"后的单元格中插入一个"选择"构件，删除标签占位文本。在属性面板上将其名称设置为"items"，然后单击"列表值"按钮，在弹出的对话框中编辑列表选项，如软件、文学、图像、情感、娱乐、其他和请选择一个类别。如图9-43所示。

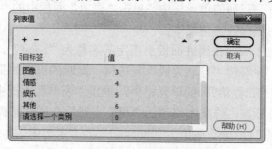

图9-43　编辑列表值

19）单击"确定"按钮关闭"列表值"对话框，在属性面板的"初始时选定"列表框中选中"请选择一个类别"。此时的页面效果如图9-44所示。

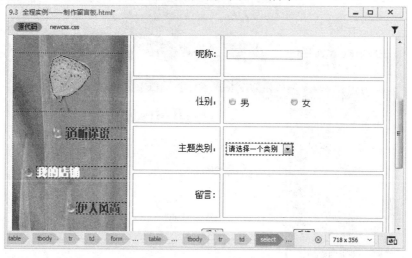

图9-44　添加选择框

20）在"留言"右侧的单元格中插入一个文本区域，删除占位文本。然后在属性面板上设置名称为"message"、行数为6、列为40、"初始值"为"请留下您的宝贵意见或建议。"，其他选项保留默认设置。此时的页面如图9-45所示。

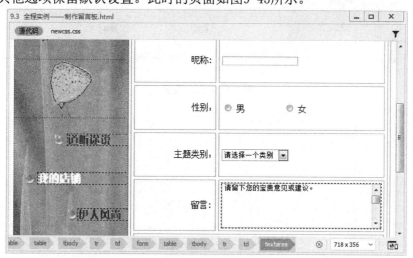

图9-45　添加文本区域

21）选中最后一行单元格，单击属性面板上的"合并所选单元格"按钮 ▭，将其合并为一个单元格，并设置单元格内容的水平对齐方式为"居中对齐"、高度为50。

22）将光标定位在最后一行单元格中，单击"表单"面板中的"提交"按钮 ✅，插入一个提交按钮。选中插入的按钮，在属性面板上的"Form"下拉列表中选择"form1"，方法选择"POST"，编码方式选择"text/plain"。

23）单击"表单"面板中的"重置"按钮 ↻，插入一个"重置"按钮。在属性面板

应用表单

Dreamweaver CC 2018 中文版入门与提高实例教程

上设置其值为"重填",然后在"Form"下拉列表中选择"form1"。

24）保存文档。此时的页面效果如图9-46所示。

图9-46　页面效果

第 10 章 Dreamweaver 的内置行为

行为是 Dreamweaver 提供的一个功能强大的工具，实际上是一个实现页面交互控制的 JavaScript 代码和程序库。通过行为，任何网页设计者都可以让页面元素"动"起来，实现强大的交互性与控制功能，而所有这些操作只需要通过简单直观的设置语句，用户不需要编写任何代码，甚至不需要了解什么是 JavaScript。如果用户熟悉 JavaScript，也可以对代码进行手工修改，使之更符合自己的需要。

📖 事件与动作

📖 "行为"面板

📖 附加行为到页面元素

📖 编辑行为

📖 Dreamweaver CC 2018 的内置行为

📖 全程实例——动态导航图像

10.1 事件与动作

在 Dreamweaver 中,行为是事件(Event)和动作(action)的组合,是客户端 JavaScript 代码。通过在浏览页面中触发事件,从而发生某个动作,这就是行为的本质功能。

所谓事件,就是浏览器响应访问者的操作行为,是浏览器生成的消息,指示该页的访问者执行了某种操作。例如,当访问者将鼠标指针移动到某个链接上时,浏览器为该链接生成一个 onMouseOver 事件。

下面简要介绍网页中常用的事件:

● onBlur: 当指定的元素不再是用户交互行为的焦点时,触发该事件。例如,光标原停留在文本框中,当用户单击此文本框之外的对象时,触发该事件。
● onChange: 改变了页面中的值时,触发该事件。
● onClick: 单击页面上某一特定的元素时,触发该事件。
● onDblClick: 双击页面上某一特定的元素时,触发该事件。
● onError: 浏览器在载入页面或图像过程中发生错误时,触发该事件。
● onFocus: 与 onBlur 事件正好相反,将光标定位在指定的焦点时,触发该事件。
● onKeyUp: 按下键盘上的一个键,在释放该键时,触发该事件。
● onKeyDown: 按下键盘上的一个键,无论是否释放该键都会触发该事件。
● onKeyPress: 按下键盘上的一个键,然后释放该键时,触发该事件。该事件可以看作是 onKeyUp 和 onKeyDown 两个事件的组合。
● onLoad: 一幅图像或页面完成载入之后,触发该事件。
● onMouseDown: 按下鼠标左键尚未释放时,触发该事件。
● onMouseOver: 鼠标指针移到指定元素的范围时,触发该事件。
● onMouseOut: 鼠标指针移出指定的对象时,触发该事件。
● onMouseUp: 按下的鼠标按钮被释放时,触发该事件。
● onMouseMove: 在指定元素上移动鼠标指针时,触发该事件。
● onSubmit: 提交表单时,触发该事件。
● onUnload: 离开页面时,触发该事件。

读者要注意的是,不同的页面元素定义了不同的事件。例如,在大多数浏览器中,onMouseOver和onClick是与链接关联的事件,而onLoad是与图像和文档的body部分关联的事件。若要查看对于给定的页面元素及给定的浏览器支持哪些事件,可以选中页面上的元素之后,单击"行为"面板上的"显示所有事件"按钮，如图10-1所示。

图10-1 显示所有事件1

动作由预先编写的JavaScript代码组成,通过在网页中执行这段代码完成特定的任务,如打开浏览器窗口、显示或隐藏元素、检查表单或应用jQuery效果等。

单个事件可以触发多个不同的动作,这些动作发生的顺序可以在Dreamweaver中指定。

提示： 在事件列表中，事件名称前显示<A>的事件（见图 10-2）表示与超链接相关，例如<A> onBlur。

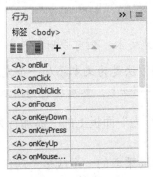

图10-2 显示所有事件2

10.2 "行为"面板

利用行为可以实现访问者与网页之间的交互。用户通过在网页中触发一定的事件引发一些相应的动作。在Dreamweaver中，添加和控制行为主要是通过"行为"面板实现的。如果有必要，还可以直接打开对应的HTML源文件，对其中的代码进行修改。

执行"窗口"/"行为"菜单命令，即可打开"行为"面板，如图10-3所示。

该面板中各个部分的功能简要介绍如下：

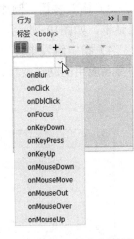

图10-3 "行为"面板

- ▤：仅列出附加到当前元素的动作对应的事件。
- ▥：在行为列表中按字母降序列出可应用于当前元素的所有事件。
- ┿：弹出行为列表，包含可以附加到当前所选元素的动作。对当前不能使用的行为，则以灰色显示。
- ─：删除当前选择的行为。
- ▲和▼：改变附加到当前页面元素的所有动作的执行顺序。
- ⬜▾：单击右侧的下拉箭头按钮，即可打开如图 10-2 所示的事件列表，其中包含可以触发指定动作的所有事件。

只有在选择了行为列表中的某个事件时才显示此菜单。根据所选对象的不同，显示的事件也有所不同。如果未显示预期的事件，则应检查是否选择了正确的网页元素或标签。

10.3　附加行为到页面元素

行为被规定附属于页面上的某个特定的元素，可以是一个文本链接、一个图像甚至 <body>标识，但是不能将行为绑定到纯文本，诸如<p>和<span>等标签。

将行为附加到页面元素的具体步骤如下：

1）选取要附加行为的页面元素。所有的行为被连接到特定的HTML元素上。如果某种行为不可用，是因为页面中还没有对应的HTML标签。

提示： 行为不能附加到纯文本，但可以附加于一个链接。因此，若要把一个行为附加于文本，一个简单的方法是为文本添加一个空链接（在"链接"文本框中输入 javascript:;，或直接键入一个#），然后将行为附加于这个链接。

2）选择一个行为。单击"行为"面板上的"添加行为"按钮 ✚，从弹出的菜单中选择一个行为。

行为是为响应某一具体事件而采取的一个或多个动作。当指定的事件被触发时，运行相应的JavaScript程序，执行相应的动作。所以在创建行为时，必须先指定一个动作，然后再指定触发动作的事件。

行为的强大功能来自于它的灵活性。每个动作都带有一个特定的参数对话框，用于自定义行为。

3）输入参数。例如，在行为列表中选择"交换图像"行为后，将弹出"交换图像"对话框，如图10-4所示。单击"浏览"按钮，浏览并定位到鼠标经过时显示的图像。

4）指定触发事件。单击"确定"按钮，关闭参数设置对话框。此时，"行为"面板中显示应用的动作及默认的事件。单击事件下拉表单，可以选择触发事件，如图10-5所示。

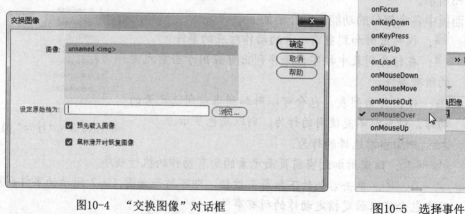

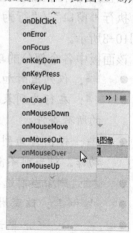

图10-4　"交换图像"对话框

图10-5　选择事件

如果对一个图像附加了"交换图像"行为，默认的事件为onMouseOver。Dreamweaver 还默认为该图像应用了"恢复交换图像"行为，事件为onMouseOut。

在Dreamweaver CC 2018中，可以为每个选定的页面元素指定多个动作。动作按照在"行为"面板的动作列表中排列的顺序依次发生。

5）按照以上方法为页面元素添加其他行为。

6）保存文档。按F12键在浏览器中预览行为的效果。

10.4　编辑行为

Dreamweaver预置的行为功能不仅很强大，而且很灵活。在附加了行为之后，可以更改触发动作的事件、添加或删除动作以及更改动作的参数。修改行为的操作步骤如下：

1）执行"窗口"/"行为"命令，打开"行为"面板。

2）选择一个附加了行为的对象。

3）在"行为"面板中双击要重新编辑的行为名称，然后在弹出的参数对话框中重新设置行为的参数。

此外，所有的预置行为都可以被修改，并且作为一个新的行为添加到行为列表中。只要将相应的HTML文件复制到Dreamweaver安装目录的Configuration\Behaviors\Action文件夹中，然后重新启动Dreamweaver即可。

如果不再需要已附加的某个行为，可以在"行为"面板中选择该行为，然后单击面板顶部的"删除行为"按钮 ▬ ，即可删除。

10.5　Dreamweaver CC 2018 的内置行为

Dreamweaver CC 2018为常见的行为动作编写了代码，并进行封装。用户只需要简单地设置一些参数，就可以生成一些复杂的交互和动态效果。

10.5.1　改变属性

"改变属性"行为可以动态地改变某一个对象的属性值，如div标签的背景图像或背景色、图像的边框和样式。这些属性的具体效果由用户使用的浏览器决定。

下面通过一个简单实例演示使用"改变属性"行为的步骤。

1）新建一个HTML文档。打开"HTML"插入面板，单击"Div"按钮 ⟨⟩ ，弹出"插入div"对话框。

2）在"插入"下拉列表中选择"在插入点"，在"ID"文本框中输入标签的名称dd。然后单击对话框底部的"新建CSS规则"按钮，弹出"新建CSS规则"对话框。

3）设置选择器类型为"ID"，"选择器名称"为"#dd"。单击"确定"按钮，打开规则定义对话框。切换到"区块"分类，设置文本对齐方式为"居中对齐"，然后单击"确定"按钮关闭对话框。

4）删除Div标签的占位文本，打开"表单"插入面板，插入一个按钮，然后在属性面板上将按钮的"值"设置为"单击这里"。

5）选中按钮，单击"行为"面板上的"添加行为"按钮，在弹出的菜单中选择"改变属性"命令，弹出如图10-6所示的"改变属性"对话框。

图10-6 "改变属性"对话框

6）在"元素类型"下拉列表中选择改变属性的对象标签。本例选择 DIV。

对象类型有如下几种：

● DIV、SPAN、P：这三种类型是块级元素标签，用于改变块级元素的属性。

● TR、TD：表格元素标签，用于改变表格行、列的属性。

● IMG：图像标签，用于改变图像的属性。

● FORM：表单标签，用于改变表单的属性。

● INPUT/CHEKBOX：复选框标签，用于改变复选框的属性。

● INPUT/RADIO：单选按钮标签，用于改变单选按钮的属性。

● INPUT/TEXT：单行文本输入框标识，用于改变单行文本输入框的属性。

● TEXTAREA：多行文本输入框标签，用于改变多行文本输入框的属性。

● INPUT/PASSWORD：密码输入框标记，用于改变密码型输入框的属性。

● SELECT：选择列表项标签，用于改变选择列表项的属性。

7）在"元素ID"右侧的下拉列表中选择已命名的div对象dd。

8）在"属性"区域选中"选择"，然后在右侧的下拉列表中选择一项要改变的属性，本例选择"backgroundColor"。

如果选择"输入"，则可以直接在后面的文本框中输入要改变的对象属性。

9）在"新的值"文本框中指定所选属性新的属性值。本例输入"green"。单击"确定"按钮关闭对话框。

10）打开"行为"面板，在事件列表中选择触发事件onClick。

11）保存文档，并在浏览器中进行测试。

在浏览器中单击"单击这里"按钮，div标签的背景色将变为绿色，如图10-7所示。

图10-7 "改变属性"动作的效果

10.5.2 交换图像/恢复交换图像

"交换图像/恢复交换图像"行为通过更改\<img\>标签的 src 属性，将一个图像和另一个图像进行交换。"恢复交换图像"行为只有在应用了"交换图像"行为之后使用才有效。

使用"交换图像"行为的步骤如下：

1）选择一个图像对象，并打开"行为"面板。

2）单击"行为"面板上的"添加行为"按钮 ，在弹出的菜单中执行"交换图像"命令，弹出"交换图像"对话框，如图10-8所示。

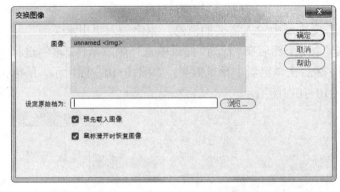

图10-8　"交换图像"对话框

3）对该对话框各个选项进行设置。该对话框中各个参数的功能分别介绍如下：

● "图像"：该列表框中显示当前文档窗口中所有的图像名称，从中选择一幅图像作为变换之前的图像。

● "设定原始档为"：设置替换图像。

注意： 由于只有 src 属性受此动作的影响，所以应该换入一个与原图像尺寸（高度和宽度）相同的图像，否则换入的图像会被压缩或扩展，以适应原图像的尺寸。

● "预先载入图像"：打开网页时，将变换的图像载入到计算机的缓冲区。

● "鼠标滑开时恢复图像"：将鼠标从图像上移开后，显示原图像。

4）单击"确定"按钮，然后为动作选择触发事件。

为页面对象添加"交换图像"行为后，Dreamweaver将自动为页面对象添加"恢复交换图像"行为。

10.5.3 弹出信息

"弹出信息"行为显示一个带有指定消息的JavaScript警告。由于JavaScript警告只有一个"确定"按钮，所以使用此行为可以提供信息，不能提供选择。

下面通过一个简单实例演示使用"弹出信息"行为的步骤。

1）选择一个对象，如页面中的一张图片，然后打开"行为"面板。

2）单击"行为"面板上的"添加行为"按钮 ⁺，在弹出的菜单中执行"弹出信息"命令，弹出如图10-9所示的"弹出信息"对话框。

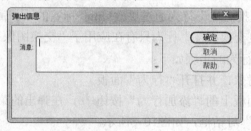

图10-9　"弹出信息"对话框

3）在"消息"文本域中输入需要的消息。本例输入"出水芙蓉"。

4）单击"确定"按钮，然后在"行为"面板中选择触发事件。本例选择"onMouseOver"。

5）保存文档，然后在浏览器中预览效果，如图10-10左图所示。鼠标指针移过图像时，弹出消息框，如图10-10右图所示。

图10-10　"弹出信息"动作的效果

单击对话框中的"确定"按钮，即可关闭对话框。

提示：JavaScript 警告的外观由访问者的浏览器决定。如果希望对消息的外观进行更多的控制，可以考虑使用"打开浏览器窗口"行为。

10.5.4　打开浏览器窗口

使用"打开浏览器窗口"行为可以打开一个新的窗口。此外，用户还可以编辑浏览窗口的大小、名称、状态栏和菜单栏等属性。

下面通过一个简单的例子演示使用"打开浏览器窗口"行为的步骤。

1）在页面中选中需要添加行为的对象，如链接文本"进入百度MP3搜索"，然后打开"行为"面板。

2）单击"行为"面板上的"添加行为"按钮 ⁺，在弹出的菜单中执行"打开浏览器窗口"命令，弹出如图10-11所示的"打开浏览器窗口"对话框。

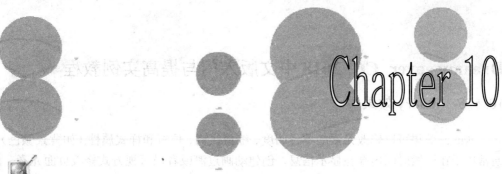

提示： 行为不能绑定到纯文本。可以选择文本所在的容器，或为文本添加空链接后添加行为。

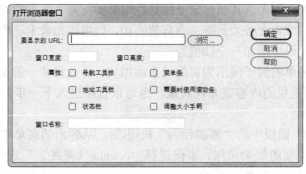

图10-11 "打开浏览器窗口"对话框

3）对该对话框中各个参数进行设置，该对话框中各个参数的功能分别介绍如下：

● "要显示的 URL"：需要显示的文件的 URL 地址。本例输入 http://mp3.baidu.com/。

● "窗口宽度"：用于设置打开的浏览器窗口的宽度。本例设置为400。

● "窗口高度"：用于设置打开的浏览器窗口的高度。本例设置为300。

● "属性"：用于设置打开的浏览器窗口的一些显示属性，它有 6 个选项，可以选中其中的一个或多个显示特性。本例选中全部属性选项。

● "窗口名称"：为打开的浏览器窗口指定一个名称。本例设置为"百度MP3"。

4）单击"确定"按钮，然后选择触发事件。本例选择"onClick"。

5）保存文档。在浏览器中预览行为的效果，如图10-12左图所示。单击文本链接，弹出一个浏览器窗口，并载入指定的页面，如图10-12右图所示。

图10-12 "打开浏览器窗口"动作的效果

10.5.5 jQuery 效果

jQuery效果可以修改元素的不透明度、缩放比例、位置和样式属性（如背景颜色）等，通常用于在一段时间内高亮显示信息，创建动画过渡或者以可视方式修改页面元素。由于这些效果都基于jQuery，因此，单击应用了效果的对象时，只有修改的对象会进行动态更新，而不会刷新整个HTML页面。

jQuery效果可直接应用于使用JavaScript的HTML页面上几乎所有的元素，轻松地向页面元素添加视觉过渡，而无需其他自定义标签。如果要向某个元素应用效果，该元素当前必须处于选定状态，或者它必须具有一个有效的ID。如果该元素未选中，且没有有效的ID值，则需要在HTML代码中添加一个ID值。

下面通过一些简单的例子演示为页面元素添加jQuery效果的一般操作步骤。

1）选择要应用效果的内容或布局对象，也可以直接进入下一步。本例选中页面中插入的一张图片。

2）单击"行为"面板中的"添加行为"按钮 +, ，从弹出的菜单中选择"效果"，并选择效果子菜单中需要的效果名称。本例选择"Bounce（弹跳）"选项。弹出如图10-13所示的"Bounce（弹跳）"对话框。

图10-13 "Bounce（弹跳）"对话框

3）在"目标元素"下拉列表中选择要应用效果的对象的ID。如果已经在第1步选择了一个对象，则选择"<当前选定内容>"。本例选择"<当前选定内容>"。

4）在"效果持续时间"文本框中指定效果持续的时间，单位为毫秒。本例使用默认设置，即1000ms。

5）在"可见性"下拉列表中选择对象应用效果后的显示状态。本例选择"隐藏"，即应用效果后，在页面上隐藏。

如果希望连续单击可以在增大或收缩间切换，则选中"toggle"选项。

6）在"方向"下拉列表中选择元素弹跳的方式，可以是向上、向下、向左或向右。本例选择"up"。

7）在"距离"文本框中指定弹跳的最大位移。本例保留默认设置。

8）在"次"文本框中指定弹跳次数。本例输入5。

9）单击"确定"按钮关闭对话框。Dreamweaver CC 2018默认将jQuery效果的触发事件指定为onClick事件。

10）保存文档，并在浏览器中预览效果。单击图片后，图片在页面上向上弹跳5次，

下面简要介绍一下Dreamweaver CC 2018中几种常用的jQuery效果的功能、使用范围和具体参数的设置方法。

- 遮帘（Blind）：模拟百叶窗效果，向上或向下滚动百叶窗来隐藏或显示元素。

在"可见性"下拉列表中选择指定对象应用效果后的显示状态，隐藏、显示或在隐藏与显示之间切换。

在"方向"下拉列表中指定百叶窗滚动的方向。

- 弹跳（Bounce）：模拟弹跳效果，向上、向下、向左或向右跳动来隐藏或显示元素。

在"方向"下拉列表中指定弹跳的方向。

在"距离"文本框中指定弹跳的最大位移。

在"次"文本框中设置弹跳的次数。

- 淡入/淡出（Fade）：使元素显示或渐隐。

在"可见性"下拉列表中选择指定对象应用效果后的显示状态，隐藏、显示或在隐藏与显示之间切换。

- 高亮（Highlight）：更改元素的背景颜色。

在"颜色"右侧的颜色井中选择高亮显示的颜色。

- 增大/收缩（Scale）：使元素变大或变小。

在"增大/收缩"对话框的"目标元素"菜单中选择某个对象的 ID。如果已经在窗口中选择了一个对象，则选择"<当前选定内容>"。

在"效果持续时间"文本框中指定效果持续的时间，单位为毫秒。

在"可见性"下拉列表中选择指定对象应用效果后的显示状态，隐藏、显示或在隐藏与显示之间切换。

在"方向"下拉列表中指定缩放的方式。

在"原点X"和"原点Y"下拉列表框中指定缩放中心点。

在"百分比"下拉列表中设置指定对象要缩放的百分比。

- 晃动（Shake）：模拟晃动元素的效果。

在"方向"下拉列表中指定晃动的方向。

在"距离"文本框中指定移动的位移。

在"次"文本框中设置晃动的次数。

- 滑动（Slide）：向上、向下、向左或向右移动元素，以显示或隐藏元素。

在"可见性"下拉列表中选择指定对象应用效果后的显示状态。

在"方向"下拉列表中指定滑动的方向。

在"距离"文本框中指定滑动的位移。

与其他行为一样，可以将多个效果与同一个对象相关联，以产生奇妙的结果。

Dreamweaver的内置行为

Chapter 10

![注意] **注意:**

使用 jQuery 效果时,系统会在"代码"视图中添加对应的代码行。其中的两行代码用来标识 jquery-1.11.1.min.js 和 jquery-ui-effects.custom.min.js 文件,该文件是包括这些效果必需的。不要从代码中删除该行,否则这些效果将不起作用。

10.5.6 显示-隐藏元素

"显示-隐藏元素"行为用于显示、隐藏或恢复一个或多个页面元素的默认可见性,用于在用户与页面进行交互时显示信息。例如,将鼠标指针滑过一个人物的图像时,可以显示一个包含有关该人物的姓名、性别、年龄等详细信息的页面元素。"显示-隐藏元素"行为还可用于创建预先载入页面元素,即一个最初挡住页面的较大的页面元素,在所有页面元素都完成载入后消失。

下面通过一个简单实例演示使用"显示-隐藏元素"行为的一般操作步骤。

1)新建一个HTML文档。在页面中插入两幅图像,如图10-14所示,并在属性面板中分别命名为"happy"和"tree"。选择其中一个对象,如本例中的"happy",然后打开"行为"面板。

2)单击"行为"面板上的"添加行为"按钮 ✚,在弹出的菜单中执行"显示-隐藏元素"命令,弹出"显示-隐藏元素"对话框,如图10-15所示。

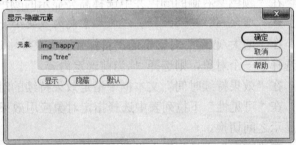

图10-14 页面中插入的图像　　　　图10-15 "显示-隐藏元素"对话框

该对话框中各个参数的功能分别介绍如下:

● "元素":在列表框中列出可用的所有元素的名称以供选择。
● "显示":单击此按钮,则选中的元素可见。
● "隐藏":单击此按钮,则选中的元素不可见。
● "默认":单击此按钮,则按默认值决定元素是否可见,一般是可见。

3)选中元素img "happy",单击"隐藏"按钮,然后单击"确定"按钮关闭对话框。在"行为"面板中选择触发事件。本例选择"onMouseOver"。

4)在"设计"视图中选中图像tree,单击"行为"面板上的"添加行为"按钮 ✚,在弹出的菜单中执行"显示-隐藏元素"命令,弹出"显示-隐藏元素"对话框。

5)选中元素img "happy",单击"显示"按钮,然后单击"确定"按钮关闭对话框。在"行为"面板中选择触发事件。本例选择"onMouseOver"。

6）保持图像tree的选中状态，单击"行为"面板上的"添加行为"按钮 ，在弹出的菜单中执行"显示-隐藏元素"命令，弹出"显示-隐藏元素"对话框。

7）选中元素img "happy"，单击"隐藏"按钮，然后单击"确定"按钮关闭对话框。在"行为"面板中选择触发事件。本例选择"onMouseOut"。

8）保存文档。按F12键在浏览器中预览图像，效果如图10-16所示。

图10-16　图像预览效果

初始时，页面上的两幅图像都显示；将鼠标指针移到图像happy上时，该图像隐藏；将鼠标指针移到图像tree上时，图像happy显示；将鼠标指针从图像tree上移开，图像happy再次隐藏。

10.5.7　检查插件

如果在网页中使用了某些插件技术，如Flash和Windows Media Player等，应通过"检查插件"行为检查用户的浏览器是否安装了相应的插件。如果用户安装了这些插件，则浏览器自动跳转到含有该插件技术的网页中；如果没有安装这些插件，则不进行跳转或跳转到另一个网页。

注意：

不能使用 JavaScript 在 Internet Explorer 中检测特定的插件。但是，选择 Flash 或 Director 后，会将相应的 VBScript 代码添加到网页上，以便在 Windows 的 Internet Explorer 中检测这些插件。Mac OS 上的 Internet Explorer 中不能实现插件检测。

使用"检查插件"行为的步骤如下：

1）选择一个页面对象并打开"行为"面板。

2）单击"添加行为"按钮 ，并在弹出的菜单中执行"检查插件"命令，弹出如图10-17所示的"检查插件"对话框。

3）对该对话框各个选项进行设置。该对话框中各个选项的功能分别介绍如下：

● "选择"：选择需要检查的插件。

● "输入"：输入插件的名称。

- "如果有，转到 URL"：如果找到前面设置的插件类型，则跳转到后面文本框中设定的网页。
- "否则，转到 URL"：如果没有找到前面设置的插件类型，则跳转到后面文本框中设定的网页。若要让不具有该插件的访问者留在同一页上，则将此域留空。
- "如果无法检测，则始终转到第一个 URL"：如果不能进行检查插件，则跳转到第一个 URL 地址设定的网页。

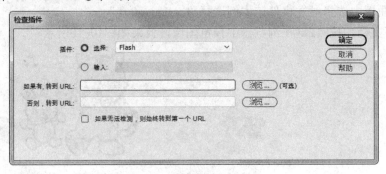

图10-17　"检查插件"对话框

4）设置完毕，单击"确定"按钮，然后选择触发事件。

10.5.8　检查表单

　　"检查表单"行为检查指定文本域的内容，以确保输入了正确的数据类型。使用onBlur事件将此动作附加到单个文本域，在填写表单时对表单对象的值进行检查；或使用onSubmit事件将其附加到表单，在提交表单时，同时对多个文本域进行检查。将此动作附加到表单，防止表单提交到服务器时，有指定的文本域包含无效的数据。

　　下面通过一个简单例子演示使用"检查表单"动作的一般操作步骤。

　　1）打开一个含有表单的HTML页面，选中表单，并打开"行为"面板。

　　2）单击"行为"面板上的"添加行为"按钮 **+.**，在弹出的菜单中执行"检查表单"命令，打开如图10-18所示的"检查表单"对话框。

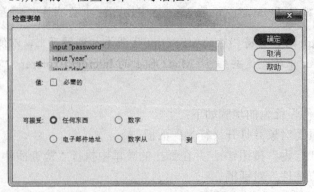

图10-18　"检查表单"对话框

- "域"：在列表框中列出可用的所有域名供选择设置。
- "必需的"：表单对象必须填有内容，不能为空。

- "任何东西"：表单对象是必需的，但不需要包含任何特定类型的数据。如果没有选择"必需的"选项，则该选项就无意义了，也就是说它与该域上未附加"检查表单"动作一样。
- "数字"：检查该域是否只包含数字。
- "电子邮件地址"：检查该表单对象内是否包含一个@符号。
- "数字从"：表单对象内只能输入指定范围的数字。

3）在"域"列表框中选中密码域"password"，然后勾选"必需的"，在"可接受"区域选择"任何东西"选项。

4）在"域"列表框中选择文本域"year"，然后勾选"必需的"，在"可接受"区域选中"数字从"，范围为1910～2017。

5）在"域"列表框中选择文本域"day"，然后勾选"必需的"，在"可接受"区域选中"数字从"，范围为1～31。

6）在"域"列表框中选择文本域"idcard"，然后勾选"必需的"，在"可接受"区域选中"数字"。

7）在"域"列表框中选择文本区域"info"，然后勾选"必需的"，在"可接受"区域选中"任何东西"选项。

8）单击"确定"按钮关闭对话框。然后保存文档，按F12键在浏览器中预览页面，效果如图10-19所示。

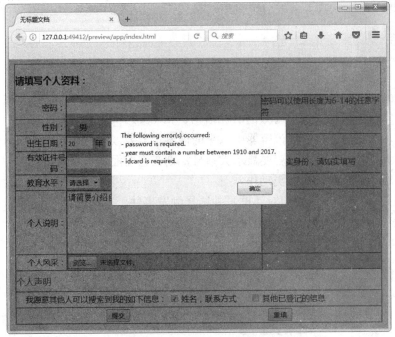

图10-19 "检查表单"行为的效果

如果"密码"域为空，出生日期的"年"不在1910～2017之间，"日"不是1～31之

Dreamweaver CC 2018 中文版入门与提高实例教程

间的数字，身份证号码不全是数字，则提交表单时会弹出一个警告的对话框，列出所有错误的信息，并取消提交表单。

此外，利用Dreamweaver CC 2018中的HTML5表单输入类型，如电子邮件、数字和范围等构件，新手或是对编程不感兴趣的用户也可轻松快捷地检查表单。

10.5.9　设置文本

"设置文本"行为可以动态设置容器、状态栏和文本域中的内容，下面分别进行说明。

1. 设置容器的文本

"设置容器的文本"行为用于设置页面上的现有容器（即可以包含文本或其他元素的任何元素）的内容和格式进行动态变化（但保留容器的属性，包括颜色），在适当的触发事件触发后在某一个窗口中显示新的内容，该内容可以包括任何有效的HTML源代码。

下面通过一个简单实例演示使用"设置容器的文本"行为的一般操作步骤。

1）选择一个容器对象，如图10-20中的div元素"main"，并打开"行为"面板。

2）单击"行为"面板上的"添加行为"按钮 +,，在弹出的菜单中执行"设置文本"/"设置容器的文本"命令，弹出"设置容器的文本"对话框。

3）在"容器"下拉列表中选择内容要进行动态变化的容器。本例选中div "main"。

4）在"新建HTML"域中设置要在当前容器中新加入的内容。本例输入<font size="20" color="red">Happy New Year!</font>。如图10-21所示。

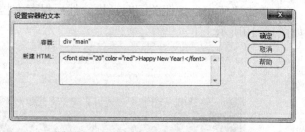

图10-20　选择Div元素"main"　　　　图10-21　"设置容器的文本"对话框

在该文本框中可输入任何有效的HTML语句、JavaScript函数调用、属性、全局变量或其他表达式，这些内容将取代该容器中原来的内容。若要嵌入一个JavaScript表达式，应将其放置在大括号（{}）中。若要显示大括号，则在它前面加一个反斜杠（\{）。这个规则也同样适用于其余两种文本类动作。

5）单击"确定"按钮关闭对话框，并选择触发事件。本例选择"onMouseOver"。

6）保存文档。在浏览器中预览页面，效果如图10-22所示。

图10-22　"设置容器的文本"行为的效果

鼠标指针移到div所在的区域时，图像变为指定的文本，并以指定的大小和颜色显示。

222

2. 设置文本域文字

"设置文本域文字"行为可以动态地更改文本域中的内容。例如，单击一个图像或按钮，指定的文本域的内容会发生改变。使用本行为之前，必须先插入文本域。

下面通过一个简单例子演示"设置文本域文字"的操作步骤。

1）新建一个HTML文档。在文档中插入一张表单和一个文本字段，并在属性面板上将文本域命名为"content"；再插入一张图片，此时的页面效果如图10-23所示。

2）选中图片，并打开"行为"面板。单击"行为"面板上的"添加行为"按钮 ，在弹出的菜单中选择"设置文本"/"设置文本域文字"行为，打开"设置文本域文字"对话框。

3）在"文本域"中选中内容将动态变化的文本域。本例选中input "content"。

4）在"新建文本"文本域中输入将在文本域中显示的内容。本例输入"Merry Christmas*^O^*"，如图10-24所示。

图10-23　初始页面效果　　　　　　　图10-24　"设置文本域文字"对话框

5）单击"确定"按钮关闭对话框，并在"行为"面板上设置触发该动作的事件。本例使用默认事件"onClick"。

6）保存文档。按F12键预览页面，效果如图10-25所示。单击图片，文本域中将显示指定的"Merry Christmas*^O^*"。

图10-25　"设置文本域文字"行为的效果

3. 设置状态栏文本

"设置状态栏文本"行为用于设置浏览器窗口状态栏显示的信息。在默认情况下，将鼠标指针移到超链接上时，在状态栏中显示的是链接的地址。使用这个动作可以改变这种默认设置，使网页更加丰富多彩，吸引更多的访问者。

使用"设置状态栏文本"行为的步骤如下：

1）选择一个页面对象，并打开"行为"面板。

2）单击"行为"面板上的"添加行为"按钮，在弹出的菜单中执行"设置文本"/ "设置状态栏文本"命令，弹出如图10-26所示的"设置状态栏文本"对话框。

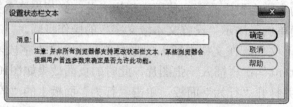

图10-26　"设置状态栏文本"对话框

3）在"消息"文本框中输入要在状态栏中显示的信息。

4）单击"确定"按钮，然后选择触发事件。

"设置状态栏文本"行为与"弹出信息"行为的作用很相似，不同的是，如果使用"弹出消息"行为显示文本，访问者必须单击"确定"按钮，才可以继续浏览网页中的内容。而在状态栏中显示的文本信息不会影响访问者的浏览。

10.5.10　调用 JavaScript

JavaScript是一种描述性的语言，可以嵌入到HTML文件中。Dreamweaver CC 2018中的行为和jQuery框架就是将JavaScript代码放置在文档中，实现访问者与网页的交互，从而以多种方式更改页面或执行某些任务。

"调用JavaScript"行为就是当发生某个事件时，执行预先编写好的一个JavaScript函数或者一行JavaScript代码。JavaScript代码可以是用户自己编写的，或使用Web上多个免费的JavaScript库提供的代码。

"调用JavaScript"动作的使用方法很简单。例如，选中一段空链接的文本，然后从"行为"下拉菜单中选择"调用JavaScript"命令，在弹出的"调用JavaScript"对话框中输入如下内容：

alert("您好！欢迎光临 HH 网球俱乐部！")

按F12键在浏览器中进行测试，触发指定的行为时，即会弹出提示窗口，显示"您好！欢迎光临HH网球俱乐部！"

注意：

　　　　如果应用该行为时没有选择对象，则将行为应用到<body>标签。

10.5.11　转到 URL

"转到URL"行为的网页满足触发特定的事件时，会跳转到特定的URL地址，并显示指

定的网页。

使用"转到URL"行为的步骤如下：

1）选择一个页面对象，并打开"行为"面板。

2）单击"行为"面板上的"添加行为"按钮 ，在弹出的菜单中执行"转到URL"命令，弹出"转到URL"对话框，如图10-27所示。

3）在"打开在"区域选择网页打开的窗口。

默认窗口为"主窗口"，即浏览器的主窗口。若正在编辑的网页中使用了框架技术，即有多个窗口，则每个窗口的名称将显示在"打开在"列表框中，从该列表框可选择在哪个窗口中打开网页。

图10-27 "转到URL"对话框

 **注意：**

如果将框架命名为 top、blank、self 或 parent，则此行为可能产生意想不到的结果。浏览器有时将这些名称误认为保留的目标名称。

4）在"URL"文本框中输入要打开的网页地址；或单击"浏览"按钮定位到需要的文件。

5）单击"确定"按钮关闭对话框，然后选择触发事件。

10.5.12 预先载入图像

经常在网上浏览的用户，在网速较慢时，感受最深的是显示图像时的漫长等待。利用Dreamweaver CC 2018自带的"预先载入图像"行为，可以使图像的下载时间明显加快，有效地防止图像由于下载速度导致的显示延迟。

1）选择一个对象，并打开"行为"面板。

2）单击"行为"面板上的"添加行为"按钮 ，在弹出的菜单中执行"预先载入图像"命令，弹出"预先载入图像"对话框，如图10-28所示。

3）单击"浏览"按钮，选择要预先载入的图像文件，或在"图像源文件"文本框中输入图像的路径和文件名。

4）单击对话框顶部的"添加项"按钮 ，将图像添加到"预先载入图像"列表中。

5）重复第3步和第4步，载入要预先载入当前页的其他图像。

6）若要从"预先载入图像"列表中删除某个图像，则在列表中选择该图像，然后单

Dreamweaver的内置行为

225

击"删除项"按钮━。

7)单击"确定"按钮,然后选择触发事件。

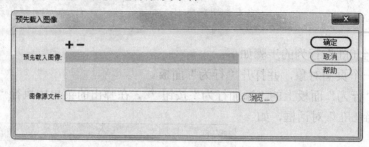

图10-28 "预先载入图像"对话框

提示： 如果在输入下一个图像之前没有单击"添加项"按钮 ╋ ，则列表中上次选择的图像将被"图像源文件"文本框中新输入的图像替换。

10.6 全程实例——动态导航图像

本节将讲述使用行为制作动态的导航图像。初始时,导航图像中的文字为深灰色或白色,将鼠标移到导航图像上时,图像中的文字显示为橘黄色,且有阴影。制作步骤如下:

1)打开保存的模板layout.dwt。在导航条中选中一个导航项目图像,如"我的店铺",在属性面板上将其命名为"shop"。采用同样的方法,分别选中其他导航项目图像并命名。

2)执行"窗口"/"行为"菜单命令,打开"行为"面板。单击"添加行为"按钮 ╋ ，在下拉菜单中选择"交换图像"命令,弹出如图10-29所示的"交换图像"对话框。

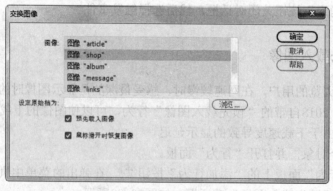

图10-29 "交换图像"对话框

3)在"图像"区域选中要添加行为的图像"shop",然后单击"设定原始档为"文本框右侧的"浏览"按钮,在打开的"选择文件"对话框中选中需要的图像文件。

4)单击"确定"按钮关闭对话框。此时在"行为"面板中可以看到,Dreamweaver自动为选定的图片添加了"恢复交换图像"行为,并设置了相应的行为,如图10-30所示。

5)采用同样的方法,为其他导航图片添加"交换图像"行为。

6）保存文件，将弹出"更新模板文件"对话框，单击"更新"按钮。更新完成后，在弹出的"更新页面"对话框中单击"关闭"按钮。然后按F12键在浏览器中预览页面，效果如图10-31所示。

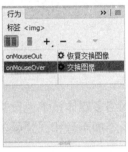

图10-30 "行为"面板

图10-31 页面效果

Dreamweaver的内置行为

227

第 11 章 制作多媒体网页

本章导读

　　伴随着网络的飞速发展，网络多媒体技术也日益成熟。网页中除了可以加入文本和图片之外，还可以添加声音和视频等多媒体，从而创建丰富多彩的页面效果。

📖 在网页中使用声音

📖 插入 Flash 对象

📖 插入 HTML5 媒体对象

11.1 在网页中使用声音

对于广大网页设计者来说，如何能使自己的网站与众不同、充满个性，一直是不懈努力的目标。除了尽量提高页面的视觉效果、互动功能以外，如果能在打开网页的同时，听到一曲优美动人的音乐，相信这会使网站增色不少。

在网页中可以添加多种类型的声音文件格式，如.midi、.mid、.wav、.aif、.mp3、.ra、.ram和.rpm等，不同类型的声音文件和格式有各自不同的特点。在确定添加的声音文件的格式之前，用户需要考虑一些因素，如添加声音的目的、受众、文件大小、声音品质和不同的声音格式在不同浏览器中的差异。

11.1.1 网页中音频文件的格式

下面简要介绍几种常见的音频文件格式，以及每种格式的一些优缺点。

1. .midi或.mid

MIDI是乐器数字接口的简称，顾名思义，是一种主要用于器乐的音频格式。很小的MIDI文件也可以提供较长时间的声音剪辑，许多浏览器都支持MIDI文件并且不要求插件。尽管MIDI声音品质非常好，但声卡不同，声音效果也会有所不同。此外，MIDI文件不能被录制，必须使用特殊的硬件和软件在计算机上合成。

2. .wav

即Waveform格式文件，具有较好的声音品质，许多浏览器都支持此类格式文件，并且不要求插件。用户可以从CD、磁带、麦克风等媒介录制自己的WAV文件。但是，这种格式的文件较大，限制了在网页上可以使用的声音剪辑的长度。

3. .aif

音频交换文件格式，即AIFF。与WAV格式类似，其也具有良好的声音品质，大多数浏览器不要求插件就可以播放。此外，用户还可以从CD、磁带、麦克风等录制AIFF文件。与WAV相似，AIFF格式文件较大，限制了在网页上可以使用的声音剪辑的长度。

4. .ra、.ram、.rpm或Real Audio

这些文件格式具有非常高的压缩程度，且支持"流式处理"，在文件完全下载完之前即可听到声音。但声音品质比MP3文件要差，且访问者必须下载并安装RealPlayer应用程序或插件才可以播放这些文件。

5. .mp3

运动图像专家组音频，即MPEG-音频层-3。它是一种压缩格式，可以在明显减小声音文件大小的同时，保持非常好的声音品质。如果正确录制和压缩MP3文件，其质量甚至可以和CD质量相媲美。这种格式的文件大小比Real Audio格式要大，也支持流式处理，访问者不必等待整个文件下载完即可收听。若要播放MP3文件，访问者必须下载并安装辅助应用程序或插件，如QuickTime、Windows Media Player或RealPlayer。

11.1.2　在网页中添加声音

在网页中添加音频有多种方法，本节介绍两种常用的方法。

1．链接到音频文件

链接到音频文件是指将声音文件作为页面上某种元素的超链接目标。这种集成声音文件的方法可以使访问者能够选择是否要收听该文件，因为只有单击了超链接，且用户的计算机上安装了相应的播放器，才能收听音乐文件。

下面通过创建一个简单的例子演示链接到音频文件的具体操作。

1）新建一个HTML文件，输入并格式化文字，页面效果如图11-1所示。

2）选中"1、Careless Whisper"，在属性面板上的"链接"区域单击文件夹图标找到需要的音频文件。

3）按照上一步同样的方法，为其他文本选择链接的音乐文件。

4）保存文件，在浏览器中预览页面效果。

单击链接文本"1、Careless Whisper"，会打开相应的媒体播放器播放指定的音乐文件，效果如图11-2所示。

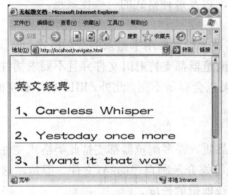

图11-1　页面效果

图11-2　播放音乐

2．使用插件

这种方法是指将声音播放器直接插入页面中，当访问者计算机上安装有适当的插件时，声音即可播放。这种方法常用于在网页上添加背景音乐。当然，这种方式也支持用户对声音播放进行控制。

使用插件播放声音的一般操作步骤如下。

1）在"设计"视图中将插入点放置在要嵌入插件的地方。

2）执行"插入"/"HTML"/"插件"命令，或者在"插入"/"HTML"面板中单击"插件"按钮 ✿，弹出"选择文件"对话框，如图11-3所示。

3）在弹出的"选择文件"对话框中选择要播放的声音文件，然后单击"确定"按钮。此时可在页面上看到插件的占位符。选中插件占位符，可以看到如图11-4所示的属性面板。

在这里，用户可以设置插件的尺寸和在页面上的对齐方式，并通过设置参数指定音乐文件的播放方式。

4）在属性面板中单击 参数… 按钮，弹出如图11-5所示的"参数"对话框。

5）单击对话框上的"添加参数"按钮 ✚，在"参数"列中输入参数的名称。在"值"

列中输入该参数的值。输入完毕后，单击"确定"按钮。

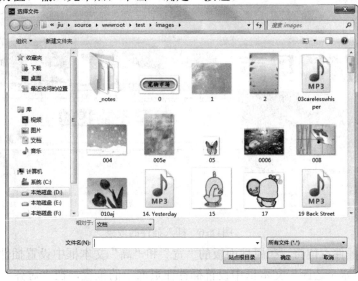

图11-3   "选择文件"对话框

图11-4   插件的属性面板

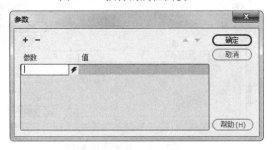

图11-5   "参数"对话框

6）执行"文件"/"保存"命令，保存文档。

11.1.3   全程实例——背景音乐

本节将为"伊人风尚"链接目标，即photo.html文件添加背景音乐。步骤如下：

1）打开已制作的photo.html。

2）在"设计"视图中，将插入点放置在要嵌入文件的地方，如导航条图标的下面。执行"插入"/"HTML"/"插件"菜单命令；或者在"插入"/"HTML"面板中单击"插件"按钮 ，弹出"选择文件"对话框。

制作多媒体网页

3）选择需要的音乐文件，然后单击"确定"按钮，此时的页面效果如图11-6所示。

图11-6　插入插件的效果

4）选中插件占位符，在属性面板的"宽"和"高"文本框中设置插件的尺寸；在"垂直边距"和"水平边距"文本框中设置插件在页面中的位置，在"对齐"下拉列表中指定插件与页面中其他对象的相对位置；在"边框"文本框中指定插件的边框厚度。

如果将"宽"和"高"的值均设置为0，则可隐藏插件。本例分别设置为200和32。

5）单击"参数"按钮，弹出如图11-5所示的"参数"对话框。在"参数"列中输入参数的名称"loop"，在"值"列中输入该参数的值"true"，如图11-7所示。输入完毕后，单击"确定"按钮关闭对话框。

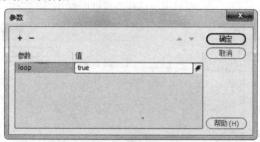

图11-7　设置播放参数

如果不设置Loop参数，或Loop参数的值不为true，则音乐播放一次后自动停止。

6）执行"文件"/"保存"命令，保存文档。

7）在浏览器中预览页面，打开页面时音乐会自动播放，且循环播放，如图11-8所示。

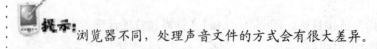　浏览器不同，处理声音文件的方式会有很大差异。

本实例中，背景音乐将循环播放。浏览者可以单击播放器上的控制按钮以控制背景音乐的播放。如果不希望播放器在页面上可见，可以执行以下的步骤。

8）选中页面中的插件占位符，在属性面板上将其宽和高均设置为0。

9）保存文档。在浏览器中预览页面，效果如图11-9所示。

图11-8　实例效果

图11-9　隐藏播放器效果

此时，浏览者无法对背景音乐进行控制。

制作多媒体网页

233

11.2 插入 Flash 对象

Flash技术是一种实现和传递基于矢量图形和动画的解决方案，能与Dreamweaver很好地结合使用。用户可以很方便地在Dreamweaver文档中插入Flash动画和Flash视频。

11.2.1 添加 Flash 动画

在Dreamweaver CC 2018中，用户可以很方便地在页面中添加Flash动画。本小节将通过一个实例演示在文档中插入Flash动画的操作方法。

1）新建一个HTML文档并保存。

2）在"设计"视图中，将插入点放置在要插入Flash动画的地方，在"插入"/"HTML"面板中单击"Flash SWF"按钮 📄。

3）在弹出的"选择SWF"对话框中选择需要的Flash动画文件后，单击"确定"按钮插入Flash动画。

插入的动画在页面上显示为一个Flash占位符，如图11-10所示。

4）选中插入的动画占位符，在属性面板上设置其大小、播放方式、对齐方式和背景颜色。本例将其居中对齐，其他采用默认设置。在Wmode下拉列表中选择"透明"，则可使Flash背景透明。

5）保存文件，按F12键即可预览动画文件，如图11-11所示。

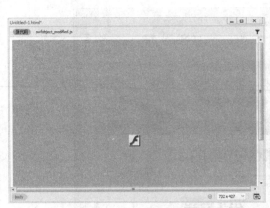

图11-10　Flash动画的占位符

图11-11　播放Flash动画

11.2.2 插入 Flash 视频

Dreamweaver CC 2018支持Flash视频，不需使用Flash创作工具，用户就可快速、便捷地在网页中插入Flash视频。

在Dreamweaver页面中插入Flash视频内容之前，必须有一个经过编码的Flash视频（FLV）文件。插入Flash视频的一般操作步骤如下：

1）执行"插入"/"HTML"/"Flash Video"菜单命令，弹出如图11-12所示的"插

入FLV"对话框。

图11-12 "插入FLV"对话框

2）在"视频类型"下拉菜单中选择视频播放方式。

其中，"累进式下载视频"将Flash视频（FLV）文件下载到站点访问者的硬盘上，然后播放。与传统的"下载并播放"视频传送方法不同，累进式下载允许在下载完成之前就开始播放视频文件。

"流视频"将对Flash视频内容进行流式处理，并在一段很短时间的缓冲（可确保流畅播放）之后在网页上播放。

若要在网页上启用流视频，必须具有访问 Adobe Flash Communication Server 的权限。

3）在"URL"文本框中键入Flash视频的相对路径或绝对路径。

4）在"外观"下拉菜单中指定Flash视频组件的外观。所选外观的预览会出现在"外观"弹出菜单的下方。

5）在"宽度"和"高度"文本框中以像素为单位指定FLV文件的宽度和高度。

6）选中"限制高宽比"复选框，则保持Flash视频组件的宽度和高度之间的比例不变。默认情况下选择此选项。

设置宽度、高度和外观后，"包括外观"右侧将自动显示FLV文件的宽度和高度与所选外观的宽度和高度相加得出的和。

7）选中"自动播放"复选框，则网页加载后自动播放视频。

8）选中"自动重新播放"复选框，则播放控件在视频播放完之后返回到起始位置重新播放。

9）单击"确定"按钮关闭对话框，即可将Flash视频内容添加到页面中，显示Flash视频的占位符，如图11-13所示。

"插入FLV"命令将生成一个视频播放器SWF文件和一个外观SWF文件，用于在网页上显示Flash视频内容。这些文件与Flash视频所在的HTML文件存储在同一目录中。上传包含Flash视频的HTML页面时，Dreamweaver将以相关文件的形式上传这些文件。

此外，将Flash视频插入页面后，Dreamweaver自动在页面中插入有关代码，以检测用户是否拥有查看Flash视频所需的播放器。如果没有正确的版本，则会提示用户下载。

10）保存文件，按F12键在浏览器中的预览效果如图11-14所示。

图11-13　Flash视频占位符

图11-14　在浏览器中预览Flash视频

选中"文档"窗口中的Flash视频组件占位符，可以打开如图11-15所示的属性面板更改Flash视频的一些属性。

图11-15　Flash视频的属性面板

该属性面板中的选项与"插入FLV"对话框中的选项类似，在此不再赘述。

注意：

使用属性面板不能更改视频的类型（例如，从"累进式下载"更改为"流式"）。若要更改视频类型，必须删除 Flash 视频组件，然后通过选择"插入"/"HTML"/"Flash Video"命令重新插入 Flash 视频。

11.3　插入 HTML5 媒体对象

在Dreamweaver CC 2018中，除了能在网页中插入声音、Flash动画和Flash视频等多

媒体元素之外，还可以插入HTML5视频、HTML5音频等多媒体对象。此外，还可以在Adobe的插件下载中心下载插件，以可视化方式轻松地插入其他类型的视频或多媒体元素，如RealMedia、Windows Media和QuickTime等。

11.3.1 添加 HTML5 视频

Dreamweaver CC 2018支持在网页中插入HTML5视频。HTML5视频元素提供了一种将影片或视频嵌入网页中的标准方式。

在网页中插入HTML5视频的操作步骤如下：

1）打开"设计"视图，将光标置于要插入视频的位置。

2）执行"插入"/"HTML"/"HTML5 Video"菜单命令，即可在指定位置插入HTML5视频元素。

插入HTML5视频后，选中HTML5视频对象的占位符，对应的属性面板如图11-16所示。

图11-16 HTML5视频属性面板

下面简要介绍HTML5视频的属性功能。

- "源"/"Alt源1"/"Alt源2"："源"用于指定视频文件的位置。不同浏览器对视频格式的支持有所不同。如果浏览器不支持"源"中指定的视频格，则会使用"Alt源1"或"Alt源2"中指定的视频格式，选择第一个可被识别的格式显示视频。

设置视频路径时，使用多重选择（即为同一视频选择三个视频格式）可以快速指定视频的源和替换源。列表中的第一个格式用于"源"，其他两种格式用于自动填写"Alt源1"和"Alt源2"。

- Title（标题）：为视频指定标题。
- W/H（宽度/高度）：视频的宽度/高度，以像素为单位。
- Controls（控件）：选择是否要在HTML页面中显示视频控件，如播放、暂停和静音。
- AutoPlay（自动播放）：视频是否一旦在网页上加载便开始播放。
- Poster（海报）：在视频完成下载后或用户单击"播放"后显示的图像的位置。当插入图像时，自动填充宽度和高度值。
- Loop（循环）：视频连续播放，直到用户停止播放影片。
- Muted（静音）：设置视频的音频部分是否静音。
- Flash 回退：指定不支持HTML5视频的浏览器播放的SWF文件。

制作多媒体网页

- 回退文本：指定不支持HTML5的浏览器显示的文本。
- Preload（预加载）：指定页面加载时视频加载的首选项。选择"自动"会在页面下载时加载整个视频，选择"元数据"会在页面下载完成后仅下载元数据。

11.3.2 添加 HTML5 音频

Dreamweaver CC 2018 支持在网页中插入和预览 HTML5 音频。HTML5 音频元素提供了一种将音频内容嵌入网页中的标准方式。

在网页中插入HTML5音频的步骤如下：

1）在"设计"视图中将光标放置在要插入音频的位置。

2）执行"插入"/"HTML"/"HTML5 Audio"菜单命令，即可在指定位置插入音频文件。

插入HTML5音频后，选中HTML5音频对象的占位符，对应的属性面板如图11-17所示。

图11-17　HTML5音频的属性面板

下面简要介绍各个属性的含义和功能。

- "源"/"Alt源1"/"Alt源2"：指定音频文件的位置。不同浏览器对音频格式的支持也会有所不同。如果浏览器不支持"源"中指定的音频格式，则会使用"Alt源1"或"Alt源2"中指定的格式。

在文件夹中为同一音频选择三个音频格式，可快速向这三个字段中添加音频。第一个格式将用于"源"，其他两种格式用于自动填与"Alt源1"和"Alt源2"。

- Title（标题）：设置音频文件的标题。
- 回退文本：在不支持HTML5的浏览器中显示的文本。
- Controls（控件）：选择是否要在HTML页面中显示音频控件，如播放、暂停和静音。
- AutoPlay（自动播放）：音频一旦在网页上加载后便开始播放。
- Loop（循环）：音频连续播放，直到用户停止播放它。
- Muted（静音）：在下载之后将音频静音。
- Preload（预加载）：选择"自动"会在页面下载时加载整个音频文件，选择"元数据"会在页面下载完成后仅下载元数据。

第 12 章　统一网页风格

在建立并维护一个站点的过程中，很多页面会用到同样的图像、文字和排版格式，如果逐页建立、修改，不但费时、费力，而且还很容易出错，很难使同一个站点中的文件有统一的外观及结构。使用 Dreamweaver 提供的模板和库功能，可以将具有相同版面的页面制作成模板，将相同的元素制作成库项目，并存放在模板面板和库中以便随时调用。

- 📖 模板和库的功能
- 📖 创建模板
- 📖 应用模板
- 📖 应用库项目
- 📖 模板与库的应用

12.1 模板和库的功能

在Dreamweaver中，模板是一种以.dwt为扩展名的特殊文档，用于设计统一的页面布局。模板由两种区域组成：锁定区域和可编辑区域。锁定区域包含所有页面中共有的元素，即构成页面的基本框架，如导航条、标题等；而可编辑区域是根据用户需要而指定的用于设置页面不同内容的区域，通过修改可编辑区域的内容，可以得到与模板风格一致，但又有所不同的新的网页。

模板还有一种特殊形式，即嵌套模板。嵌套模板是指其设计和可编辑区域都基于另一个模板的模板。生成嵌套模板所基于的模板称为基模板，相对于嵌套模板而言，基模板中包含更宽广的设计区域，并且可以由站点的多个内容提供者使用；而嵌套模板可以进一步定义站点内特定部分页面中的可编辑区域。

在同一个站点中，网页文件除了相同的外观之外，还有一些需要经常更新的页面元素也是相同的，如版权声明、实时消息、公告内容等。这些内容与模板不同，它们只是页面的一小部分，在各个页面中的摆放位置可能不同，但内容却是一致的。在Dreamweaver中，可以将这种内容保存为一个库文件，插入不同的网页，只要修改库文件，就可以保证站点中使用该库项目的所有页面自动更新。

简而言之，模板是一种页面布局，重复使用的是网页的一部分结构；而库是一种用于放置在网页上的资源，重复使用的是网页对象。但两者有一个相同的特性，就是与应用它们的文档都保持关联，在更改库项目或模板的内容时，可以同时更新所有与之关联的页面。

执行"窗口"/"资源"菜单命令，或按F8快捷键，打开如图12-1所示的"资源"面板。单击"资源"面板左侧的"模板"按钮，即可切换到"模板"面板，如图12-2所示。

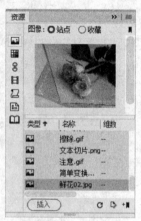

图12-1 "资源"面板　　　　　　　　图12-2 "模板"面板

"模板"面板上半部分显示当前选中模板的缩略图，下半部分是当前站点中所有模板的列表，面板底部的按钮是模板操作的快捷菜单。各个按钮的作用如下：

● ：刷新站点列表，更新模板。
● ：在模板列表中新建一个未命名的模板。
● ：编辑当前在模板列表中选择的模板。

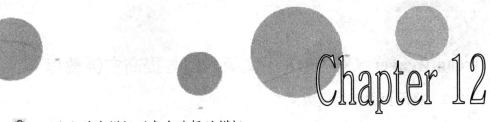

- <img>: 删除当前在模板列表中选择的模板。
- 应用: 将选择的模板应用到当前文档中。

12.2 创建模板

在Dreamweaver中，可以从无到有创建空白的模板，然后输入需要的内容；也可以将现有的文档存储为模板。创建模板之后，Dreamweaver会自动在本地网站目录中添加一个名为Templates的文件夹，然后将模板文件存储到该目录中。

> **注意：** 不要将模板移动到 Templates 文件夹之外，或者将任何非模板文件放在 Templates 文件夹中。也不要将 Templates 文件夹移到本地根文件夹之外。否则，将在模板的路径中引起错误。

12.2.1 创建空模板

使用Dreamweaver CC 2018创建空模板有两种方式：一种是在"新建文档"对话框中创建；另一种是在"模板"面板中创建。下面分别进行介绍。

1. 在"新建文档"对话框中创建模板

1）执行"文件"/"新建"菜单命令，打开"新建文档"对话框。

2）在对话框左侧的"类别"栏选中"新建文档"，在"文档类型"列表中选择"HTML模板"，然后单击"创建"按钮。

3）执行"文件"/"保存"命令保存空模板文件，此时会弹出一个对话框，提醒用户本模板没有可编辑区域。

若选中"不再警告我"复选框，那么下次保存没有可编辑区域的模板文件时将不再弹出此对话框。

4）单击"确定"按钮保存文件。

2. 在"模板"面板中创建空模板

1）执行"窗口"/"资源"菜单命令，调出"资源"面板，单击模板图标按钮<img>，切换到"模板"面板。

2）单击"模板"面板底端的"新建模板"图标<img>，模板列表中会出现一个新模板，且名称处于可编辑状态。

3）输入模板名称后按Enter键，或单击面板其他空白区域。至此，一个空模板就制作完成了。

模板的制作方法与普通网页类似，不同之处在于模板制作完成后，还应定义可编辑区域、重复区域等模板对象。有关介绍将在下面章节中进行介绍。

12.2.2　将网页保存为模板

用户也可以将已编辑好的文档存储为模板，这样生成的模板中会带有现在文件中已编辑好的内容，而且可以在该基础上对模板进行修改，使之满足设计需要。

将现有网页保存为模板的操作步骤如下：

1）执行"文件"/"打开"命令，在"选择文件"对话框中选择一个将作为模板的普通文件，如图12-3所示。

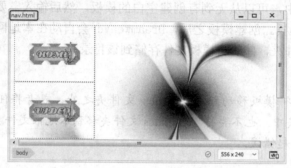

图12-3　打开的普通文件

2）执行"文件"/"另存为模板"菜单命令，弹出"另存模板"对话框。

3）在"站点"下拉菜单中选择将保存该模板的站点名称。

"现存的模板"列表框中列出了当前选择的站点中所有的模板文件。

4）在"描述"文本框中输入该模板文件的说明信息。本例采用默认设置。

5）在"另存为"文本框中输入模板名称，如"nav"。

如果要覆盖现有的模板，可以从"现存的模板"列表中选择需要覆盖的模板名称。

6）单击"保存"按钮，即可关闭对话框。

此时会弹出一个对话框，询问用户是否要更新链接。

7）单击"是"更新模板中的链接，即可将该模板保存在本地站点根目录下的Templates文件夹中。

此时，文档的标题栏显示为<<模板>>nav.dwt，如图12-4所示，表明该文档已不是普通文档，而是一个模板文件。

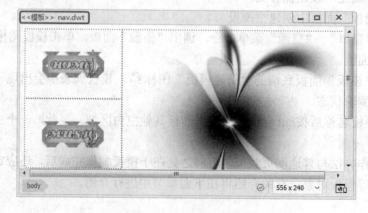

图12-4　转换为模板的文档

在浏览器中预览该文件，会发现该文档中无法键入文本或插入图像。这是因为还没有为模板定义可编辑区域，所有的区域都是锁定的。有关定义可编辑区域的操作方法将在下一节中介绍。

12.2.3　定义可编辑区域

可编辑区域用于在基于模板创建的HTML网页中改变页面内容，可以是文本、图像或其他的媒体，如Flash动画或Java小程序。编辑完成之后，可以将该文档保存为独立的HTML文件。

下面以一个简单实例演示在模板中定义一个可编辑区域的具体操作步骤。

1）依照本书第12.2.1节介绍的方式新建一个空模板文件，然后在文档窗口的"设计"视图中插入一个3行3列的表格，合并第1列单元格后插入图像，并在其他单元格中输入文字。此时的页面效果如图12-5所示。

2）选中表格的第2行2列到第3行3列，执行"插入"/"模板"/"可编辑区域"命令，弹出"新建可编辑区域"对话框。

3）在"名称"文本框中输入可编辑区域的名字。本例输入"景点名称"，然后单击"确定"按钮关闭对话框。

插入的可编辑区域在模板文件中默认用蓝绿色高亮显示，并在顶端显示指定的名称，如图12-6所示。

図12-5　页面效果　　　　　　　　　図12-6　插入的可编辑区域

4）保存文件。一个简单的模板文件就制作完成了。

5）打开"模板"面板，在刚保存的模板文件上单击鼠标右键，然后在弹出的快捷菜单中选择"从模板新建"命令，新建一个HTML文档。

可以看到新建的文档内容与保存的模板一样，但只有已定义的可编辑区域可以修改，其他区域则处于锁定状态，如图12-7所示。

选中模板文件中的可编辑区域，切换到文档窗口的"代码"视图，可以看到以下代码：

```
<!-- TemplateBeginEditable name="content" -->
  <tr>
    <td height="82" align="center" valign="middle" class="fs1">燕天风景区</td>
    <td align="center" valign="middle" class="fs1">120元</td>
  </tr>
  <tr class="fs1">
```

```
<td align="center" valign="middle">香溪源</td>
    <td align="center" valign="middle">15元</td>
</tr>
<!-- TemplateEndEditable -->
```

图12-7　只有可编辑区域可以修改

其中，TemplateBeginEditable和TemplateEndEditable是可编辑区域的开始与结束标志符。

如果希望将模板中的某个可编辑区域变为锁定区域，可以在"设计"视图中选中要删除的可编辑区域，然后执行"工具"/"模板"/"删除模板标记"菜单命令，即可将可编辑区域变为不可编辑区域。

12.2.4　定义可选区域

可选区域是在模板中指定为可选的部分，用于保存有可能在基于模板的文档中出现的内容（如可选文本或图像）。例如，如果可选区域中包括图像或文本，用户可设置该内容在基于模板的新文档中是否显示。

下面以一个简单实例演示在模板文档中插入可选区域的具体步骤。

1）新建一个HTML模板文件，在"设计"视图中插入一幅图像，如图12-8所示。

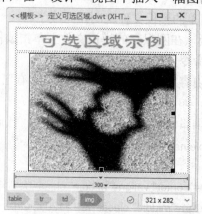

图12-8　插入图像

2）选中图像，执行"插入"/"模板"/"可选区域"菜单命令，或单击"模板"插

入面板上的"可选区域"按钮，弹出如图12-9所示的"新建可选区域"对话框。

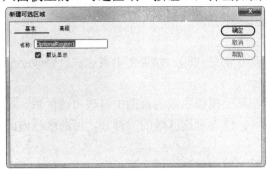

图12-9 "新建可选区域"对话框

3）在"名称"文本框中输入可选区域模板参数的名称。本例使用默认设置。

4）选中"默认显示"复选框，即可选区域在默认状态下可见。本例选中此项。

5）单击"高级"标签，选择控制可选区域可见性的方式。本例选择"输入表达式"，并指定表达式为Language=='English'。

可选区域是由条件语句控制的。用户可以在"新建可选区域"对话框中创建模板参数和表达式，或通过在"代码"视图中键入参数和条件语句来控制可选区域。

如果选择"使用参数"，则使用指定的参数控制可选区域。

如果选择"输入表达式"，则根据指定的表达式的值确定是否显示可选区域。表达式值为真时，显示可选区域；表达式值为假，则隐藏可选区域。Dreamweaver 自动在输入的文本两侧插入双引号。

6）单击"确定"按钮，插入可选区域，页面效果如图12-10所示。

图12-10 插入可选区域的页面效果

如果要编辑参数或表达式，单击可选区域左上角的标签选中该可选区域，然后在属性面板上单击"编辑"按钮，即可打开"新建可选区域"对话框，进行重新设置。

选中可选区域后，在"代码"视图中可以找到关于可选区域的代码。模板参数在head部分定义：

```
<!-- TemplateBeginEditable name="head" -->
```

Dreamweaver CC 2018 中文版入门与提高实例教程

```
<!-- TemplateEndEditable -->
```
在插入可选区域的位置将出现类似于下列代码的代码：
```
<!-- TemplateBeginIf cond="Language=='English'" -->
<img src="../050bx.jpg" width="268" height="264" alt="pic"/>
<!-- TemplateEndIf -->
```
从模板创建的网页head区中也将插入模板参数部分代码。如果使用表达式，修改cond的值可以控制可选区域的可见性。

模板中的可选区域是不可编辑的，如果要在基于模板生成的页面中修改可选区域，可把光标定位于可选区域内部，然后插入可编辑区。作为可选区域的一部分，可选区域内的可编辑区域和可选区域同步显示和隐藏。

此外，直接单击"模板"插入面板中的"可编辑的可选区域"图标，即可插入"可编辑的可选区域"。

12.2.5 定义重复区域

重复区域是可以在基于模板的页面中复制任意次数的模板部分。重复区域通常用于表格，当然，也可以为其他页面元素定义重复区域。

重复区域不是可编辑区域。若要使重复区域中的内容可编辑，如在表格单元格中输入文本，则必须在重复区域内插入可编辑区域。

下面通过一个简单实例演示创建重复区域的一般步骤。

1）在"文档"窗口的"设计"视图中选择要设置为重复区域的文本或内容，或将插入点放在模板中要插入重复区域的位置。本例选择文档中插入的一幅图片。

2）执行"插入"/"模板"/"重复区域"菜单命令，或单击"模板"插入面板中的"重复区域"按钮，弹出如图12-11所示的"新建重复区域"对话框。

3）在"新建重复区域"对话框的"名称"文本框中输入重复区域的名称。本例输入"content"。

4）单击"确定"按钮，即可将重复区域插入到文档中，如图12-12所示。执行"文件"/"另存为模板"命令，将创建的文档保存为模板。

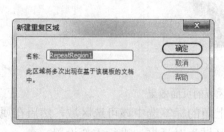

图12-11 "新建重复区域"对话框

图12-12 插入的重复区域

5）打开"模板"面板，在刚保存的模板上单击鼠标右键，从弹出的快捷菜单中选择"从模板新建"命令，新建一个文档，效果如图12-13所示。

6）单击页面中的加号（+）按钮，可以在页面中添加一个同样的图片，效果如图12-14

246

所示。

图12-13　新建文档的效果　　　　　图12-14　重复效果

在如图12-13和图12-14所示的页面上单击鼠标，会发现无法选择图片，这是因为还没有定义可编辑区域。

7）打开保存的模板，选中图片，并插入一个名为"pic"的可编辑区域，然后保存文档。

此时，基于该模板添加可编辑区域的效果如图12-15所示。可以看到，每一个生成的重复区域都自动添加了一个名为pic的可编辑区域。

8）单击页面中的三角形按钮▼▲，可以在各个重复区域中切换。选中某个重复区域后，单击减号（-）按钮-，则可删除当前选中的重复区域。双击某个重复区域中的图片，可打开"选择图像源文件"对话框，选择一个图像文件，即可替换重复区域中的图片，效果如图12-16所示。

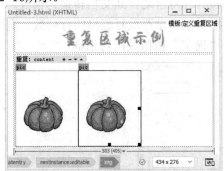

图12-15　添加可编辑区域的效果　　　　　图12-16　替换重复区域中的图片

12.2.6　定义嵌套模板

嵌套模板是指基于一个模板生成的模板。使用嵌套模板可以创建基模板的变体，通过嵌套多个模板可以定义精确的布局。

嵌套模板继承基模板中的可编辑区域，除非在这些区域中插入了新的模板区域。在嵌套模板中，可以在基模板的可编辑区域中进一步定义可编辑区域。

下面通过一个简单实例演示创建嵌套模板的一般步骤。

1）执行以下操作之一创建一个基于模板的新文档：

- 打开"模板"面板，在需要的基模板上单击鼠标右键，然后在弹出的快捷菜单中选择"从模板新建"命令。
- 执行"文件"/"新建"命令。在"新建文档"对话框中，单击"网站模板"按钮，在站点列表中选择包含有需要的模板的站点，然后在模板列表中双击该模板创建新文档。文档窗口中即会出现一个新文档。

2）将光标定位在新文档的可编辑区域（如图12-17所示的可编辑区域text）中，删除可编辑区域中的占位文本，然后在"模板"插入面板中选择需要的模板对象。本例插入一个重复表格，用于设置菜单栏。

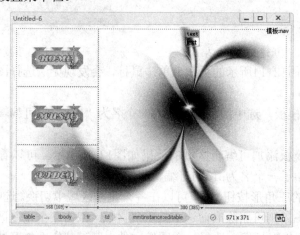

图12-17　基于模板生成的文档

3）此时会弹出一个对话框，提示用户Dreamweaver将自动将此文档转换为模板。单击"确定"按钮，弹出"插入重复表格"对话框。根据需要设置重复表格的行列数、宽度和起始/结束行，如图12-18所示。设置完毕，单击"确定"按钮关闭对话框。

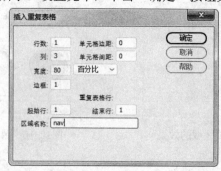

图12-18　"插入重复表格"对话框

4）按照步骤2）、3）的方法，插入其他需要的模板对象。本例插入一个可编辑区域和一个可选区域，分别用于放置帖子正文和版权声明。

5）执行"文件"/"另存为模板"菜单命令，保存文档。至此，一个嵌套模板就创建完成了，如图12-19所示。

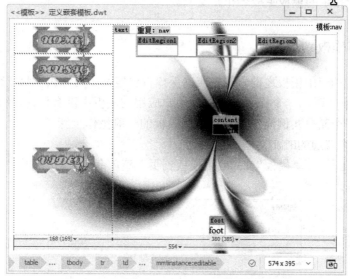

图12-19 在文档中添加模板对象生成嵌套模板

此外，还可以执行"文件"/"另存为模板"命令，将一个基于模板生成的新文档保存为嵌套模板。

在基于嵌套模板生成的文档中，可以添加或更改从基模板传递的可编辑区域、以及在新模板中创建的可编辑区域中的内容。

12.3 应用模板

在本地站点中，创建模板的主要目的是使用模板创建具有相同外观及部分内容相同的文档，使站点风格保持统一。

在文档中应用模板有两种方式：基于模板创建新文档、为现有文档应用模板。下面分别进行介绍。

12.3.1 基于模板创建文档

本章前面讲述的例子都是使用这种方式创建新文档，下面对这种方式的具体操作步骤进行说明。

1）执行"文件"/"新建"菜单命令，打开"新建文档"对话框。

2）单击"新建文档"对话框中的"网站模板"类别，然后在"站点"列表中选择要应用的模板所在的站点。

3）在"站点的模板"列表中选择需要的模板文件，并选中对话框右下角的"当模板改变时更新页面"复选框。

4）单击"创建"按钮，即可基于指定的模板创建一个新文档。

5）按编辑普通HTML文档的方法编辑新文档的页面内容。

统一网页风格

直接在需要的模板文件上单击鼠标右键，然后在弹出的快捷菜单中选择"从模板新建"命令，也可基于指定的模板生成一个新文档。

12.3.2 应用模板到页

为已有的文档应用模板之前，首先应确保模板已定义了可编辑区域，否则在应用模板时，Dreamweaver会弹出一个提示框，提示用户应用的模板中没有任何可编辑区域。

下面通过一个简单实例演示为文档应用模板的一般操作步骤。

1）打开一个普通的HTML文档。

2）执行"工具"／"模板"／"应用模板到页"菜单命令，打开如图12-20所示的"选择模板"对话框。

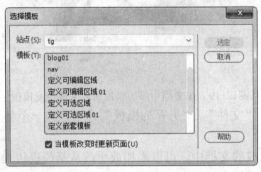

图12-20 "选择模板"对话框

3）在"站点"列表中选择要应用的模板所在的站点，然后在"模板"列表中选择需要的模板。本例选择本章制作的模板"nav"。

4）选中"选择模板"对话框底部的"当模板改变时更新页面"复选框。

5）单击"选定"按钮，弹出如图12-21所示的"不一致的区域名称"对话框，提示用户此文档中的某些区域在新模板中没有相应区域。

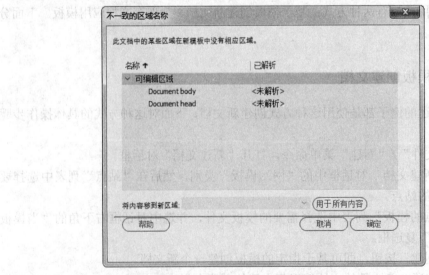

图12-21 "不一致的区域名称"对话框1

如果文档中的内容能自动指定到模板区域,则不会弹出此对话框。

6)选中列表中不一致的区域名称,此时"将内容移到新区域"下拉列表变为可用状态。

7)分别从下拉列表中选中"nav"模板中定义的可编辑区域名称"text"和"head"。此时,不一致的区域名称列表中选定的区域的状态由"<未解析>"变为指定的区域名称"text"和"head",如图12-22所示。

图12-22 "不一致的区域名称"对话框2

如果选择"不在任何地方"选项,则将该内容从文档中删除。

选择一个区域后,单击"用于所有内容"按钮,可将所有未解析的内容移到选定的区域。

8)单击"确定"按钮,应用模板。应用模板前后的页面效果如图12-23所示,右图为应用模板后在实时视图中的效果。

应用模板前

应用模板后

图12-23 应用模板前后的页面效果

注意：

将模板应用于现有文档时，该模板将用其标准化内容替换文档内容，所以
将模板应用于页面之前最好备份页面。

此外，用户也可以直接在"模板"面板中用鼠标拖动模板到要应用模板的文档中，或
单击"模板"底部的"应用"按钮，将指定的模板应用到当前编辑的文档中。

12.3.3 修改模板并更新站点

如果要对模板内容进行修改，可以在"模板"面板中双击要编辑的模板名称，或选中
模板后，单击"模板"面板底部的"编辑"按钮，即可打开模板进行编辑。

在Dreamweaver中，如果修改了模板，Dreamweaver CC 2018会询问是否修改应用该模
板的所有网页。用户也可以手动更新站点，轻松地批量更新所有应用同一模板的文档风格。

更新站点中所有应用当前模板的网页的具体操作步骤如下：

1）对模板进行修改之后，执行"修改"/"模板"/"更新页面"命令，弹出如图12-24
所示的"更新页面"对话框。

图12-24　"更新页面"对话框

2）在该对话框的"查看"下拉列表中选择页面更新的范围。

如果选择"整个站点"选项，可以在右侧的站点下拉列表中指定要更新的站点。

如果选择"文件使用"选项，可以在右侧的下拉列表中指定要更新的模板，并对站点
中所有使用该模板的文档进行更新。不使用该模板的文档不会被更新。

3）在"更新"区域选择"模板"，表明该操作更新的是站点中的模板及基于模板生
成的页面。

4）单击"开始"按钮，即可将模板的更改应用到站点中指定范围内的网页，并在"状
态"栏显示更新的状态信息。

12.3.4 全程实例——使用模板生成其他页面

在前面的章节中，我们已制作了个人网站实例的主页index.html，并将其另存为模板
layout.dwt。由于本网站实例中的页面布局基本相同，因此，本节将基于模板layout.dwt
制作"道听途说"的链接页面。具体步骤如下：

1）在"模板"管理面板的模板列表中右击layout.dwt，在弹出的快捷菜单中选择"从

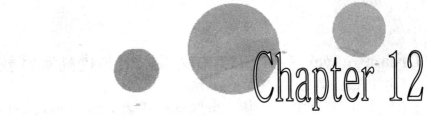

模板新建"命令，新建一个文档，然后命名为"write.html"。

在该文档中，除可编辑区域content以外，其他区域均不可编辑。

2）将第一行的"欢迎光临我的小屋"修改为"神农架梆鼓"。

3）删除content区域第二行的图像，在属性面板上设置单元格内容水平对齐方式为"左对齐"，垂直对齐方式为"顶端"，然后插入需要的文本，如图12-25所示。

图12-25　插入文本

接下来定义一个CSS规则，美化文本格式。

4）在文档工具栏单击"newcss.css"，切换到样式表文件的编辑窗口，添加如下的样式定义代码：

```
.textstyle {
        line-height: 120%;
        padding: 0 10px;
}
```

然后在"设计"视图中选中添加的文本，在属性面板上的"类"下拉列表中选择"textstyle"，应用样式，效果如图12-26所示。

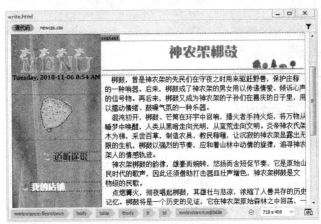

图12-26　格式化文本的效果

接下来定义规则，设置分隔条的样式。

5）打开"CSS设计器"面板，在"CSS源"列表中选择"newcss.css"，然后单击"添加选择器"按钮，输入选择器名称".line"。切换到"文本"列表，设置文本颜色为"#F60"、字体为"方正粗倩简体"、字号为"large"，且居中对齐；切换到"背景"属性列表，设置背景图像为一条分隔线，不重复，如图12-27所示。

图12-27　定义CSS属性

6）选中第三行单元格，在"属性"面板上设置单元格高度为37，在"目标规则"下拉列表中选择".line"。然后在单元格中输入文本"最新更新"。

7）切换到"代码"视图，修改第四行的滚动文本和链接设置。

由于在模板layout.dwt中设置了超链接的文本颜色为绿色，且无下划线，因此链接文本均显示为绿色，如图12-28所示。

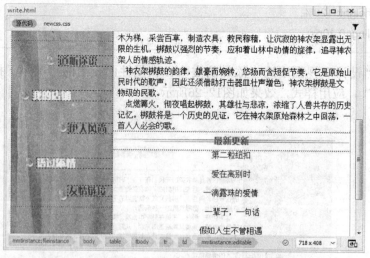

图12-28　应用样式的超链接文本

8）保存文件，按F12键在浏览器中预览页面效果。

至此，"道听途说"的链接页面制作完毕。

如果要制作其他文章的页面，可以将该页面另存为模板，并将文档正文部分定义为可编辑区域，然后基于该模板生成新的页面。只要在新页面中更改文章标题和内容，即可完

成一个页面的制作。

在制作"伊人风尚"的链接页面photo.html的过程中，为便于读者理解，没有使用模板，而是直接在index.html的基础上修改生成的。为便于网站以后的更新和维护，最好在创建网站之初，先创建模板layout.dwt，然后基于模板生成页面并修改。有关制作步骤这里不再赘述。

12.4　管理模板

在Dreamweaver中，用户可以对模板文件进行各种管理操作，如重命名、删除、分离文档所附模板等。下面分别进行简要介绍。

12.4.1　重命名模板文件

站点中的模板都存储在本地站点根目录下的Templates文件夹中，在"模板"面板的模板列表中也可以看到当前站点中的所有模板。如果要快速地在众多的模板列表中找到需要的模板，可以将模板命名为易记、方便识别的名称。

重命名模板文件的操作步骤如下：

1）在"模板"面板中单击要重命名的模板，然后在其名称的位置再次单击，即可使其名称处于可编辑状态。

2）输入需要的新名称。

3）按Enter键，或在模板名称区域以外的任意空白区域单击，即可重命名模板。

重命名模板后，系统将弹出一个对话框，询问是否要更新已应用此模板的文档。

12.4.2　删除模板

删除模板的操作步骤如下：

1）在"模板"面板的模板列表中选中要删除的模板。

2）单击"模板"面板底部的"删除"按钮🗑；或单击鼠标右键，从弹出的快捷菜单中选择"删除"命令；或者直接按下键盘上的Delete键。

执行以上操作后，Dreamweaver会打开一个对话框，询问是否确定要删除选定的模板。

3）单击"是"按钮，即可将指定模板从站点中删除。

12.4.3　分离文档所附模板

通过模板创建文档后，文档和模板就密不可分了，只要修改模板，就可以自动对文档进行更新。通常将这种文档称作附着模板的文档。如果希望能随意地编辑应用了模板的文件，可以将文档从模板中分离，即断开与模板的链接。

分离文档所附模板的操作步骤如下：

1）打开应用了模板的文档。

2）执行"工具"/"模板"/"从模板中分离"菜单命令，即可将文档与模板分离。

从图12-29a可以看出，文档与模板分离之前，在页面中可以看到可编辑区域的名称和标识，右上角可以看到模板的名称。文档与所附模板分离后，该文档变为一个普通文档，文档中不再有模板标记，如图12-29b所示。

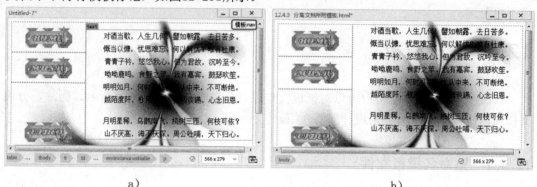

a)   b)

图12-29   文档从模板中分离前后的效果

12.5   应用库项目

在Dreamweaver中，可以将任何页面元素创建为库项目，如文本、表单、表格、图像、导航条，甚至Java程序、ActiveX控件和插件。库项目是一种扩展名为.lbi的特殊文件，所有的库项目都被保存在本地站点根目录下一个名为Library的文件夹中，每个站点都有自己的库。使用库项目时，Dreamweaver不是在网页中插入库项目，而是插入一个指向库项目的链接。也就是说，Dreamweaver将向文档中插入该项目的HTML源代码副本，并添加一个包含对原始外部项目的引用的HTML注释。

利用库可以实现对网站风格的维护。可以将某些文档中的共有内容定义为库项目，然后放置在文档中。修改库项目后，站点中使用库项目的所有页面自动更新。

注意：

Dreamweaver 需要在网页中建立来自每一个库项目的相对链接。库项目应该始终放置在 Library 文件夹中，并且不应向该文件夹中添加任何非.lbi 的文件。

12.5.1   "库"面板的功能

利用"库"面板可以完成大多数的库项目操作。执行"窗口"/"资源"命令，调出"资源"面板。单击"资源"面板左侧的库图标按钮，即可切换到"库"面板，如图12-30所示。"库"面板的上半部分显示的是当前选择的库项目的预览效果，下半部分则是当前站点中所有库项目的列表。

"库"面板底部的按钮是库项目操作的快捷菜单。各个按钮的作用如下：

- C: 刷新站点列表，更新库项目。
- ▣: 在库列表中新建一个库项目。
- ▷: 编辑当前在库列表中选中的库项目。
- 🗑: 删除当前在库列表中选择的库项目。
- 插入 : 将在库列表中选中的库项目插入到当前文档中。

图12-30 "库"面板

12.5.2 创建库项目

在Dreamweaver中，可以将单一的文档内容定义为库，也可以将多个页面元素的组合定义成库。在不同的文档中放入相同的库项目时，可以得到完全一致的效果。

下面通过一个简单实例演示创建库项目的一般操作步骤。

1）新建一个HTML文档，并在"页面属性"面板中将"链接文字"的颜色设置为白色，且始终无下划线。

2）在"设计"视图中插入一个2行4列的表格。选中第1行，单击属性面板上的"合并单元格"按钮▭合并单元格，然后在合并后的单元格中插入一幅图片。

3）选中第2行单元格，在属性面板上设置背景色为#81C58C（果绿色）。然后在单元格中输入文字，并为文本添加超链接。此时的效果如图12-31所示。

图12-31 将保存为库项目的页面元素

4）选中将保存为库项目的整个表格，执行以下操作之一将选中的内容添加为库项目：

- 将选中的内容拖动到"库"面板的库项目列表中。
- 执行"工具"/"库"/"增加对象到库"菜单命令。
- 单击"库"面板底部的"新建库项目"按钮▣。

此时会弹出如图12-32所示的对话框，提示用户由于样式表信息没有被同时复制，将所选的内容放入其他文档时效果可能不同。

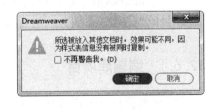

图12-32 提示对话框

5）为新建的库项目指定名称，然后按Enter键。

此时，该库项目对象将出现在库列表中。

6）切换到文档的"代码"视图，复制需要的样式代码，然后在文档窗口中打开创建的库项目文件，将复制的样式代码粘贴到库项目文件的"代码"视图。

统一网页风格

12.5.3 使用库项目

创建了库项目之后，就可以在需要库项目内容的页面中添加库项目。当向页面添加库项目时，将把库项目的实际内容以及对该库项目的引用一起插入到文档中。

下面通过一个简单实例演示在页面中使用库项目的一般操作步骤。

1）将插入点定位在"设计"视图中要插入库项目的位置。

2）打开"库"面板，从库项目列表中选择要插入的库项目。

3）单击"库"面板左下角的 插入 按钮，或直接将库项目从"库"面板中拖到文档窗口中。

此时，文档中会出现库项目所表示的文档内容，同时以淡黄色高亮显示，表明它是一个库项目。如图12-33所示。

在"文档"窗口中，库项目是作为一个整体出现的，无法对库项目中的局部内容进行编辑。如果只希望添加库项目的内容，不希望它作为库项目出现，可以在按住Ctrl键的同时，单击"库"面板左下角的 插入 按钮。此时插入的内容以普通文档的形式出现（图12-34），可以对其进行任意编辑。

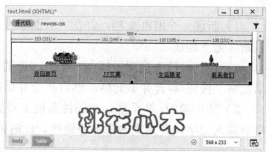

图12-33　在文档中插入库项目的效果　　　　图12-34　仅插入库项目的内容

12.6　管理库项目

在Dreamweaver中，可以对库项目进行各种管理操作，如重命名、删除、将库项目从源文件中分离等。下面分别进行简要介绍。

12.6.1 编辑库项目

编辑库项目首先要打开库项目。打开库项目有以下几种方式。

- 在"库"面板的库项目列表中选中要编辑的库项目，然后单击"库"面板底部的"编辑"按钮 。
- 打开一个已插入库项目的文档，选中库项目，然后在属性面板上单击"打开"按钮。
- 在"库"面板的库项目列表中双击要编辑的库项目。

打开库项目后，即可像编辑图片、文本一样编辑库项目。

提示： 编辑库项目时，"页面属性"对话框不可用，因为库项目中不能包含body标记或其属性。

库项目编辑完成后，保存库项目，此时Dreamweaver会弹出一个"更新库项目"对话框，询问是否要更新使用了已修改的库项目的文件。

单击"更新"按钮，则对库项目所做的更改将更新到页面中；否则不更新。

12.6.2　重命名、删除库项目

站点中的库项目都存储在本地站点根目录下的Library文件夹中，在"库"面板的库项目列表中也可以看到当前站点中的所有库项目。如果要快速地在众多的库项目中找到需要的库项目，可以将库项目命名为易记、方便识别的名称。

如果要重命名库项目，执行以下操作。

1）在"库"面板的库项目列表中单击要重命名的库项目，然后在其名称的位置再次单击，即可使其名称处于可编辑状态。

2）输入新名称。

3）按Enter键，或在库项目名称区域以外的空白位置单击，即可重命名库项目。

重命名库项目之后，将弹出一个对话框，询问是否更新已使用此库项目的文档。

如果不再需要某个库项目，最好将其删除，以节约资源。删除库项目的步骤如下：

1）在"库"面板的库项目列表中选中要删除的库项目。

2）单击"库"面板底部的"删除"按钮🗑；或单击鼠标右键，从弹出的快捷菜单中选择"删除"命令；或者直接按Delete键。

执行以上操作之后，会打开一个对话框，询问是否确定要删除选定的库项目。

3）单击"是"按钮，即可将指定的库项目从站点中删除。

注意： 删除库项目的操作只是删除了库项目文件，且删除后无法恢复。但已经插入到文档中的库项目内容并不会被删除。

12.6.3　重新创建库项目

上一节提到，删除库项目操作不可恢复，但该操作不会删除已插入到页面中的库项目内容。如果不小心误删除了某个库项目，利用Dreamweaver提供的"重新创建"功能，可以恢复以前的库项目文件。简单地说，"重新创建"就是将"文档"窗口中以前插入的库项目内容重新生成库项目文件。

例如，在库项目列表中删除了库项目topbar.lbi，然后打开使用了该库项目的文件，

统一网页风格

会发现插入的库项目的内容还在。选中将恢复为库项目的内容，然后单击属性面板上的"重新创建"按钮，即可重新创建一个名为"topbar.lbi"的库项目。

如果库项目列表中已有了一个名为"topbar.lbi"的库项目，则会显示一个提示框，提示用户使用该功能将覆盖现存的库项目文件。

如果是重建原来没有的库项目，执行"重新创建"命令之后，库项目不会立即出现在库项目列表中。单击"库"面板底部的"刷新站点列表"按钮 C，可以在库项目列表中看到重建的库项目。

12.6.4 更新页面和站点

编辑或重命名库项目以后，Dreamweaver会提示用户更新页面。如果选择"不更新"按钮，还可以在以后手动选择更新页面命令。

更新整个站点或所有使用特定库项目文档的操作步骤如下：

1）执行"工具"/"库"/"更新页面"菜单命令，弹出如图12-35所示的"更新页面"对话框。

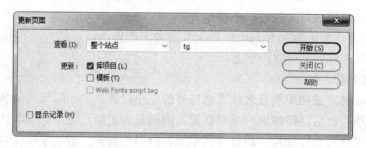

图12-35　"更新页面"对话框

2）在"查看"下拉列表中选择要更新的页面范围。有关选项的说明已在本章12.3.3节进行了说明，在此不再重复。

3）在"更新"区域选择"库项目"，表明要更新的是当前站点中使用了库项目的页面。

4）单击"开始"按钮，即可将库项目的更改应用到站点中指定范围内的网页。

12.6.5 将库从源文件中分离

与模板相似，在页面中使用了库项目以后，该文档中的库项目内容就与库项目密不可分了，只要修改了库项目，就可以自动对文档中相应的部分进行更新。如果希望能随意地编辑文档中的库项目内容，可以将库项目从源文件中分离。事实上，此时页面中的内容已不能称之为库项目内容了。

打开已使用库项目的文件，选中插入的库项目，然后在属性面板上单击"从源文件分离"命令，此时Dreamweaver会弹出一个如图12-36所示的对话框，提示用户把库项目变为可编辑状态之后，如果修改了库项目，该文档中相关的内容不会自动更新。

如果单击"确定"按钮，则确认操作，将当前选择的内容从库项目中分离出来；如果

选择"取消"按钮,则取消操作。

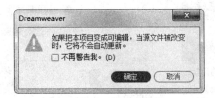

图12-36　警告对话框

提示：在将库项目拖到"文档"窗口的同时按下 Ctrl 键,也可以将库项目从源文件中分离。

12.6.6　全程实例——版权声明

网站的版权声明是一个重复使用的元素。本实例的版权声明制作步骤如下:

1)打开模板layout.dwt,将光标定位在表格最后一行,单击鼠标右键,在弹出的快捷菜单中选择"表格"/"插入行或列"命令。然后在弹出的对话框中选择插入"行",行数为1,位置为"所选之下",如图12-37所示,单击"确定"按钮插入一行单元格。

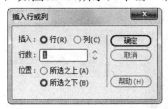

图12-37　"插入行或列"对话框

2)选中插入行的两列单元格,单击属性面板上的"合并所选单元格"按钮□合并为一行,并设置单元格内容水平对齐方式为"居中对齐",垂直对齐方式为"顶端"。单击"HTML"插入面板上的"图像"按钮□,插入一条分割线。

3)将光标置于插入的分隔线右侧,按Shift+Enter键插入一个软回车,然后输入需要的版权声明文本。

4)选中其中的邮箱地址,在属性面板的"链接"文本框中输入E-mail:vivi@website.com。此时的页面效果如图12-38所示。

版权所有 Copyright Vivi2017
Email:vivi@website.com

图12-38　页面效果

5)选中插入的版权内容,执行"工具"/"库"/"增加对象到库"菜单命令。然后在"库"管理面板的库项目列表中将新增的库项目重命名为"footer.lbi"。此时的页面

統一网页风格

效果如图12-39所示。

图12-39　页面中的库项目效果

6）执行"文件"/"保存"菜单命令，弹出"更新模板文件"对话框。单击"更新"按钮，弹出"更新页面"对话框，在"更新"区域选择"模板"和"库项目"选项，其他选项保留默认设置，然后单击"开始"按钮更新页面。

7）更新完毕，单击"关闭"按钮，然后按F12键在浏览器中预览页面，此时的页面效果如图12-40所示。

图12-40　页面效果

12.7 模板与库的应用

本章前几节已详细介绍了模板和库的相关操作，下面通过一个实例来加深读者对本章内容的理解。本例首先制作一个模板，并基于该模板生成页面布局相似的网页，然后制作一个版权声明的库项目，并添加到模板中。自动更新页面后，所有的页面中都将显示版权信息。

本例的制作步骤如下：

1）启动Dreamweaver CC 2018，新建一个HTML模板文件。在"页面属性"对话框中设置"链接文字"的颜色为黑色，且"始终无下划线"。

2）制作第一张页面，效果如图12-41所示。为了便于控制对齐格式，正文的内容部分放在一个2行1列的表格内。

3）选中页面中的正文部分，执行"插入"/"模板"/"可编辑区域"命令，弹出"新建可编辑区域"对话框，在"名称"文本框中输入"content"，单击"确定"按钮插入可编辑区域。

4）光标定位在第1列单元格中，单击鼠标右键，在弹出的快捷菜单中执行"表格"/"插入行或列"命令。在弹出的对话框中设置插入"行"，位置为"所选之下"，单击"确定"按钮插入一行单元格。选中插入的行，合并单元格，并在属性面板上设置单元格背景颜色为白色，单元格内容水平对齐方式为"居中对齐"，垂直对齐方式为"顶端对齐"。然后再插入一个可编辑区域copyright，用于插入版权信息。至此文档共有两个可编辑区域，如图12-42所示。

统一网页风格

图12-41　页面效果

图12-42　文档中的两个可编辑区域

5）执行"文件"/"保存"菜单命令，将文件保存为模板文件blog.dwt。

6）打开"库"面板，单击"库"面板底部的"新建库项目"按钮，建立一个名为

"copyright.lbi"的库项目。双击库项目"copyright.lbi",打开库项目文件。

7）单击"HTML"插入面板上的"水平线"按钮🔲，插入一条水平线。然后插入一个3行1列，宽为698像素，边框、边距和间距为0的表格，并设置表格"居中对齐"。选中所有单元格，设置单元格内容水平"居中对齐"，输入"版权"等文字之后保存文件。

8）打开"CSS设计器"面板，单击"添加CSS源"按钮，在弹出的下拉菜单中选择"在页面中定义"，单击"添加选择器"按钮，输入选择器名称.fontcolor，然后在"文本"属性列表中设置文本颜色为#F60。采用同样的方法，添加两个选择器a:link和a:hover，对应的CSS属性定义分别如图12-43和12-44所示。

图12-43　定义a:link属性　　　　　图12-44　定义a:hover属性

9）选中单元格中的文本，在属性面板上的"类"下拉列表中选择".fontcolor"，应用样式后的库项目"copyright.lbi"如图12-45所示。

图12-45　"copyright.lbi"项目的效果

10）删除模板blog.dwt中的可编辑区域copyright的占位文本，然后打开"库"管理面板，将库项目copyright.lbi拖到可编辑区域copyright内。此时的页面效果如图12-46所示。

11）打开"模板"管理面板，在模板列表中右击模板blog.dwt，在弹出的快捷菜单中执行"从模板新建"命令，新建基于模板的文档。此时可以发现在文档中只有正文部分和底部的可编辑区域是可编辑的。执行"文件"/"保存"命令保存文件，完成第一张网页的制作。

12）打开"模板"管理面板，右击blog.dwt模板，在弹出的快捷菜单中执行"从模板新建"命令，创建第二个基于模板的文档。修改正文的内容，此时的页面效果如图12-47所示。

13）按同样的方法制作其他网页。

14）打开"模板"管理面板，双击blog.dwt模板打开文件。修改模板页面左侧的链接，使之链接到上面制作的相应文件。然后新建CSS规则img，定义导航图片的边框为0，这样在浏览器中预览页面时不会显示导航图片的边框。

15）修改完链接，保存模板文档。此时会弹出"更新模板文件"对话框。单击"更新"按钮，更新使用模板的文件。然后单击"关闭"按钮完成网页制作。

图12-46　在网页中插入库项目

图12-47　第二张网页效果

16）保存文档。按F12键在浏览器中预览页面效果，分别如图12-48和12-49所示。单击左侧的导航栏图片"Music"，即可切换到如图12-48所示的网页。

图12-48　首页效果

图12-49　第二张网页效果

统一网页风格

265

第 13 章　动态网页基础

 **本章导读**

　　网络技术日新月异，如今的网络不再是早期的静态信息发布平台，它已被赋予更丰富的内涵。现在，我们不仅需要 Web 提供信息，还需要提供个性化服务功能，如可以收发 E-mail，可以进行网上销售，可以从事电子商务等。为实现以上功能，必须使用网络编程技术制作动态网页。

　　本章将简要介绍 Dreamweaver CC 2018 的部分动态网页功能，初学者可以从中体会 Dreamweaver 在编辑动态网页方面的优势，也可以为系统学习动态网页做一个铺垫。

学习要点

- 📖 安装、配置 IIS 服务器
- 📖 设置虚拟目录
- 📖 连接数据库
- 📖 制作动态网页元素

13.1 动态网页概述

动态网页技术的出现使得网站从展示平台变成了网络交互平台。基于数据库技术的动态网站，不但可以大大降低网站更新和维护的工作量，还可以实现网站和访问者的互动。

本书第1章中已介绍过静态网页和动态网页的区别。动态网页URL的扩展名不是.htm、.html、.shtml、.xml等静态网页的常见形式，而是以.asp、.jsp、.aspx、.php、.perl等形式为后缀，并且在动态网页网址中通常有一个标志性的符号"？"。

动态网页其实就是建立在B/S（浏览器/服务器）架构上的服务器端脚本程序，当客户端用户向Web服务器发出访问该脚本程序的请求时，Web服务器将根据用户所访问页面的扩展名确定该页面所使用的网络编程技术，然后把该页面提交给相应的解释引擎。解释引擎扫描整个页面找到特定的定界符，并执行位于定界符内的脚本代码以实现不同的功能，然后把执行结果（一个静态网页）返回Web服务器。最终，Web服务器把执行结果连同页面上的HTML内容以及各种客户端脚本一同传送到客户端。因此，动态网页能够根据不同的时间、不同的来访者而显示不同的内容，还可以根据用户的即时操作和即时请求使动态网页的内容发生相应的变化。

动态网站具有以下显著优点：

● 可显著提高网站维护的效率。

● 网站的内容保存在数据库中，便于搜索、查询、分类和统计。

● 可以实现网站与访问者的互动。

Dreamweaver提供了众多的可视化设计工具、精简而高效的应用开发环境以及代码编辑支持。使用Dreamweaver CC 2018可视化的方式编辑动态网页的页面布局，配合高效的代码编辑环境编写程序代码，就能开发出功能强大的网络应用程序。

13.2 安装IIS服务器

在创建动态网页之前，首先要安装和设置Web服务器，并创建数据库。

推荐初学者使用IIS（Internet Information Server，因特网信息服务系统）。该服务器能与Windows操作系统无缝结合，且操作简单。

下面就以Windows 7旗舰版操作系统为例，讲解安装IIS 7的步骤。

> **注意：** Windows 7旗舰版、Windows 7专业版和Windows 7企业版才有IIS组件，Windows 7家庭版没有IIS。此外，只有管理员组的成员才能安装IIS。

1）依次选择"开始"/"控制面板"/"程序"/"程序和功能"/"打开或关闭Windows功能"，打开如图13-1所示的"Windows功能"对话框。

2）单击选中"Internet信息服务"复选框，然后单击折叠按钮展开组件，按照如图

动态网页基础

13-2所示选中"Internet信息服务"的组件。建议初学者全部选中，然后单击"确定"按钮开始安装，如图13-3所示。

安装完成后，在安装操作系统的硬盘目录下可以看到一个名为Inetpub的文件夹，这就说明刚才的安装成功了。

> **提示：** 笔者假定使用 ASP 程序开发动态页，因此选中了"应用程序开发功能"/
> "ASP"。读者可以根据自己的需求进行选择。

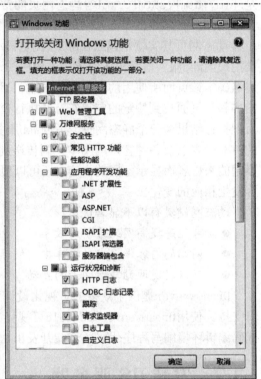

图13-1 "Windows功能"对话框1　　　　　图13-2 "Windows功能"对话框2

下面测试一下Web服务器IIS能否正常运行。最简单的方法就是直接使用浏览器输入http://+计算机的IP地址，或输入http://localhost后按Enter键，如果可以看到IIS的默认页面（见图13-4）或创建的网站的主页，则代表IIS运行正常，否则检查计算机的IP地址是否设置正确。

下面测试一下 ASP 网页能否正常运行。使用任何熟悉的文本编辑器（如 Windows 自带的"记事本"程序），编写如下代码：

```
<%
    Response.write ("欢迎来到ASP世界")
%>
```

将文件保存到\Inetpub\wwwroot 目录下，命名为 test.asp。然后打开浏览器，在地

址栏中输入 http://localhost/test.asp，如果得到如图 13-5 所示的显示页面，则说明
IIS 运行正常。

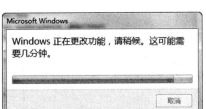

图13-3　更改Windows功能

图13-4　IIS的默认页面

图13-5　显示的页面

动态网页基础

13.3　配置 IIS 服务器

安装IIS之后，就可以利用IIS在本机上创建Web站点了，但在此之前必须进行相应的
设置。下面介绍配置IIS 7服务器的一般步骤。

1）选择"开始"/"控制面板"/"系统和安全"/"管理工具"命令，打开如图13-6
所示的面板。

2）在面板右侧的列表中双击"Internet信息服务（IIS）管理器"，打开如图13-7所
示的IIS管理器面板。

3）双击"IIS"区域的"ASP"，在弹出的对话框中启用父路径，即将对应的值设置
为"True"，如图13-8所示，然后在"操作"栏中单击"应用"按钮保存设置。

4）单击管理器面板左侧的根节点，展开树状目录。单击"网站"下的"Default Web
Site"节点，然后单击窗格底部的"内容视图"按钮，则右侧的窗格中将显示默认的Web

Dreamweaver CC 2018 中文版入门与提高实例教程

主目录下的目录以及文件信息，如图13-9所示。

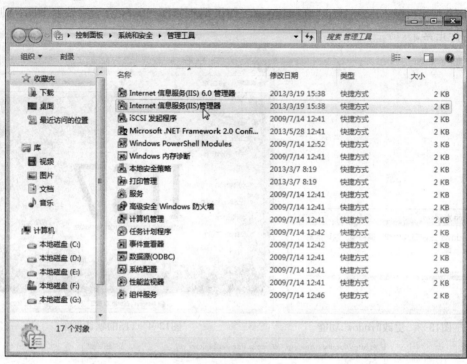

图13-6 "管理工具"面板

图13-7 IIS管理器面板

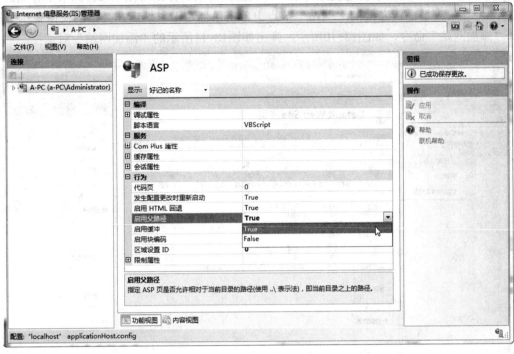

图13-8　启用父路径

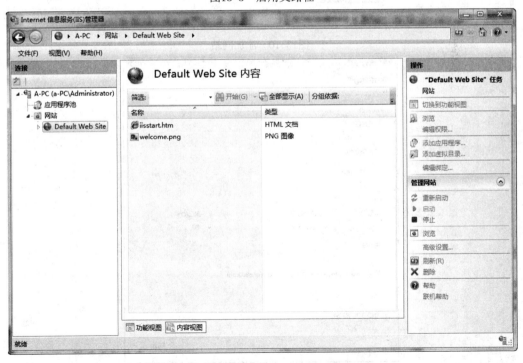

图13-9　默认网站节点下的目录及文件信息

主目录是指服务器上映射到站点域名的文件夹。成功安装IIS之后，Web站点默认的主

Dreamweaver CC 2018 中文版入门与提高实例教程

目录是: 系统安装盘符:\inetpub\wwwroot。如果要用来处理动态页的文件夹不是主目录或其任何子目录，则必须创建虚拟目录。有关虚拟目录的介绍将在本章13.4节中介绍。

5) 在管理器面板左侧的"网站"节点上单击鼠标右键，然后在弹出的快捷菜单上选择"添加网站"命令，如图13-10所示，弹出如图13-11所示的"添加网站"对话框。

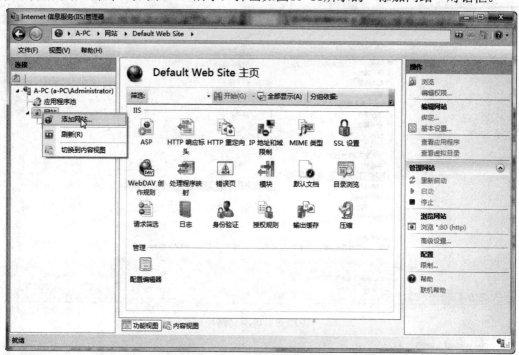

图13-10　添加网站

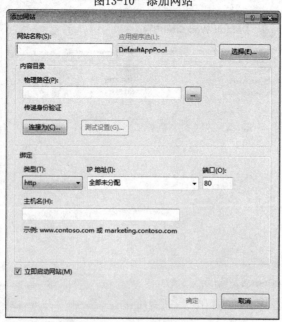

图13-11　"添加网站"对话框

6) 在"网站名称"文本框中输入网站名称。

7）在"物理路径"文本框中键入网站路径，如F:\inetpub\wwwroot\test。
此时单击"测试设置"按钮，将弹出如图13-12所示的"测试连接"对话框。

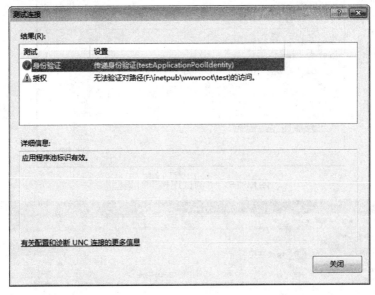

图13-12　"测试连接"对话框

单击"关闭"按钮关闭对话框。

8）单击"连接为"按钮，弹出如图13-13所示的"连接为"对话框，选择"特定用户"作为路径凭据，然后单击"设置"按钮打开如图13-14所示的"设置凭据"对话框。

在这里必须输入主机系统管理员的用户名和密码，否则无权访问硬盘分区，然后单击"确定"按钮关闭对话框。

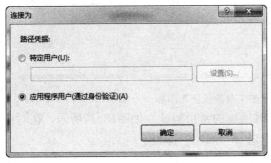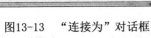

图13-13　"连接为"对话框　　　　　　　图13-14　"设置凭据"对话框

9）在"添加网站"对话框中设置站点的IP地址和TCP端口，端口号默认为80。指定主机名，然后单击"确定"按钮关闭对话框。

接下来检查网页的身份验证。此时再单击"测试连接"按钮，即可授权通过了。如图13-15所示。

10）切换到"功能视图"，双击"IIS"区域的"身份验证"图标，如图13-16所示，打开对应的身份验证面板。

动态网页基础

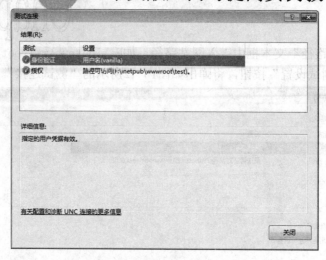

图13-15　"测试连接"对话框

图13-16　双击"身份验证"图标

11）在要调试的站点上启用安装IIS时增加的身份验证。如图13-17所示，在对应的选项上单击鼠标右键，在弹出的快捷菜单中选择"启用"即可。

注意： 身份验证是在要调试的站点上启用，而不是在要调试的应用程序目录！

12）切换到"默认文档"选项卡，如图13-18所示。修改浏览器默认的主页及调用顺序。选中一个默认文档后，在"操作"栏单击"上移"按钮✿或"下移"按钮✹，即可调整优先级，如图13-19所示。如果列表中没有需要的默认文档，单击"操作"栏的"添加"按钮，在弹出的"添加默认文档"对话框中输入文档名称即可。

13）设置完成后，单击"确定"按钮关闭窗口。

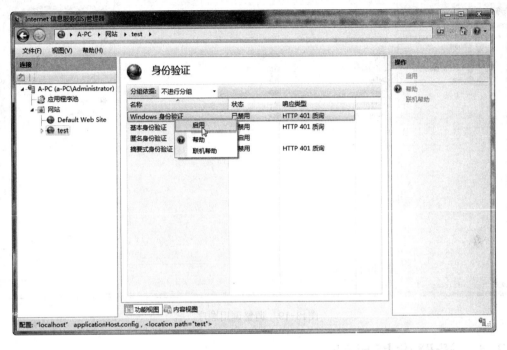

图13-17　启用身份验证

图13-18　设置默认文档

图13-19　调整调用顺序

13.4　设置虚拟目录

尽管用户可以随意设置网站的主目录，但是除非有必要，并不建议直接修改默认网站的主目录。如果不希望把网站文件存放到x:\inetpub\wwwroot目录下，或动态网页所在的文件夹不是主目录或其子目录，可以通过创建指向站点文件夹的虚拟目录来解决。

创建IIS 7虚拟目录的操作步骤如下：

1）在"Internet信息服务（IIS）管理器"窗口左侧窗格中的网站节点上单击鼠标右键，从弹出的快捷菜单中选择"添加虚拟目录"命令，打开如图13-20所示的"添加虚拟目录"对话框。

图13-20　"添加虚拟目录"对话框

"路径"显示将包含虚拟目录的应用程序。如果在网站级别创建虚拟目录，则显示为"/"，如图13-20所示。如果在应用程序级别创建虚拟目录，则显示为该应用程序的名称。

2）在"别名"文本框中输入要建立的虚拟目录的名称。在设置虚拟目录的别名时需要注意以下两点：

● 别名不区分大小写。

● 不能同时存在两个或多个别名相同的虚拟目录。

3）单击"物理路径"右侧的"浏览"按钮 ，在弹出的"浏览文件夹"对话框中选择要建立虚拟目录的文件夹的物理路径。

4）单击"连接为"按钮，在弹出的"连接为"对话框中设置连接到指定物理路径的方式，如图13-21所示。

5）单击"测试设置"按钮，在打开的"测试设置"对话框中可以查看测试结果列表，并评估路径设置是否有效。

6）单击"确定"按钮，完成虚拟目录的创建。此时，在"Internet信息服务管理器"的"虚拟目录"页面可以看到新创建的虚拟目录，如图13-22所示。

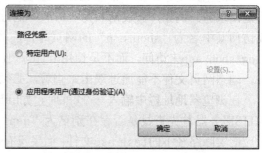

图13-21 "连接为"对话框

图13-22 "虚拟目录"页面

主目录和虚拟目录都是IIS服务器的服务目录，这些目录下的每一个文件都对应着一

动态网页基础

个URL，都能够被客户访问。创建虚拟目录之后，将应用程序放在虚拟目录下有以下两种方法：

- 直接将网站的根目录放在虚拟目录下面。例如，应用程序的根目录是"blog"，直接将它放在虚拟目录下，路径为"[硬盘名]：\Inetpub\wwwroot\blog"。此时对应的URL是"http://localhost/blog"。
- 将应用程序目录放到一个物理目录下（例如，D:\blog），同时用一个虚拟目录指向该物理目录。

此时，用户可通过虚拟目录的URL来访问它，而不需要知道对应的物理目录。一旦应用程序的物理目录改变了，只需更改虚拟目录与物理目录之间的映射，就可以仍然用原来的虚拟目录来访问它们。

在这里，初学者需要注意的是，通过URL访问虚拟目录中的网页时应该使用别名，而不是目录名。例如，假设别名为"blog"的虚拟目录对应的实际路径为..\mywork\blog，要访问其中名为"shop.asp"的网页时，应该在浏览器地址栏中输入http://localhost/blog/shop.asp来访问，而不是使用http://localhost/mywork/blog/shop.asp来访问。另外，动态网页文件不能通过双击来查看，必须使用浏览器访问。

在浏览器地址栏中输入一个URL时，如http://localhost/asp/test.asp，本地主机上的IIS服务器首先查找是否存在别名为"asp"的虚拟目录，如果有，就显示asp虚拟目录对应的实际路径下的test.asp文件；如果没有，则查找主目录下的asp文件夹下的test.asp文件，如果找不到该文件，则返回出错信息。

13.5 制作动态网页的步骤

在Dreamweaver中，利用可视化工具，不必编写复杂的编程逻辑，就可以便捷地开发动态Web站点。Dreamweaver可以使用几种流行的Web编程语言和服务器技术创建动态Web站点，例如ColdFusion、ASP和PHP等。

创建一个动态页面可分为创建静态页面、创建动态数据源、在静态页中添加动态内容、添加服务器行为、测试和调试网页5个步骤。下面分别进行说明。

1）新建一个静态页面，并使用Dreamweaver提供的设计工具创建页面的结构和布局。

2）创建数据库和数据表，并定义提取数据的记录集。如果要查询数据库，就必须定义记录集，以便从数据库中提取数据。所谓记录集，是从一个或多个表中提取的数据子集，一个记录集也是一张表。

3）为页面对象绑定数据，创建动态内容。所谓绑定数据，是指将页面对象与数据库中存储的数据建立关联。

4）添加服务器行为。

编写动作脚本，将复杂的应用程序逻辑结合到网页中，从而提供强大的交互性能和功能。

5）测试和调试网页。

Dreamweaver提供了3种编辑环境：可视化编辑环境、活动数据编辑环境、代码编辑环境。当然，用户还可以使用其他的调试工具进行实时的跟踪调试。

13.6　连接数据库

在将数据库中的数据绑定到ASP应用程序之前，必须建立一个数据库连接，否则，Dreamweaver无法使用数据库作为动态页面的数据源。

所谓建立数据库连接，就是建立数据库连接文件，在连接文件中指明数据库驱动程序和数据库路径的过程。站点中每一个数据库都对应一个独立的连接文件。创建的连接文件放置在站点根目录下自动生成的Connections文件夹中。

存储在数据库中的数据通常有专有的格式，Web应用程序在试图访问这种格式的数据时无法解释这些数据，这就需要在Web应用程序与数据库之间存在一个软件接口，以允许应用程序和数据库互相进行通信。例如，ColdFusion和JSP应用程序使用JDBC，ASP应用程序使用ODBC。

所谓ODBC，即开放数据库连接（Open DataBase Connection），在不同的数据库管理系统上存取数据。例如，如果有一个可使用SQL语句存取数据库中记录的程序，此时ODBC可以让用户使用此程序直接存取Microsoft Access数据库中的数据。

创建连接文件连接数据库时，需要定义连接字符串，在Web应用程序和数据库之间创建ODBC连接。Dreamweaver在服务器端脚本中插入连接字符串，以便应用程序服务器随后进行处理。连接字符串是一个包含了很多参数的字符串，参数之间用分号分隔，这些参数包含了Web应用程序在服务器上连接到数据库所需的全部信息。

对于Access和SQL Server数据库，连接字符串具有如下语法格式。

ODBC:

Driver={ Driver (*.mdb)};DBQ=[DSN]

OLE DB:

Provider=[OLEDBProvider];Server=[ServerName];Database=[DatabaseName];UID=[UserID];PWD=[Password]

其中涉及的参数简要说明如下：

- Provider: 指定数据库的OLE DB提供程序。如果没有Provider参数，则将使用ODBC的默认OLE DB提供程序，而且必须为数据库指定适当的ODBC驱动程序。

下面分别是Access、SQL Server和Oracle数据库的常用OLE DB提供程序的参数：Provider=Microsoft.Jet.OLEDB.4.0；Provider=SQLOLEDB；Provider=OraOLEDB。

- Driver: 指定在没有为数据库指定OLE DB提供程序时，使用的ODBC驱动程序。
- Server: 指定承载SQL Server数据库的服务器，这种情况下，指Web应用程序和数据库服务器，不在同一台服务器上运行。
- Database: 为SQL Server数据库的名称。
- DBQ: 为指向基于文件的数据库（如在Access中创建的数据库）的路径。该路径是在承载数据库文件的服务器上的路径。
- UID: 为连接数据库的用户名。

动态网页基础

279

● PWD: 为用户密码。

● DSN: 为数据源名称。这种情况下，指已经在服务器上定义的DSN名称。

对于其他类型的数据库，连接字符串可能不使用上面列出的参数，或者可能对于这些参数有不同的名称或用途。

下面以连接Access数据库为例，讲解使用连接字符串连接数据库的一般方法。

例如，连接c:\inetpub\wwwroot\blog\data目录下一个名为product.mdb的Access库，该库具有密码admin，则应输入如下的字符串：

Provider=Microsoft.Jet.OLEDB.4.0;Data Source=c:\inetpub\wwwroot\blog\data\product.mdb;Persist Security Info=False; Jet OLEDB:Database Password=admin

如果没有在连接字符串中指定OLE DB提供程序（即没有包含Provider参数），ASP将自动使用用于ODBC驱动程序的OLE DB提供程序。这种情况下，必须为数据库指定适当的ODBC驱动程序。实现同样功能的ODBC方式连接字符串如下：

Driver={Microsoft Access Driver (*.mdb)};DBQ= c:\inetpub\wwwroot\blog\data\product.mdb;PWD=admin

提示： 初学者一定要注意，Driver 和(*.mdb)之间有一个空格。

如果用户的站点由ISP承载，且不知道数据库的完整路径，则要在连接字符串中使用ASP服务器对象的MapPath方法。

MapPath方法采用虚拟路径为参数，返回文件的物理路径和文件名。该方法的语法如下：

Server.MapPath("/virtualpath")

假定文件的虚拟路径是/website/index.html，那么以下表达式将返回它的物理路径：

Server.MapPath("/website/index.html")

则连接到虚拟路径为/website/data/product.mdb的Microsoft Access数据库，可以使用如下的连接字符串：

"Driver={Microsoft Access Driver (*.mdb)};

DBQ=" & Server.MapPath("/website/data/product.mdb")

13.7 定义数据源

在一个站点中可能不止一个数据库，一个数据库中又往往包含多个结构不同的数据表。应用程序服务器不能直接与数据库进行通信，只能通过数据库驱动程序作为媒介才能与数据库进行通信，因此，将动态内容添加到页面中之前，必须定义一个数据源提供动态内容。

在驱动程序建立通信之后，可以对数据库执行查询并创建一个记录集。数据源可以是记录集中的一个域、表单的提交值，或者是类似会话变量或应用程序变量的服务器对象。

13.7.1 定义记录集

网页不能直接访问数据库中存储的数据，如果需要在应用程序中使用数据库，必须通过记录集这个中介媒体将数据库和网页应用程序关联起来。记录集是针对具体的数据库和动态网页进行工作的，相当于一个临时数据表，用于存放从数据库的一张数据表或多张数据表中所取得的满足条件的有效数据，是通过数据库查询从数据库中提取的信息（记录）的子集，它是动态网页的直接数据来源。

记录集由查询来定义。查询是一种专门用于从数据库中查找和提取特定信息的搜索语句，由搜索条件组成，这些语句决定记录集中应该包含什么，不应该包含什么。Dreamweaver使用结构化查询语言SQL来生成查询，并写入到网页的服务器端脚本或标签中，通过不同的SQL语句从数据库的一个表或者多个表中查询需要的数据组成一个记录集，以满足用户查询数据库中各种数据并应用在ASP程序中的要求。可以说，程序中所有查询数据库数据的操作，都可以通过记录集来实现。

下面是一个用SQL编写的简单的数据库查询：

SELECT ID,name,score

FROM employees

该语句将创建一个3列的记录集，并用包含数据库中所有员工的编号、姓名和考核成绩的行填充该记录集。

记录集从数据源中获取数据以后就断开了与数据源之间的连接。完成了各项数据操作以后，还可以将记录集中的数据送回数据源。由于Web服务器会将记录集临时存放在内存中，使用较小的记录集将占用较少内存，所以为了改善服务器的性能，在定义记录集时，应尽量包含应用程序需要的数据域和记录。记录集建立完成后，应在动态网页代码中添加一个文件包含语句，指定网页所使用的数据库连接文件。

13.7.2 定义变量

如果选择ASP服务器技术，还可以创建3种数据源：请求变量、阶段变量和应用程序变量。下面分别进行说明。

1. 请求变量

请求变量可以从客户浏览器端传送到服务器端中的数据中获取信息。例如，在交互表单中，用户输入表单数据，然后单击"提交"按钮，这些表单数据将传送到服务器端，此时请求变量将获取客户端的数据。

请求变量有如下6种类型，其含义简述如下：

- Request: 用于获取任何基于 HTTP 请求传递的所有信息，包括从 HTML 表单用 POST 方法或 GET 方法传递的参数、Cookie 和用户认证。
- Request.Cookie: 用于获取在 HTTP 请求中发送的 Cookie 的值，或获取客户端存储的 Cookie 值。

动态网页基础

Cookie是一个标签，是一个唯一标识客户的标记。每个Web站点都有自己的标记，标记的内容可以随时读取，但只能由该站点的页面完成。一个Cookie可以包含在一个会话或几个会话之间某个Web站点的所有页面共享的信息，使用Cookie还可以在页面之间交换信息。

● Request.QueryString: 检索HTTP查询字符串中变量的值，HTTP查询字符串由问号后的值指定。

● Request.Form: 用于获取客户端表单上所传送给服务器端的数据。

● Request.ServerVariable: 获取客户端信息以做出响应。

例如：可以使用Request.ServerVariable("REMOTE_ADDR")获取用户的IP地址，使用<%=Request.ServerVariable("REMOTE_ADDR")%>语句时使用该IP地址。

● Request.ClientCertificate: 用于获取客户端的身份认证信息。

2．阶段变量

使用阶段变量可以跟踪客户信息，如Web页面注册统计。在创建会话时，服务器会为每一个会话生成一个单独的标识。会话标识以长整形数据类型返回。

例如，在源代码中写入Session（"CustomID"）表示使用阶段变量（CustomID）存储访问者的登陆ID，并在网页中显示。

3．应用程序变量

使用应用程序变量可以在给定应用程序的所有用户之间共享信息，并在服务器运行期间持久的保存数据。

例如，在源代码中写入Application（"App1"）可定义一个名为App1的应用程序变量。

13.8　设置实时视图

Dreamweaver的实时数据编辑环境能够让网页设计人员在编辑环境中实时预览可编辑数据的Web应用，有效地提高工作效率，减少重复劳动。

1）在Dreamweaver的文档窗口顶部单击"实时视图"按钮，切换到实时视图。

2）在文档窗口左侧的通用工具栏上单击"实时视图选项"按钮，在弹出的菜单中选择"HTTP请求设置"命令，如图13-23所示，打开如图13-24所示的实时视图设置对话框。

图13-23　实时视图选项菜单

图13-24　"实时视图设置"对话框

在该对话框中，用户可以通过添加URL请求来查看动态数据。

3）单击该对话框顶部的"添加URL请求"按钮⊞，为每一个变量指定名称和测试值，如"名称"为username，"值"为vivi。

4）在"方法"后面的下拉列表框中选择网页递交表单时的方式，POST或GET。默认为GET。有关POST和GET的说明，读者可参阅本书第9章9.1.1节的内容。

5）选中"保存该文档的设置"复选框。

6）设置完成后，单击"确定"按钮关闭对话框。

7）保存文档。按F12键在浏览器中预览页面效果，在浏览器的地址栏中可以看到添加的URL请求，如图13-25所示。

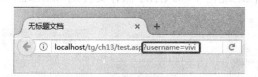

图13-25　URL请求

13.9　制作动态网页元素

在动态网页中用到的动态元素有很多种，如动态表单对象、动态图片和动态文本等。

在Dreamweaver CC 2018中，几乎可以将动态内容放在Web页或其HTML源代码的任何地方。Dreamweaver在页面的代码中插入一个服务器端脚本，以指示服务器在浏览器请求该页面时，将内容源中的数据传输到页面的HTML代码中。

下面通过创建计数器的实例简要介绍在网页中添加动态内容的方法。

1）新建一个html文件，另存为asp文件。然后切换到"代码"视图，在文档声明<!doctype html>顶部添加一行代码<%LANGUAGE="VBSCRIPT"%>。

也可以直接使用"记事本"编写代码，然后另存为asp文件。

2）在文档窗口中输入"欢迎光临我的个人主页，您是访问我们的第***位客户。"

3）在"CSS设计器"面板中编写规则，定义背景图像和文本样式。代码如下：

```
<style type="text/css">
body {
background-image: url(images/summer040.jpg);
}
.fontstyle {
color: #90C;
font-size: xx-large;
text-align: center;
}
body,td,th {
```

```
    font-family: "新宋体";
}
</style>
```

4）切换到"文档"窗口的"代码"视图，在<html>之前加入如下代码：

```
<%
Application ("counter") =Application ("counter") +1
%>
```

5）在"代码"视图中选择"***"字样，替换为<%= Application("counter") %>。则"设计"视图中的"***"将被ASP占位符代替，如图13-26所示。

6）执行"文件"/"保存"命令，将修改后的文档保存到本地站点中。

7）打开浏览器，在地址栏中输入刚才保存文件的URL地址，则会打开ASP页面，显示如图13-27所示。

图13-26　将记录绑定到页面上　　　　　　图13-27　实例效果图

每单击一次"刷新"按钮，可以看到计数器的数值就会增加1。新创建的网站，由于没有太多的宣传，每天的访问量不大。这时可以通过改变Application("counter")的数值来显示较大的数字。只要将

```
<%
Application ("counter") =Application ("counter") +1
%>
```

修改为如下所示的代码：

```
<%
If Application ("counter") < 999 then
Application ("counter") =999
End If
Application ("counter") =Application ("counter") +1
%>
```

即可。这样当该网页被访问时计数器的数字是从1000开始。

13.10　全程实例——"我的店铺"页面

本节讲述制作导航图片"我的店铺"的链接页面。该页面读取数据库中的商品数据，

并将商品分页显示。

1）启动Microsoft Access，新建一个名为"product.mdb"的数据库。然后在弹出的对话框中双击"使用设计器创建表"，在打开的表设计视图中设计表结构。如图13-28所示。

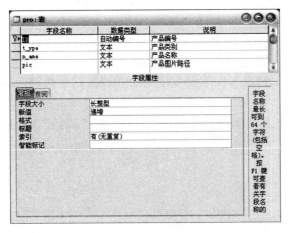

图13-28 设计表结构

2）将设计的表保存为"pro"。然后在弹出的对话框中双击表名称"pro"，在打开的视图中添加表记录，如图13-29所示。

ID	t_type	n_ame	pic
1	纸巾套	Q版奶牛纸巾抽	images/s1.jpg
2	纸巾套	草莓圆形纸巾筒/纸巾套	images/s2.jpg
3	编织筐	毛绒小熊玉米皮手机插/	images/b1.jpg
4	化妆盒	粉蓝化妆品收纳盒	images/h1.jpg
5	钥匙扣	悠嘻猴情侣钥匙链	images/y2.jpg
6	钥匙扣	金色小老鼠钥匙扣	images/y1.jpg

记录: ◄ 第1项(共6项) ► ►I ►∗ 无筛选器 搜索

图13-29 添加表记录

3）保存数据表后，关闭Access。然后执行"文件"/"新建"菜单命令，新建一个HTML文件。切换到"代码"视图，删除所有默认的代码，并保存为"shop.asp"。然后在"代码"视图中添加语句<%@LANGUAGE="VBSCRIPT" CODEPAGE="65001"%>，声明文档类型。

为保持网站页面的统一风格，"shop.asp"的页面布局将设计为与其他HTML页面一样的布局。读者可以按照前面讲述的主页制作过程重新设计"shop.asp"的页面布局。一个简单的方法是将模板的布局复制到动态页面。步骤如下：

4）打开index.html，将其另存为HTML页面。然后执行"工具"/"模板"/"从模板中分离"菜单命令。

index.html是基于模板新建的，带有模板标记。这一步骤可以删除代码中不需要的模板标记，从而可以直接复制到"shop.asp"页面。

5）切换到HTML文件的"代码"视图，从"<head>"开始，选择以下所有的代码，然后右击，在快捷菜单中选择"拷贝"命令。

动态网页基础

285

6) 切换到"shop.asp"的"代码"视图，右击，在弹出的快捷菜单中选择"粘贴"命令。此时，在"设计"视图中可以看到，除了模板标记，shop.asp的页面布局和内容与index.html一样。

7) 在正文区域将"欢迎光临我的小屋"修改为"欢迎光临我的小店"。

8) 删除正文区域第2行～第4行的内容，并切换到"代码"视图，删除第4行单元格中的<marquee>标记。然后选中第2行～第4行单元格，单击属性面板上的"合并所选单元格"图标按钮，将所选单元格合并为一行。

9) 在属性面板上将合并的单元格内容的水平对齐方式设置为"居中对齐"，垂直对齐方式设置为"顶端"，然后单击"HTML"面板上的"表格"图标按钮，在弹出的"表格"对话框中设置行数为2、列数为4、表格宽度为480像素、边框粗细为1像素，标题位置为"顶部"。

10) 选中表格，在属性面板上设置其"填充"和"间距"均为2。然后在属性面板上的"类"下拉列表中选择已定义的规则.tableborder,.tableborder td。此时的页面效果如图13-30所示。

图13-30　设置表格边框样式

11) 选中第1行单元格，在属性面板上设置单元格高度为30，然后分别输入需要的文本内容。例如：编号、产品名称、类别、缩略图。选中

12) 选中第2行的第2列单元格，设置单元格内容水平对齐方式设置为"左对齐"，垂直对齐方式设置为"居中对齐"；按住Ctrl键选中第2行的第1列、第3列和第4列单元格，设置单元格内容水平"居中对齐"，单元格高度为150。然后在第4列单元格中插入一幅图像，此时的页面效果如图13-31所示。

以上的工作都完成后，下面就该用程序读取数据库中的数据了。首先需要创建一个数据库连接文件，让asp程序可以访问数据库。

13) 在根目录下创建一个名为"Connections"的文件夹，并在文件夹中创建一个名为"conn.asp"的文件。然后打开"conn.asp"文件，在"代码"视图中插入如下代码：

```
<%
Dim myconn_STRING,db
db="data/product.mdb"
```

```
myconn_STRING     =     "Driver={Microsoft     Access     Driver     (*.mdb)};DBQ= "     &
Server.MapPath(""&db&"")
%>
```

图13-31　页面效果

14）切换到"shop.asp"的"代码"视图，在文档声明下添加如下一行语句：

```
<!--#include file="Connections/conn.asp" -->
```

即可将数据库链接信息包含到当前页面。

接下来定义记录集，在数据表"pro"中筛选数据。

15）在"shop.asp"的"代码"视图中输入如下代码：

```
<%
Dim rs1
Dim rs1_cmd
Dim rs1_numRows
Set rs1_cmd = Server.CreateObject ("ADODB.Command")
rs1_cmd.ActiveConnection = myconn_STRING
rs1_cmd.CommandText = "SELECT * FROM pro"
rs1_cmd.Prepared = true

Set rs1 = rs1_cmd.Execute
rs1_numRows = 0
%>
```

16）切换到"拆分"视图，将光标定位在表格的第2行第1列的单元格中，然后在"代

动态网页基础

287

码"视图中删除单元格中多余的空格,输入<%=(rs1.Fields.Item("ID").Value)%>。

17)按照步骤16)的方法,分别在第2列和第3列单元格中绑定数据<%=(rs1.Fields.Item("n_ame").Value)%>和<%=(rs1.Fields.Item("t_ype").Value)%>。

18)选中插入的图片,在"代码"视图中将<img>标签的src属性修改为<%-(rs1.Fields.Item("pic").Value)%>。此时的页面效果如图13-32所示。

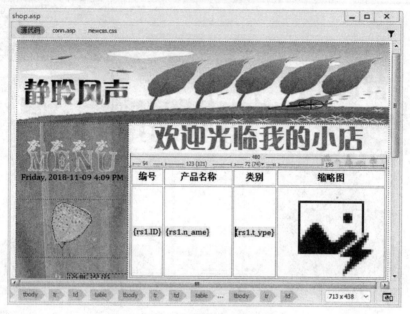

图13-32 绑定数据后的效果

页面在"实时视图"中的效果如图13-33所示。

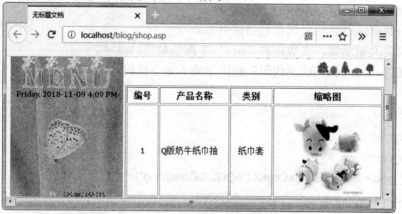

图13-33 数据绑定的预览效果

从图13-33可以看出,本例设置的表格只能显示数据表中的一条记录。接下来定义重复区域,显示数据表中的所有记录。

19)切换到"代码"视图,添加如下代码定义重复区域:

```
<%
Dim Repeat1_numRows
Dim Repeat1_index
```

```
Repeat1_numRows = 3
Repeat1_index = 0
rs1_numRows = rs1_numRows + Repeat1_numRows
%>
```

上面定义的重复区域用于显示记录集rs1中的记录，每页显示3条记录。

20）在"设计"视图中选中表格的第2行，在对应的代码上方添加如下语句：

```
<%
While ((Repeat1_numRows <> 0) AND (NOT rs1.EOF)) %>
```

在选中代码结尾添加如下语句：

```
<%
  Repeat1_index=Repeat1_index+1
  Repeat1_numRows=Repeat1_numRows-1
  rs1.MoveNext()
Wend
%>
```

上述代码表示将第2行单元格定义为重复区域，当重复区域剩余行数大于0，且没有到记录集结尾时添加一行单元格。

此时，页面的预览效果如图13-34所示，仅显示3条记录。

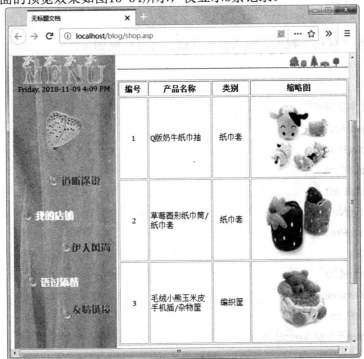

图13-34　重复区域效果

289

接下来为记录集分页。

21）将光标定位在表格的右侧，然后按下Shift+Enter组合键插入一个软回车。执行"插入"/"表格"命令，插入一个1行4列的表格，表格宽度为60%，边框粗细为0。选中表格，设置单元格内容水平和垂直对齐方式均为"居中"，高度为60。在单元格中分别输入"第一页""上一页""下一页"和"最后一页"，如图13-35所示。

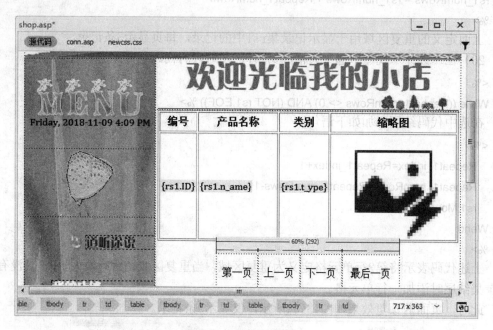

图13-35　添加导航文本

22）切换到"代码"视图，输入分页代码。部分代码如下：

```
……
<%
' 声明链接文本字符串
Dim MM_keepMove
Dim MM_moveParam
Dim MM_moveFirst
Dim MM_moveLast
Dim MM_moveNext
Dim MM_movePrev
Dim MM_urlStr
Dim MM_paramList
Dim MM_paramIndex
Dim MM_nextParam
MM_keepMove = MM_keepBoth
MM_moveParam = "index"
……
```

```
MM_urlStr = Request.ServerVariables("URL") & "?" & MM_keepMove & MM_moveParam & "="
MM_moveFirst = MM_urlStr & "0"
MM_moveLast   = MM_urlStr & "-1"
MM_moveNext   = MM_urlStr & CStr(MM_offset + MM_size)
If (MM_offset - MM_size < 0) Then
   MM_movePrev = MM_urlStr & "0"
Else
   MM_movePrev = MM_urlStr & CStr(MM_offset - MM_size)
End If
%>
```

23）在"设计"视图中添加相应的导航链接。选中"第一页"，在属性面板上的"链接"文本框中输入<%=MM_moveFirst%>；选中"上一页"，设置链接为<%=MM_movePrev%>；选中"下一页"，设置链接为<%=MM_moveNext%>；选中"最后一页"，设置链接为<%=MM_moveLast%>。

插入导航条后的页面如图13-36所示。

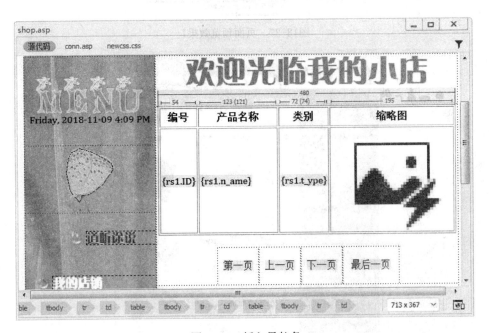

图13-36　插入导航条

由于在个人网站实例中创建的CSS样式表中定义了超级链接文本的颜色为绿色，因此插入的记录集导航条的链接文本也显示为绿色。

24）保存页面，并按F12键在浏览器中预览页面，效果如图13-37所示。

本实例的记录集中共有6条记录，每页显示3条，所以分两页显示。在第一页显示"下一页"和"最后一页"链接。单击"下一页"链接文本，则显示第二页，如图13-38所示。

动态网页基础

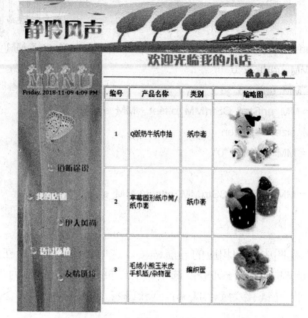

图13-37　页面预览效果1

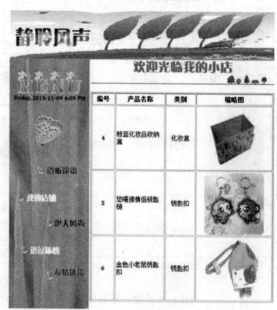

图13-38　页面预览效果2

第3篇 Dreamweaver CC 2018
实战演练

🐌 第 14 章 旅游网站设计综合实例

🐌 第 15 章 儿童教育网站设计综合实例

🐌 第 16 章 时尚资讯网站设计综合实例

🐌 第 17 章 电子商务网站设计综合实例

第 14 章　旅游网站设计综合实例

 本章导读

　　本章将详细介绍在 Dreamweaver CC 2018 中利用模板等技术制作"旅游网站"的具体方法。本章运用到了网页制作的大部分技术，包括模板技术、各种超级链接、利用 Div+CSS 制作弹出式菜单、运用表格和 div 元素技术进行页面排版、库项目以及滚动文本的制作等。

 学 习 要 点

📖 制作模板和制作首页
📖 制作其他页面

14.1 实例介绍

旅游网站综合实例是介绍全国各地著名旅游景点的网站。本例用到了众多的知识点，包括模板、利用 CSS 制作下拉菜单、表格、库项目以及跑马灯效果的制作等。整张页面主要使用表格进行布局。

本例有许多页面，但本书内容主要集中在介绍模板制作方面，然后在模板的基础上制作首页及"武夷山概况"页面。实例最终效果如图 14-1 所示。

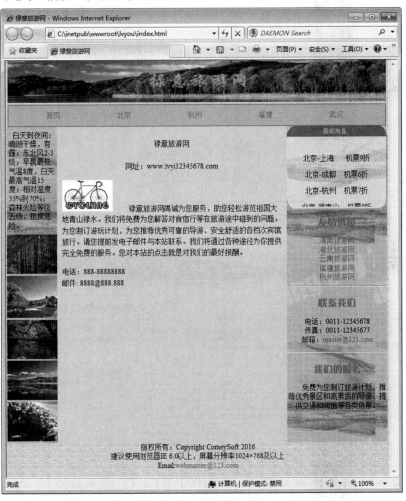

图14-1　实例效果1

鼠标停留在导航栏上时弹出下拉菜单；将鼠标指针移动到子菜单上时，对应菜单项高亮显示，如图 14-2 所示。

在"福建"弹出菜单中单击"武夷山"，可以跳转到"武夷山概况"页面，如图 14-3 所示。

图14-2　实例效果2

图14-3　实例效果3

14.2　准备工作

在开始制作本例之前，先介绍一下制作本旅游网站所需的准备工作。本例的准备工作需执行以下步骤：

1）在硬盘上新建 lvyou 目录，在 lvyou 目录下创建 images 子目录。

2）在图片编辑软件（如 Fireworks）里制作所需的图片，制作的 Logo 如图 14-4 所示。把这些图片保存到 lvyou/images 目录下，把其他需要用到的图片也都复制到本目录。

图14-4　制作的Logo

3）启动 Dreamweaver CC 2018，执行"站点"/"新建站点"命令，新建一个本地站点 lvyou，指向 lvyou 目录。

至此，准备工作完毕，可以开始制作网站页面了。

14.3　制作模板

本例中，模板是制作其他页面的基础，所有页面都将用同一个模板创建。

14.3.1　制作导航条

1）新建模板。启动 Dreamweaver CC 2018，新建一个 HTML 模板文件，并保存模板文件为 lvyou.dwt。

2）设置页面属性。

①执行"文件"/"页面属性"命令，在弹出的对话框中设置页面的"外观（CSS）"，指定背景图像为平铺，边距均设置为 0，如图 14-5 所示。

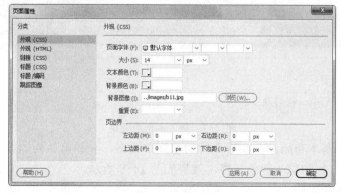

图14-5　设置页面外观

②切换到"链接（CSS）"属性选项，设置"链接颜色"和"已访问链接"为"#390"，"变换图像链接"和"活动链接"为"#F00"，且"仅在变换图像时显示下划线"，如图14-6所示。单击"确定"按钮，关闭对话框。

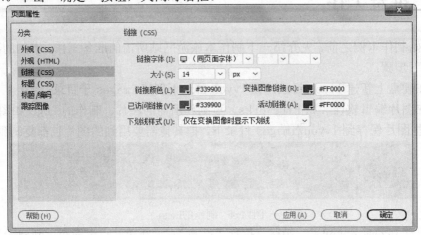

图14-6　设置链接样式

3）插入布局表格。在页面中插入一个 4 行 3 列的表格，设置表格宽度为 750 像素，边框粗细为 0。选中表格，在属性面板上的"对齐"下拉列表中选择"居中对齐"，设置"填充"和"间距"均为 0。

4）设置行距。切换到"代码"视图，修改 body 的规则，设置行距为 120%。修改后的 body 规则如下：

```
body {
    background-image: url(../images/b11.jpg);
    margin: 0px;
    line-height:120%;
}
```

5）插入顶栏图像。合并第 1 行单元格，设置单元格内容水平对齐方式为"居中对齐"，垂直对齐方式为"顶端"，然后插入一幅图像，，效果如图 14-7 所示。

图14-7　插入图像的效果

6）设置页面基本布局。合并第 2 行的 3 列单元格，合并第 2 列的第 3 行和第 4 行，合并第 3 列的第 3 行和第 4 行单元格，效果如图 14-8 所示。

7）插入菜单布局块。把光标定位在第 2 行单元格，设置单元格内容水平对齐方式为"居中对齐"，垂直对齐方式为"顶端"。然后单击"HTML"插入面板中的"div"按钮，

在弹出的"插入 Div"对话框中输入"ID"为"menu",如图 14-9 所示。

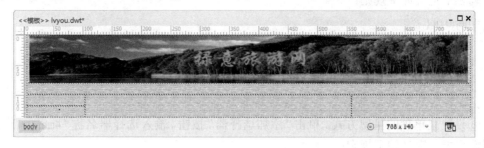

图14-8　合并单元格的效果

8)创建一级菜单项。删除 div
标签中的占位文本,输入文本并添加
超链接,然后单击 HTML 属性面板上的
"项目列表"按钮,创建无序列表,
如图 14-10 所示。

9)创建 CSS 规则,设置一级菜单
的外观和布局。

图14-9　"插入Div"对话框

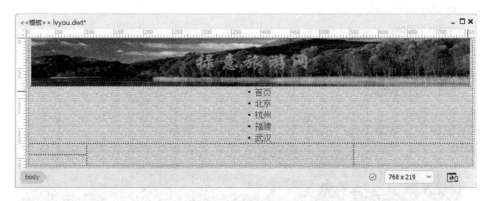

图14-10　创建无序列表

①设置导航条的外观。打开"CSS 设计器"面板,单击"添加 CSS 源"按钮,在弹出
的下拉列表中选择"在页面中定义"命令。然后单击"添加选择器"按钮,输入选择器名
称"#menu",在属性列表中定义如下规则:

```
#menu {
    width:748px;
    height:40px;
    margin:0 auto;
    border:1px solid #666;
    background-color: #80EC10;
```

}

②取消显示项目编号。单击"添加选择器"按钮，输入选择器名称"#menu ul"，在属性列表中定义如下规则：

```
#menu ul {
    list-style: none;
    margin: 0px;
    padding: 0px;
}
```

③设置菜单项的呈现方式。单击"添加选择器"按钮，输入选择器名称"#menu ul li"，在属性列表中定义如下规则：

```
#menu ul li {
    float:left;
    margin-left:40px;
    height:40px;
    width:100px;
}
```

④设置链接项的呈现方式。单击"添加选择器"按钮，输入选择器名称"#menu ul li a"，在属性列表中定义如下规则：

```
#menu ul li a {
    display:block;
    width:100px;
    height:40px;
    line-height:40px;
    text-align:center;
}
```

设置的横向导航菜单此时的页面效果如图 14-11 所示。

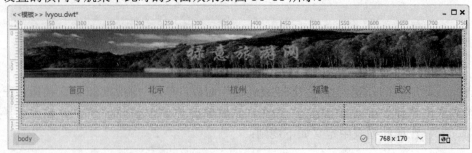

图14-11　横向导航菜单

⑤设置鼠标经过时的菜单项外观。单击"添加选择器"按钮，输入选择器名称"#menu ul li a:hover"，在属性列表中定义如下规则：

```
#menu ul li a:hover {
    display:block;
```

```
background-color: #666;
}
```
HTML 文件中的菜单结构如下:
```
<div id="menu">
  <ul>
    <li><a href="#">首页</a></li>
    <li><a href="#">北京</a></li>
    <li><a href="#">杭州</a></li>
    <li><a href="#">福建</a></li>
    <li><a href="#">武汉</a></li>
  </ul>
</div>
```
在实时视图中,将鼠标指针移到导航菜单上的效果如图 14-12 所示。

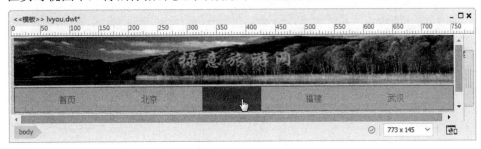

图14-12　鼠标经过效果

10)修改 HTML 文件中的菜单结构,添加二级菜单。
```
<div id="menu">
  <ul>
    <li><a href="#">首页</a></li>
    <li><a href="#">北京</a>
      <ul>
        <li><a href="#">故宫博物院</a></li>
        <li><a href="#">天安门</a></li>
        <li><a href="#">颐和园</a></li>
      </ul>
    </li>
    <li><a href="#">杭州</a>
      <ul>
        <li><a href="#">西湖</a></li>
        <li><a href="#">龙井山</a></li>
        <li><a href="#">灵隐寺</a></li>
```

```
        </ul>
    </li>
    <li><a href="#">福建</a>
        <ul>
            <li><a href="../wuyishan.html">武夷山</a></li>
        </ul>
    </li>
    <li><a href="#">武汉</a></li>
</ul>
</div>
```

此时的页面在"设计"视图中的效果如图 14-13 所示。

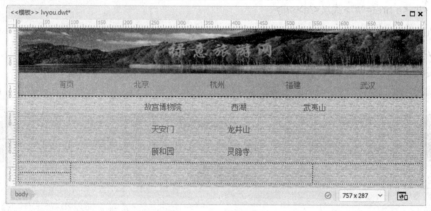

图14-13　页面效果

11）创建 CSS 规则，定义二级菜单的外观和呈现方式。

①定义二级菜单的外观。切换到"代码"视图，定义规则#menu ul li ul li 如下：

```
#menu ul li ul li {
    float:none;
    width:100px;
    background:#eee;
    margin:0;
}
```

上面的代码首先使用 float:none;清除二级菜单的浮动，然后定义二级菜单的宽度、背景色。使用 margin:0 清除继承自一级菜单中的左边距 margin-left:40px。

②定义二级菜单的呈现方式。定义规则#menu ul li ul 和#menu ul li:hover ul 如下：

```
#menu ul li ul {
    display:none;
    border:1px solid #ccc;
    position:absolute;
}
#menu ul li:hover ul {
```

```
display:block;
}
```

上述代码首先使用 display:none;隐藏二级菜单，然后在规则#menu ul li:hover ul 中使用 display:block 指定当鼠标划过时显示二级菜单。如果显示二级菜单，将会把下边的内容隐藏，所以使用 position:absolute;对#menu ul li ul 绝对定位。

③定义规则#menu ul li ul li a 和#menu ul li ul li a:hover，指定二级菜单的链接样式以及鼠标划过二级菜单的样式，相关代码如下：

```
#menu ul li ul li a {
    background:none;
}
#menu ul li ul li a:hover {
    background:#333;
    color:#fff;
}
```

首先使用 background:none 清除继承自一级菜单的背景，然后指定鼠标划过链接时的背景颜色和文本颜色。

至此，导航菜单制作完毕，页面效果如图 14-14 所示。

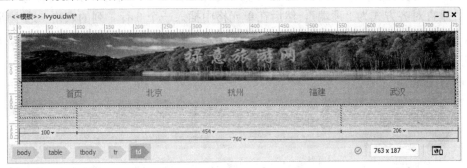

图14-14　导航菜单的页面效果

12）保存文件，按 F12 键，在实时视图中的预览效果如图 14-15 和图 14-16 所示。

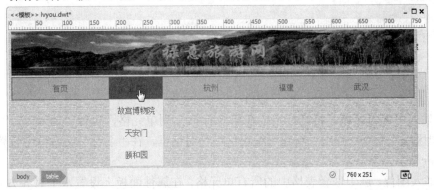

图14-15　导航菜单预览效果1

图14-16　导航菜单预览效果2

14.3.2　制作左侧边栏

1）设置单元格背景图像。选中第 3 行和第 4 行第 1 列的单元格，打开"CSS 设计器"面板，在"源"窗格中选择<style>，单击"添加选择器"按钮，输入选择器名称".left_bg"，在"背景"属性列表中指定背景图片为 bg2.png。然后在属性面板上的"目标规则"下拉列表中选择".left_bg"。

2）插入嵌套表格。在属性面板上设置第 4 行第 1 列的单元格内容水平对齐方式为"左对齐"，垂直对齐方式为"顶端"，然后在单元格中插入一个 6 行 1 列的表格。选中所有单元格，设置单元格内容水平对齐方式为"左对齐"，垂直对齐方式为"居中"，如图 14-17 所示。

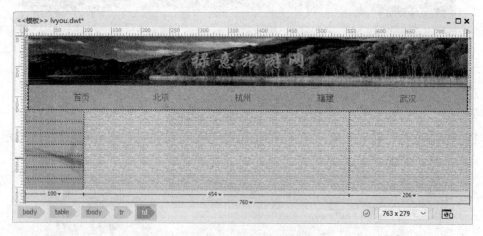

图14-17　插入表格

3）插入可编辑区域。将光标定位在第 3 行第 1 列单元格，执行"插入"/"模板"/"可编辑区域"命令，弹出"新建可编辑区域"对话框，在"名称"文本框中设置名称为"weather"。

4）插入图像。选中嵌套表格中的所有单元格，在属性面板上设置水平对齐方式为"左对齐"，垂直对齐方式为"居中"，然后在单元格内插入图片，效果如图 14-18 所示。

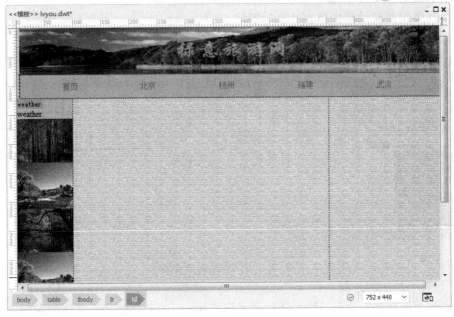

图14-18　插入图片

14.3.3　制作正文和右侧边栏

1）设置正文单元格的属性。选中中间的单元格，在属性面板中设置背景颜色为 #C9E8B8，宽为 450 像素，单元格内容的水平对齐方式为"左对齐"，垂直对齐方式为"顶端"。

2）插入正文可编辑区域。将光标定位在中间单元格，执行"插入" / "模板" / "可编辑区域"命令，在弹出的对话框中为可编辑区域命名"show"；单击对话框中的"确定"按钮，插入可编辑区域。

3）插入布局块，并设置正文的呈现方式。删除可编辑区域"show"中的占位文本，插入一个 div 标签"content"，然后在源<style>中定义如下规则：

```
#content {
    width: 434px;
    padding: 10px;
    font-size: 14px;
    line-height: 150%;
}
```

4）设置右侧单元格的背景图像。选中第 3 列的单元格，设置单元格内容的水平对齐方式为"居中对齐"，垂直对齐方式为"顶端"，宽为 200 像素。然后在"目标规则"下拉列表中选择".left_bg"，设置单元格的背景图像。这时的文档效果如图 14-19 所示。

5）插入嵌套表格和布局块。执行"插入" / "表格"命令，在第 3 列的单元格中嵌套

Dreamweaver CC 2018 中文版入门与提高实例教程

一个 2 行 1 列的表格，设置表格宽度为 100%、边框粗细为 0、表格名称为 t2。将光标定位在嵌套表格的第 1 行单元格中，设置单元格高度为 161。然后执行"插入"/"Div"菜单命令，在弹出的对话框中指定 div 标签的 ID 为 news。

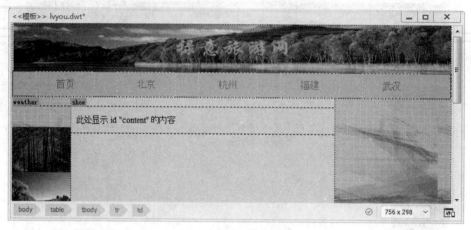

图14-19　设置单元格背景图像

6）设置布局块的外观。打开"CSS 设计器"面板，在"源"窗格中选择<style>，然后单击"添加选择器"命令，输入选择器名称"#news"，在"布局"属性列表中定义宽为"200px"，高为"131px"、上填充为"30px"；在"文本"属性列表中设置字号为 14，居中对齐；在"背景"属性列表中定义背景图像为"square.gif"，不平铺。删除 div 标签中的占位文本，此时的页面效果如图 14-20 所示。

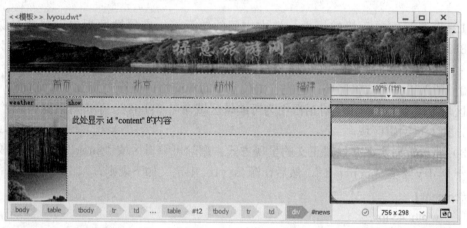

图14-20　插入Div的页面效果

7）在 div 标签中输入文本，效果如图 14-21 所示。

8）插入可编辑区域。选中 Div 标签"news"，执行"插入"/"模板"/"可编辑区域"命令，在弹出的对话框中将可编辑区域命名为"news"，然后单击"确定"按钮。

9）设置滚动文本。把光标定位在编辑区域内，切换到"代码"视图，找到可编辑区域的代码：

```
<!-- TemplateBeginEditable name="news" -->
    <div id="news">
```

306

```
<p>北京-上海      机票 9 折</p>
    <p>北京-成都    机票 6 折</p>
    <p>北京-杭州    机票 7 折</p>
    <p>北京-武夷山    机票 9 折</p>
</div>
```

`<!-- TemplateEndEditable -->`

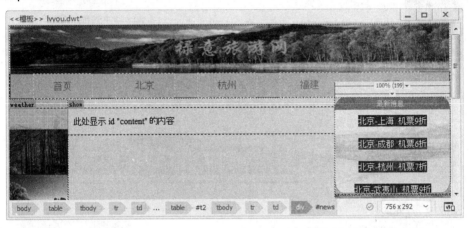

图14-21 插入文本

将上面的代码修改如下：

```
<!-- TemplateBeginEditable name="news" -->
<div id="news">
    <marquee behavior="scroll" direction="up" hspace="0" height="120" vspace="5" loop="-1"
scrollamount="1" scrolldelay="80" >
        <p>北京-上海      机票 9 折</p>
        <p>北京-成都    机票 6 折</p>
        <p>北京-杭州    机票 7 折</p>
        <p>北京-武夷山    机票 9 折</p>
    </marquee>
</div>
```

`<!-- TemplateEndEditable -->`

完成以上代码插入后的文档效果如图 14-22 所示。

10）输入标题文本。将光标定位在表格 t2 的第 2 行单元格中，单击属性面板上的"拆分单元格"按钮，将第 2 行单元格拆分为 3 行。选中拆分后的第 1 行单元格，设置单元格内容的水平对齐方式为"居中对齐"，垂直对齐方式为"顶端"，然后输入文本"友情链接"。

11）设置文本样式。选中"友情链接"四个字，在"CSS 设计器"面板中单击"添加选择器"按钮，输入选择器名称 h2，在"文本"属性列表中设置文本颜色为#F60，字体为"方正粗倩简体"，加粗，字号为 large，行距为 200%，居中对齐。然后在 HTML 属性面板的"格式"下拉列表中选择"标题2",应用样式。此时的页面效果如图14-23所示。

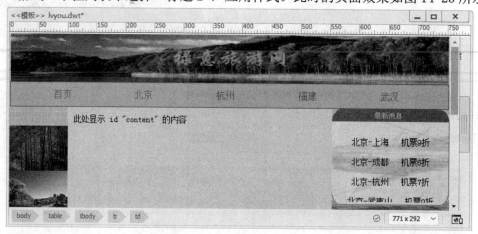

图14-22 设置 滚动文本

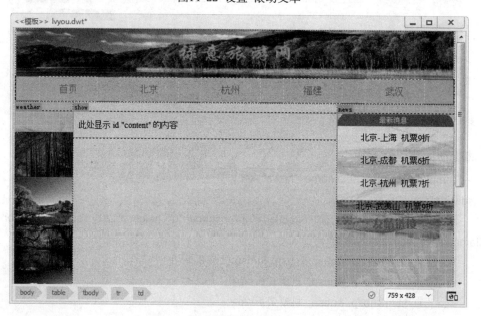

图14-23　应用h2样式

12）输入文本。另起一行，输入友情链接内容，并设置链接地址。在文本结尾处按Shift+Enter键，执行"插入"/"HTML"/"水平线"菜单命令，插入水平线。然后在下一行输入"联系我们"栏的文本内容，并对"联系我们"四个字应用上一步中定义的CSS规则 h2。再插入一条水平线，然后输入"我们的服务"栏目内容。完成本步骤后的页面效果如图 14-24 所示。

13）插入表格。将光标定位在表格 layout 的右侧，按 Shift+Enter 键插入一个软回车，然后插入一个 1 行 1 列，表格宽度为 100%、单元格间距和填充均为 0 的表格。选中表格，在属性面板上设置对齐方式为"居中对齐"。

14）输入页脚内容。将光标定位在上一步添加的表格中，设置单元格内容水平对齐方式为"居中对齐"，垂直对齐方式为"顶端"，然后输入版权等信息。选中"webmaster@website.

com"，在属性面板设置链接目标为"mailto: webmaster@website.com"。此时的页面效果如图 14-25 所示。

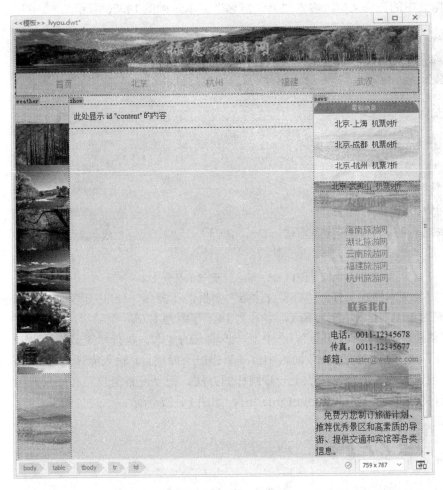

图14-24　输入文本

图14-25　插入页脚内容

309

14.3.4 制作库项目

接下来将经常需要更新的"天气信息"和"最新消息"内容制作成库项目。

1）插入布局块。删除可编辑区域 weather 中的默认文本，插入一个 div 标签 weather，然后删除其中的占位文本，输入"天气信息"文本，如图 14-26 所示。

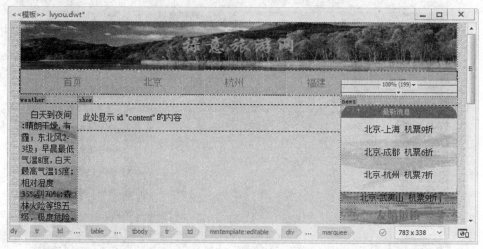

图14-26 输入"天气信息"文本

2）定义文本样式。打开"CSS 设计器"面板，在源<style>中定义选择器#weather：左右填充为 4px，上下填充为 8px，字号为 14，行距为 120%。

3）创建库项目"weather"。选中上一步输入的文本，执行"工具"/"库"/"增加对象到库"命令。此时在"库"面板中自动新建一个库项目，输入库项目名称"weather"。

4）创建其他库项目。按照上一步同样的办法，把"最新消息"和版权声明内容制作成库项目文件 news.lbi 和 copyright.lbi，如图 14-27 所示。

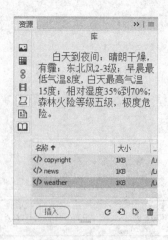

图14-27 库项目面板

5）保存模板文件为"lvyou.dwt"。至此模板制作完毕，预览效果如图 14-28 所示。切换到"文件"管理面板，会发现站点中已自动增加了 Templates 和 Library 两个文件夹。

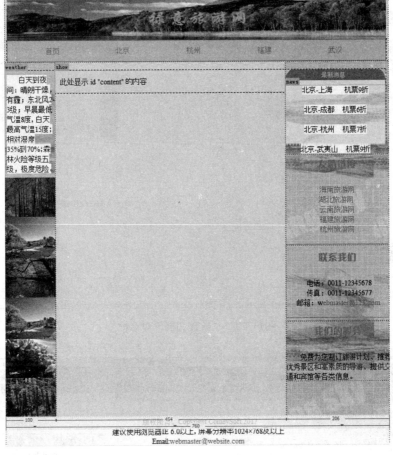

图14-28　预览效果

14.4　制作首页

制作模板后，制作网页就成为轻而易举的事情了。制作本网站首页执行以下步骤：

1）启动 Dreamweaver CC 2018，在"新建文档"对话框中单击"网站模板"，选择站点"lvyou"，选中刚才创建的模板文件"lvyou.dwt"，如图 14-29 所示。

2）单击"创建"按钮，基于模板创建一个新网页。在文档窗口中，只有可编辑区 show 可以输入内容。其中黄颜色加亮的部分为库项目，可以通过修改库项目文件实现对其内容的编辑，如图 14-30 所示。

3）执行"文件"/"页面属性"/"标题/编码"命令，设置新页面的属性，在"标题"栏输入"禄意旅游网"。

4）删除 div 标签 content 的占位文本，输入首页内容，然后设置文本和图像格式，首页效果如图 14-31 所示。

5）保存文件，设置文件名称为"index.html"，完成首页制作。

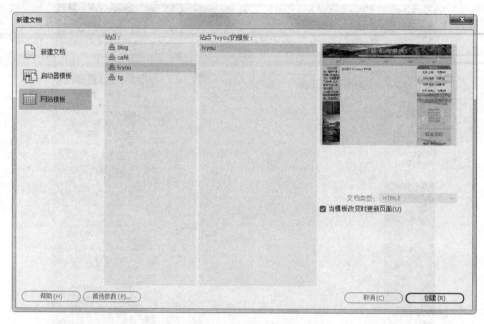

图14-29　"新建文档"对话框

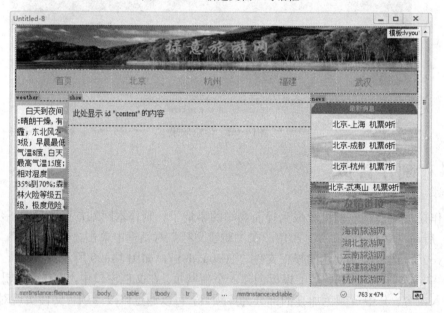

图14-30　新文档效果

14.5　制作其他页面

制作其他页面的方法与首页的制作相同，在此不再赘述。图 14-32 所示为"武夷山概况"的页面效果。制作完成后保存为"wuyishan.html"文件。

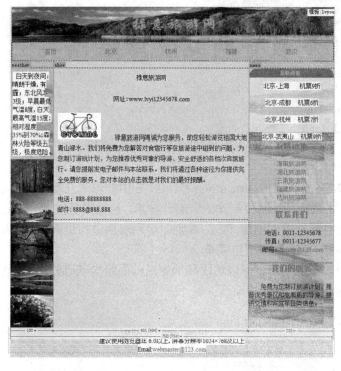

图14-31　首页效果

图14-32　"武夷山概况"的页面效果

旅游网站设计综合实例

第15章　儿童教育网站设计综合实例

 本章导读

　　本章将详细介绍在 Dreamweaver CC 2018 中制作"儿童教育网站"的具体方法。本章运用了网页制作的大部分技术，包括模板技术、库项目、重复表格、各种超链接、创建 CSS 规则、运用表格进行页面排版，以及使用 Fireworks HTML 制作下拉菜单。

　　读者通过本章的学习，可以巩固和加深对前面所学基础知识的理解，并提高实践应用能力。

 学 习 要 点

📖 制作首页

📖 制作页面布局模板

📖 基于模板制作页面

15.1 实例效果

本例的首页效果如图15-1所示。

图15-1 首页效果

将鼠标指针移到导航菜单上时，菜单项显示为橘红色，且弹出下拉菜单；移到链接文

315

Dreamweaver CC 2018 中文版入门与提高实例教程

本上时，则文本颜色变为橘红色，且显示下划线。

页面底部的图片向右滚动，将鼠标指针移到图片上时，图片停止滚动；移开鼠标，图片继续滚动。

本网站实例中的页面布局相同，如其中一个信息显示页面如图15-2所示。页面左侧区域显示栏目子标题，页面右侧区域显示详细的信息列表。单击链接文本，可以在类似的页面中打开链接目标文件。

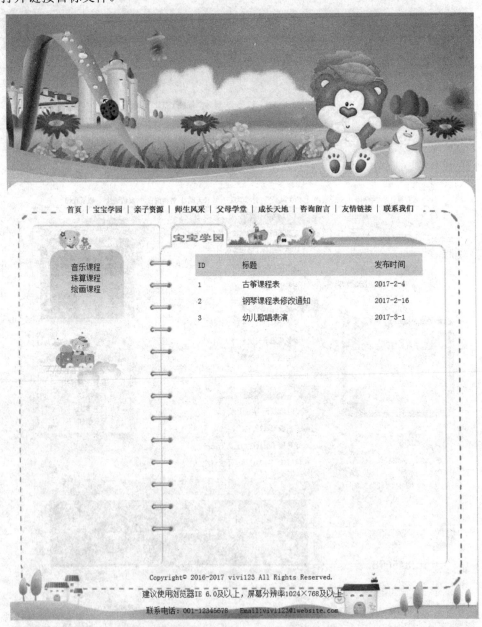

图15-2　信息显示页面效果

图15-3所示的页面是一个信息反馈页面。页面左侧区域显示栏目子标题，页面右侧区域显示一个表单。电话和E-mail采用HTML5表单输入类型制作，如果输入的信息不满足要

求，则提交表单时会显示相应的提示信息。

图15-3　信息反馈页面效果

15.2　创建站点

对网站实例进行仔细规划后，就需要收集、制作需要的站点资源了，如Logo、导航条背景、图片等，并为这些素材建立相应的文件夹目录。这些准备工作完毕之后就可以构建站点了。本节将这些已有的文件夹组织为一个站点，步骤如下：

儿童教育网站设计综合实例

1）启动Dreamweaver CC 2018，执行"站点"/"管理站点"/"新建站点"命令，打开"站点设置"对话框。

2）在弹出的"站点设置"对话框中设置站点名称为"education"，然后指定本地站点文件夹的路径c:\Inetpub\wwwroot\education\。

3）单击"高级设置"/"本地信息"类别，在打开的屏幕中设置"默认图像文件夹"为c:\inetpub\wwwroot\education\images\。

4）在"链接相对于"区域，选择"文档"选项。

5）在"Web URL"文本框中输入http://localhost/education/。

6）单击对话框中的"保存"按钮，返回"站点设置"对话框。再次单击"保存"按钮，返回"站点管理"对话框，这时对话框里列出了刚刚创建的本地站点。

将文件夹目录结构组织为站点后，即可以将磁盘上现有的文档组织当作本地站点来打开，便于以后统一管理。

15.3　制作首页

本网站实例首页的具体制作步骤如下：

1）启动Dreamweaver CC 2018，执行"窗口"/"文件"命令，打开"文件"面板。在"文件"面板左上角的站点下拉列表中选择站点"education"。

2）新建文件。在"文件"面板中单击鼠标右键，在弹出的快捷菜单中选择"新建文件"命令，在当前站点中新建一个HTML文件，输入文件名称"index.html"后按Enter键。然后在"文件"面板中双击新建的文件，在文档窗口中打开该文件。

3）设置页面属性。执行"文件"/"页面属性"命令，在弹出的对话框中设置字体为宋体、大小为14，颜色为黑色，背景颜色为#FFCA21；切换到"链接"页面，设置所有链接颜色（除"变换图像链接"为#F60）均为黑色，链接文字大小为14，且仅在变换图像时显示下划线，然后单击"确定"按钮关闭对话框。

尽管使用Dreamweaver可以可视化的方法生成CSS代码，但是建议熟悉CSS语法的读者直接在"代码"视图中编写CSS规则，以减少代码冗余。本步骤的代码如下：

```
<style type="text/css">
body,td,th {
    font-family: "宋体";
    font-size: 14px;
}
body {
    background-color: #FFCA21;
}
a {
    font-size: 14px;
    color: #000000;
}
```

```
a:link, a:visited {
    text-decoration: none;
    color: #000000;
}
a:hover {
    text-decoration: underline;
    color: #F60;
}
a:active {
    text-decoration: none;
}
</style>
```

为便于更新维护，建议将以上代码（除<style type="text/css">和</style>）剪切到CSS文件中（如后续步骤中新建的CSS文件style.css中）。

4）制作顶栏。

①插入表格。在"HTML"面板中单击"表格"按钮，在弹出的对话框中设置表格行数为1、列数为1、表格宽度为100%，边框粗细为0，单元格边距和间距都为0，无标题，单击"确定"按钮关闭对话框。然后在属性面板中指定表格ID为"tb_logo"。

②设置表格属性。选中表格，在属性面板上的"对齐"下拉列表中选择"居中对齐"，然后将光标定位在单元格中，在属性面板上设置单元格内容的水平对齐方式为"居中对齐"，垂直对齐方式为"顶端"。

③插入Flash动画。保存文件后，将光标定位在单元格中，单击"HTML"插入面板上的"Flash SWF"按钮，在弹出的对话框中选择标题动画logo.swf；然后在属性面板中选中"循环"和"自动播放"复选框，设置插入的动画相对于页面的对齐方式为"居中"。

动画在浏览器中的预览效果如图15-4所示。

图15-4　动画预览效果

5）插入布局表格。

儿童教育网站设计综合实例

①将光标放在Flash动画右侧,单击"HTML"插入面板上的"表格"按钮,在弹出的对话框中设置表格行数为3、列数为2、表格宽度为872像素、边框粗细为0、单元格边距和间距都为0,无标题。然后单击"确定"按钮关闭对话框。

②选中表格,在属性面板上命名为"maincontent","对齐"方式选择"居中对齐"。

③合并单元格。选中第1行单元格,单击属性面板上的"合并所选单元格"按钮,将第1行的两列单元格合并。然后在属性面板上设置单元格内容的水平和垂直对齐方式均为"居中对齐"。

6)创建CSS文件。打开"CSS设计器"面板,单击"添加CSS源"按钮,在弹出的下拉菜单中选择"创建新的CSS文件"命令,弹出"创建新的CSS文件"对话框。指定CSS文件名称为"style.css",保存在站点根目录下,在页面中的添加方式为"链接",如图15-5所示。单击"确定"按钮关闭对话框。

图15-5 "创建新的CSS文件"对话框

7)制作导航栏。

①设置导航栏的背景图像。在"CSS设计器"面板中单击"添加选择器"按钮,输入选择器名称为".menu_bg",然后在"背景"属性列表中单击"浏览"按钮,定位到需要的背景图像"bg_r2_c2.jpg",设置图像不平铺。

②应用规则。将光标定位在第1行单元格中,设置单元格高度为57px,然后在CSS属性面板上的"目标规则"下拉列表中选择".menu_bg",即可为指定单元格应用指定的背景图像,如图15-6所示。

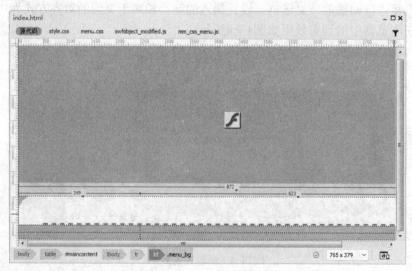

图15-6 设置背景图像效果

③插入导航菜单。将光标移到上一步定义背景图像的单元格中，在Fireworks中打开已制作的下拉菜单源文件，执行"文件"/"导出"命令，在弹出的"导出"对话框中设置导出类型为"HTML和图像"；在"HTML"下拉列表中选择"复制到剪贴板"命令。然后返回到Dreamweaver文档窗口，将光标置于要插入HTML文件的位置，执行"编辑"/"粘贴Fireworks HTML"命令，即可插入下拉菜单，如图15-7所示。

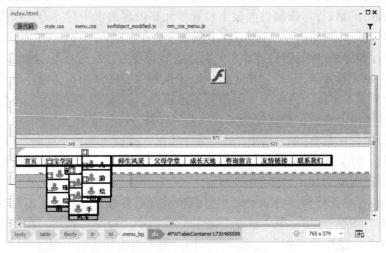

图15-7　插入下拉菜单

8）制作用户登录版块。

①拆分单元格。选中第2行第1列单元格，单击属性面板上的"拆分单元格"按钮，将单元格拆分为7行。然后将拆分后的第1行单元格拆分为2列。

②插入图像。选中拆分后的第1列单元格，在属性面板上将其宽度设置为39px，设置单元格内容的水平对齐方式为"左对齐"，垂直对齐方式为"顶端"，然后执行"插入"/"图像"命令，在单元格中插入图像index_r3_c2.jpg. 此时的页面效果如图15-8所示。

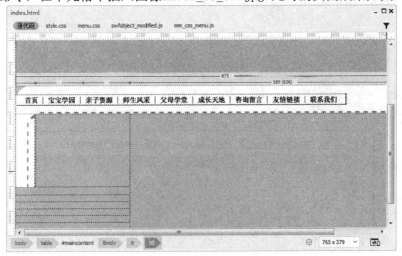

图15-8　插入图像的页面效果

③插入表单。将鼠标指针定位在第2列单元格中，在属性面板上设置表格宽度为242像素，单元格内容的水平对齐方式为"居中对齐"，垂直对齐方式为"顶端"。然后执行"插入"/"表单"命令，在单元格中插入一张表单。

④插入嵌套表格。

a.单击"HTML"插入面板上的"表格"图标⊞，在弹出的对话框中设置表格行数为5，列数为1、宽度为100%。单击"确定"按钮关闭对话框。选中表格中的所有单元格，在属性面板上将单元格的背景颜色修改为白色；选中第2行～第5行单元格，设置高度为25。

b.选中表格的第1行，在属性面板上设置单元格内容的水平对齐方式和垂直对齐方式均为"居中对齐"，然后执行"插入"/"图像"命令，插入一张位图index_r3_c4.jpg。

c.将第2行和第3行单元格内容的水平对齐方式设置为"左对齐"，垂直对齐方式设置为"居中"。将光标定位在第2行单元格中，切换到"表单"插入面板，单击"文本"按钮▢插入一个文本字段。将文本字段的标签占位文本修改为"用户名"，然后选中文本字段，在属性面板上设置字符宽度为16，最多字符数为14。

d.将光标定位在第3行单元格中，在"表单"插入面板上单击"密码"按钮✱✱，插入一个密码字段。将文本字段的标签占位文本修改为"密码"，然后选中密码字段，在属性面板上设置字符宽度为10，最多字符数为8。

e.设置第4行单元格内容的水平对齐方式和垂直对齐方式均为"居中对齐"，然后插入一个"提交"按钮☑和一个"重置"按钮↻。选中"提交"按钮，在属性面板上修改其值为"登录"；选中"重置"按钮，在属性面板上修改其值为"取消"。

f.选中嵌套表格的最后一行，设置单元格内容的水平对齐方式为"右对齐"，垂直对齐方式为"居中"，然后输入文本"注册|忘记密码"。

此时的页面效果如图15-9所示。

9）制作公告栏。

①插入图像。选中表单下的第2行单元格，在属性面板上将背景色修改为白色，设置高度为3，水平对齐方式为"左对齐"，垂直对齐方式为"顶端"，然后执行"插入"/"图像"命令，插入一张位图index_r10_c2.jpg。

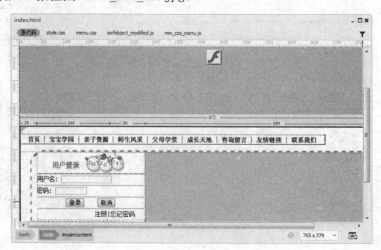

图15-9 插入嵌套表格

②设置单元格背景图像。选中第3行单元格，设置背景颜色为白色，然后将其拆分为2列，设置第1列的宽度为36，水平对齐方式为"左对齐"，垂直对齐方式为"顶端"，然后插入图片index_r11_c2.jpg。打开"CSS设计器"面板，在"源"窗格中选择"style.css"，然后单击"添加选择器"按钮，输入选择器名称".gg_bg"，在"背景"属性列表中设置背景图像为"index_r12_c3.jpg"，背景位置为"left"、"top"，不平铺。在CSS属性面板的"目标规则"下拉列表中选择".gg_bg"，此时的页面效果如图15-10所示。

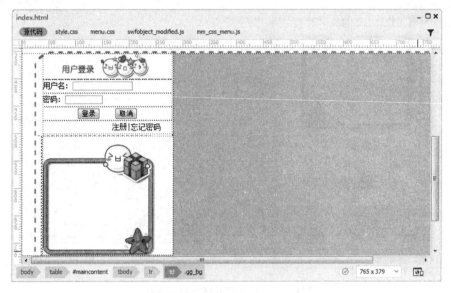

图15-10　设置单元格背景图像

③插入公告栏布局块。将光标定位在上一步定义背景图像的单元格中，设置水平对齐方式为"左对齐"，垂直对齐方式为"顶端"。执行"插入"/"div"菜单命令，指定div标签的ID为gg，在页面中插入一个div布局块，用于放置公告内容。打开"CSS设计器"面板，在"style.css"中新建规则#gg：宽168px、上边距80px、左边距20px、文本颜色为"#00f"、行距为120%。此时的页面效果如图15-11所示。

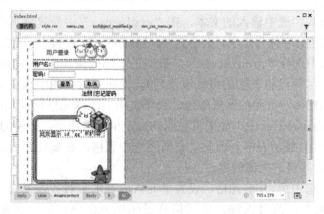

图15-11　插入公告栏布局块

儿童教育网站设计综合实例

10）制作左侧边栏其他部分。

①拆分单元格并插入图像。选中第4行单元格，在属性面板上将其拆分为2列，设置第1列的宽度为36，水平对齐方式为"左对齐"，垂直对齐方式为"顶端"，然后在第1列插入图片index_r20_c2.jpg。选中第2列的单元格，将其拆分为3行，并将拆分后的第2行拆分为2列。选中拆分后的所有单元格，设置单元格内容水平对齐方式为"左对齐"，垂直对齐方式为"顶端"，然后分别插入图片index_r20_c4.jpg、index_r21_c4.jpg和index_r21_c9.jpg、index_r24_c4.jpg。此时的页面效果如图15-12所示。

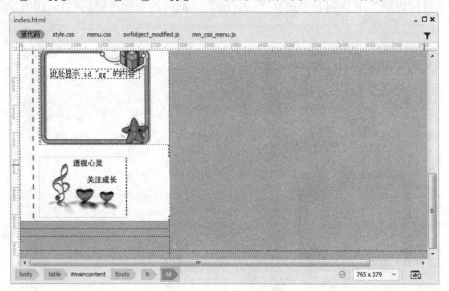

图15-12　拆分单元格并插入图像

②设置单元格属性。选中第5行单元格，在属性面板上设置高度为26，背景颜色为白色，水平对齐方式为"左对齐"，垂直对齐方式为"顶端"，然后插入图片index_r26_c2.jpg。

③插入图像。将第6行的背景颜色设置为白色，拆分为3列，设置第1列的宽度为39，水平对齐方式为"左对齐"，垂直对齐方式为"顶端"，然后插入图片index_r27_c2.jpg。将第2列拆分为2行，分别插入图片index_r27_c4.jpg和文字。最后在第3列插入图像index_r27_c10.jpg。

④设置文本格式。选中输入的文本，在"style.css"中新建规则".fontstyle"，设置文本颜色为蓝色，字体为隶书，大小为"x-large"，文本居中。在CSS属性面板的"目标规则"下拉列表中选择".fontstyle"。此时的页面效果如图15-13所示。

读者会发现，尽管已将表格的边框设置为0，但在实时视图中预览页面效果时，表格边框所在的区域仍然显示页面的背景颜色，而不是指定的单元格背景颜色。

事实上，在Dreamweaver中，如果没有明确指定单元格边距、间距的值，Dreamweaver默认以边距和间距为1显示表格。因此，只需要选中表格，在属性面板上将单元格边距、间距明确指定为0，即可解决该问题。

⑤插入图像。选中第7行单元格，设置单元格内容水平对齐方式为"左对齐"，垂直对齐方式为"顶端"，高度为26，单元格背景颜色为白色，然后在单元格中插入图像index_r30_c2.jpg。

图15-13　页面效果

11) 设置页脚的背景图像。选中表格"maincontent"的最后一行，合并单元格，设置单元格高度为88，水平和垂直对齐方式均为"居中"。然后在"style.css"中新建CSS规则.footbg，设置背景图像为"bg_r10_c2.jpg"，位置水平居中，垂直顶端，不平铺。然后在CSS属性面板的"目标规则"下拉列表中选择.footbg应用规则。此时的页面效果如图15-14所示。

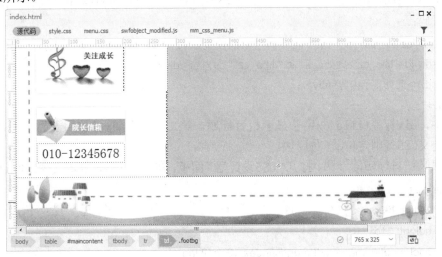

图15-14　设置页脚的背景图像

接下来制作中间列的内容。中间列的结构使用div进行布局，内容可以用ul、li列表的形式实现。

12) 插入正文区域的布局表格。

①选中第2列的单元格，设置单元格背景颜色为白色，单元格内容水平对齐方式为"左对齐"，垂直对齐方式为"顶端"。然后在其中嵌套一个2行2列、宽度为591像素，单元格间距和边距均为0的表格。然后在属性面板上将表格命名为"content"。

②选中嵌套表格"content"第2行的所有单元格，在属性面板上单击"合并单元格"按钮，将其合并为一个单元格；选中第1行第1列的单元格，在属性面板上设置第1列宽度为299，第2列宽度为292。此时的页面效果如图15-15所示。

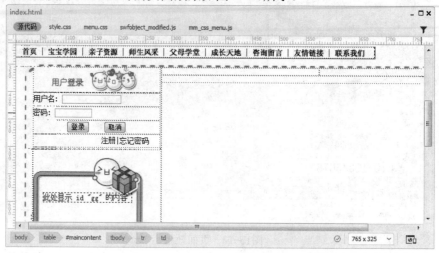

图15-15　插入正文区域的布局表格

13）插入列表布局块。

①将光标定位在第1行第1列单元格中，设置单元格内容水平对齐方式为"左对齐"，垂直对齐方式为"顶端"，然后执行"插入"/"div"命令插入一个div标签。删除其中的占位文本，在其中嵌套一个div标签。熟悉HTML标签的用户可直接在"代码"视图中插入如下代码：

```
<div id="cz">
    <div id="title_cz">此处显示 id " title_cz " 的内容</div>
    <div >此处显示内容</div>
</div>
```

其中，div标签title_cz用于显示栏目标题，第二个嵌套div标签用于显示栏目内容。接下来定义CSS规则定位div布局块。

②定义栏目标题的外观。打开"CSS设计器"面板，在style.css中定义规则#title_cz：

```
#title_cz {
    width: 299px;
    height: 31px;
    background-image: url(images/index_r3_c12.jpg);
    background-position: left top;
    background-repeat: no-repeat;
    margin-bottom: 0px;
}
```

③设置列表项外观。在第二个嵌套div标签中输入栏目内容，选中输入的内容，单击HTML属性面板上的"项目列表"按钮，将内容组织为列表。然后在"CSS设计器"面板中定义规则ul li，用于指定列表的样式。

```
ul li {
    border-bottom: 1px dashed #999999;
    line-height: 30px;
    list-style-image: url(images/li.gif);
}
```

此时的页面效果如图15-16所示。

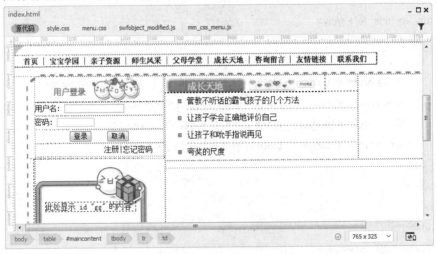

图15-16　定义列表样式

预览页面时，发现列表上、下显示有边距，且列表符号仍然使用默认的小圆点，这是因为body、ul、li等标签默认有外边距。

④取消显示项目编号。在"CSS设计器"中定义一个组合选择器body, ul, li，设置外边距为0，无项目列表符号。对应的代码如下：

```
body, ul, li {
    margin: 0px;
    list-style-type: none;
}
```

⑤插入其他栏目布局块。按照前4步同样的方法，插入两个div布局块fc和xt，然后分别嵌套两个div标签，并编写规则定义布局块的内容和样式。对应的代码如下：

```
#title_fc {
    background-image: url(images/index_r10_c12.jpg);
    background-position: left top;
    background-repeat: no-repeat;
    width: 299px;
    height: 37px;
}
#title_xt {
```

儿童教育网站设计综合实例

327

```
        background-image: url(images/index_r18_c12.jpg);
        background-position: left top;
        background-repeat: no-repeat;
        width: 299px;
        height: 34px;
}
```

HTML文件中对应的结构代码如下：

```
<div id="fc">
    <div id="title_fc"></div>
    <div>
        <ul>
            <li><a href="#" target="_blank">《不一样的我》主题活动随笔</a></li>
            <li><a href="#" target="_blank">请多与孩子交流</a></li>
            <li><a href="#" target="_blank">我给孩子们讲故事</a></li>
            <li><a href="#" target="_blank">不做拖拉的孩子</a></li>
        </ul>
    </div>
</div>
<div id="xt">
    <div id="title_xt"></div>
    <div>
        <ul>
            <li><a href="#" target="_blank">幼儿园家长 学校工作计划</a></li>
            <li><a href="#" target="_blank">赏识教育真好</a></li>
            <li><a href="#" target="_blank">培养孩子创新能力五大方法</a></li>
            <li><a href="#" target="_blank">良好学习能力让孩子不断进步</a></li>
        </ul>
    </div>
</div>
```

此时的页面效果如图15-17所示。

14）设置右侧边栏的布局。

①选中第3列的单元格，设置单元格内容水平对齐方式为"左对齐"，垂直对齐方式为"顶端"。然后在其中嵌套一个6行1列、宽度为100%、单元格间距和边距均为0的表格。

②选中嵌套表格中的所有单元格，设置单元格内容水平对齐方式为"左对齐"，垂直对齐方式为"顶端对齐"。在第1行的单元格中插入图像index_r3_c14.jpg。采用同样的方法，在第3行、第4行、第6行插入图像index_r15_c14.jpg、index_r16_c14.jpg、index_r22_c14.jpg。

③将光标定位在第2行单元格中，单击属性面板上的"拆分单元格"按钮，将其拆分为3列。然后选中拆分后的第2列单元格，将其拆分为2行。

④选中第1列和第3列的单元格,执行"插入"/"图像"菜单命令,插入图像index_r6_c14.jpg 和 index_r6_c18.jpg。选中第2行第2列的单元格,插入图像index_r14_c15.jpg。此时的页面效果如图15-18所示。

图15-17 页面效果1

图15-18 页面效果2

⑤选中第5行的单元格,插入一个1行3列、宽为100%、单元格边距和间距均为0的表格。

Dreamweaver CC 2018 中文版入门与提高实例教程

Dreamweaver CC 2018 中文版入门与提高实例教程

然后分别在第1列和第3列中插入图像index_r17_c14.jpg、index_r17_c18.jpg。此时的页面效果如图15-19所示。

图15-19　页面效果3

⑥将光标定位在第2列单元格中，设置单元格内容的水平对齐方式为"左对齐"，垂直对齐方式为"顶端"，插入一个div标签xueyuan。然后删除div标签的占位符文本，输入文本列表，并在style.css中定义规则#xueyuan和#xueyuan ul li：

```
#xueyuan {
    width: 163px;
    height: 120px;
}
```

```
#xueyuan ul li {
    line-height: 22px;
}
```

此时的页面效果如图15-20所示。

15）制作滚动图片。

①将光标定位在表格"content"的最后一行单元格中，嵌入一个3行3列、宽为100%，单元格边距、间距和边框均为0的表格，然后分别将第1行和3行的单元格合并。

②在第一行和第三行单元格中插入图像index_r23_c12.jpg、index_r29_c12.jpg，在第2行第1列和第2行第3列的单元格中也插入图像index_r24_c12.jpg、index_r24_c17.jpg。

③将光标定位在"宝贝作品"下方的第2行第2列单元格中，设置单元格内容的水平对齐方式和垂直对齐方式均为"居中"，然后在单元格中插入一个1行4列、表格宽度为100%的表格。

图15-20 设置右侧边栏的布局

④选中表格中的所有单元格，设置水平对齐和垂直对齐方式均为"居中"，然后分别在单元格中插入图片。此时的页面效果如图15-21所示。

图15-21 插入图片的页面效果

接下来通过添加代码，使插入的图片滚动起来。

⑤在"设计"视图中选中要滚动的表格，切换到"代码"视图，在选中代码的上方添加如下代码：

```
<marquee behavior="scroll" scrollAmount="6" scrollDelay="0" direction="right" width="495" height="120" onmouseover="this.stop()" onmouseout="this.start()">
```

在选中代码结束的下方添加</marquee>。

儿童教育网站设计综合实例

下面简要解释一下<marque e > 标签常用参数的功能。

- direction: 表示滚动的方向，值可以是left、right、up、down，默认为left。
- behavior: 表示滚动的方式，值可以是scroll（连续滚动）、slide（滑动一次）或alternate（来回滚动）。
- loop: 表示循环的次数，值是正整数，默认为无限循环。
- scrollAmount: 表示运动速度。
- scrollDelay: 表示停顿时间，默认为0。
- height和width: 表示运动区域的高度和宽度，值是正整数或百分数。
- hspace和vspace: 表示元素到区域边界的水平距离和垂直距离。
- onmouseover="this.stop()": 表示当鼠标移到滚动区域上时停止滚动。
- onmouseout="this.start()": 表示当鼠标移开滚动区域时继续滚动。

此外，还有两个不太常用的参数。

- align: 表示元素的垂直对齐方式，值可以是top, middle, bottom, 默认为middle。
- bgcolor: 表示运动区域的背景色，值是十六进制的RGB颜色，默认为白色。

此时在实时视图中预览效果可以看到，表格中插入的图片从左至右滚动，当将鼠标移到图片上时停止滚动，移开鼠标则继续滚动。

16）制作页脚的版权信息。

①将光标定位在表格"maincontent"最后一行单元格中，插入一个3行1列的表格，设置表格宽度为100%。

②选中表格中的单元格，在属性面板上设置单元格内容的水平对齐和垂直对齐方式均为"居中"。然后在表格中输入文本，如图15-22所示。

图15-22　输入页脚文本

③选中版本声明中的邮箱链接文本，在属性面板上的链接文本框中输入"mailto: vivi123@website.com"，创建邮件链接。

17）执行"文件"/"保存"命令，将文件保存在当前站点目录下。

至此，首页的整体布局制作完成，此时的页面的效果如图15-23所示。

图15-23　首页布局效果

15.4　制作页面布局模板

本网站实例中的内容页面风格一致，因此考虑首先制作一个模板文件，创建页面的整体布局，然后基于该模板生成页面文件。

制作页面布局模板之前，首先制作库项目。

15.4.1　制作库项目

本实例中制作的库项目主要是版权声明。具体制作步骤如下：

1）打开index.html。

2）选中表格"maincontent"最后一行的版权声明表格，然后执行"工具"/"库"/

"增加对象到库"命令，选中的表格将以黄色高亮显示，如图15-24所示。

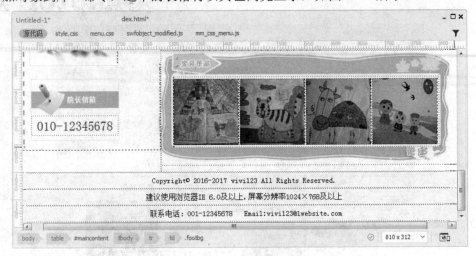

图15-24 库项目高亮显示

3）打开"库"面板，可以看到库列表中已新增了一个库项目，输入库项目的名称"copyright.lbi"，然后单击文档窗口中的其他区域。

4）双击库项目名称，在文档窗口中打开，如图15-25所示。

图15-25 库文件

在这里，用户可以修改库文件的内容和布局。

接下来制作页面布局模板。

15.4.2 制作模板

本实例制作页面布局模板的具体操作步骤如下：

1）新建文件。

①执行"窗口"/"文件"命令，打开"文件"面板。在"文件"面板左上角的站点下拉列表中选择站点"education"，并将站点视图设置为"本地视图"。

②在"文件"面板中单击鼠标右键，在弹出的快捷菜单中选择"新建文件"命令，在当前站点中新建一个HTML文件，输入文件名称后按Enter键，或单击文档窗口其他区域。然后在"文件"面板中双击新建的文件，在文档窗口中打开该文件。

2）附加样式表文件。打开"CSS设计器"面板，单击"添加CSS源"按钮，在弹出的下拉菜单中选择"附加现有的CSS文件"命令，弹出"使用现有的CSS文件"对话框。单击"浏览"按钮，选择已定义的CSS文件"style.css"，如图15-26所示。

上述步骤将CSS文件"style.css"链接到当前文件中，可以应用与index.html一样的

页面设置，从而保持站点文件风格的一致。

图15-26 "使用现有的CSS文件"对话框

3) 制作顶栏。

①在"HTML"插入面板中单击"表格"图标，在弹出的对话框中设置表格行数为1，表格宽度为100%，边框粗细为0，单元格边距和间距都为0，无标题。单击"确定"按钮，关闭对话框，然后在属性面板上指定表格ID为"tb_logo"。

②选中表格，在属性面板上的"对齐"下拉列表中选择"居中对齐"，然后将光标定位在单元格中，在属性面板上设置单元格内容的水平对齐方式为"居中对齐"，垂直对齐方式为"顶端"。

③保存文件。将光标定位在单元格中，单击"HTML"插入面板上的"Flash SWF"按钮，在弹出的对话框中选择标题动画logo.swf。然后在属性面板上选中"循环"和"自动播放"复选框。

4) 插入布局表格。将光标定位在表格"tb_logo"右侧，单击"HTML"面板中的"表格"按钮，在弹出的对话框中设置表格行数为4，列数为2，表格宽度为872像素，边框粗细为0，单元格边距和间距都为0，无标题。单击"确定"按钮，关闭对话框，然后在属性面板上指定表格ID为"main"，居中对齐。

5) 制作导航栏。

①选中表格"main"的第1行单元格，单击属性面板上的"合并所选单元格"按钮，然后在属性面板上设置单元格内容的水平和垂直对齐方式均为"居中对齐"，单元格高度为57px，"目标规则"为.menu_bg。

②在Fireworks中打开制作的下拉菜单menu.png，执行"文件"/"导出"命令，在弹出的"导出"对话框中设置导出类型为"HTML和图像"；在"HTML"下拉列表中选择"复制到剪贴板"命令。然后返回到Dreamweaver文档窗口，将光标置于要插入HTML文件的位置，执行"编辑"/"粘贴Fireworks HTML"命令，插入弹出菜单。

6) 制作左侧边栏的基本布局。

①将光标定位在第2行第1列单元格中，在属性面板上设置单元格宽度为291像素，然后将该单元格拆分为两行。

②选中上一步拆分后的第2行单元格，将其拆分为3列。然后将拆分后的第2列单元格拆分为4行。此时的页面效果如图15-27所示。

③选中单元格，在属性面板上设置单元格内容水平对齐方式为"左对齐"，垂直对齐

方式为"顶端",然后在第1行单元格中插入图像bg_r3_c2.jpg。采用同样的方法,在第2行第1列和第2行第3列的单元格中插入图像bg_r4_c2.jpg、bg_r4_c4.jpg。

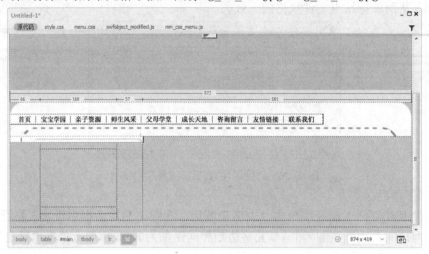

图15-27 页面效果

④选中第2列单元格,分别在第1行单元格和第3行的单元格中插入图像bg_r4_c3.jpg、bg_r7_c3.jpg。然后新建一个CSS规则.lan_bg,定义第2行的单元格的背景图像bg_r6_c3.jpg的位置为左、顶端,不平铺,且设置第2行单元格的高度为122。然后在第4行单元格插入图像bg_r8_c3.jpg,此时的页面效果如图15-28所示。

图15-28 页面效果

⑤选中表格"main"的第3行单元格,单击属性面板上的"合并所选单元格"按钮,设置单元格内容水平对齐方式为"左对齐",垂直对齐方式为"顶端对齐",然后插入图像bg_r9_c2.jpg。

7)制作页脚。

①选中表格"main"的最后一行单元格,单击属性面板上的"合并所选单元格"按钮,并在属性面板上设置单元格内容水平对齐方式和垂直对齐方式均为"居中",高度为90。在"目标规则"下拉列表中选择".footbg",设置单元格的背景图像。

②打开"库"面板，选中创建的版权声明库项目"copyright.lbi"，然后单击面板底部的"插入"按钮，将库项目添加到页面中。此时的页面效果如图15-29所示。

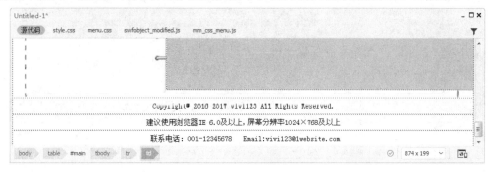

图15-29 插入库项目的页面效果

接下来制作第2列的内容。

8）制作正文区域的标题栏。

①将光标定位在第2列单元格中，设置单元格背景颜色为白色，水平对齐方式为"左对齐"，垂直对齐方式为"顶端"。

②执行"插入"/"表格"命令，插入一个2行3列的表格，设置表格宽度为581像素，边框、单元格填充和间距均为0，ID为"lanmu"。

③选中第1行的3列单元格，单击属性面板上的"合并所选单元格"按钮，将第1行的单元格合并为1行1列，并设置单元格的高度为58。

④在"CSS设计器"面板的"源"窗格中选择"style.css"，单击"添加选择器"按钮新建一个CSS规则.title_bg，定义单元格的背景图像bg_r3_c5.jpg的位置为left和top，不平铺。此时的页面效果如图15-30所示。

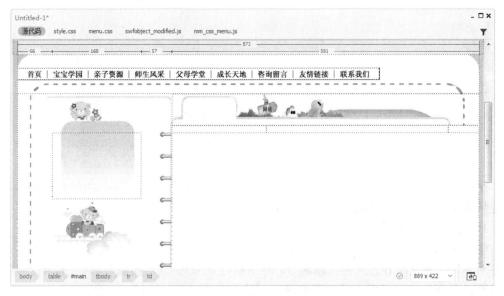

图15-30 页面效果

儿童教育网站设计综合实例

9）插入边框。将光标定位在第2行第1列的单元格中，插入图像bg_r5_c5.jpg；同理，在第3列单元格中插入图像bg_r5_c7.jpg。此时的页面效果如图15-31所示。

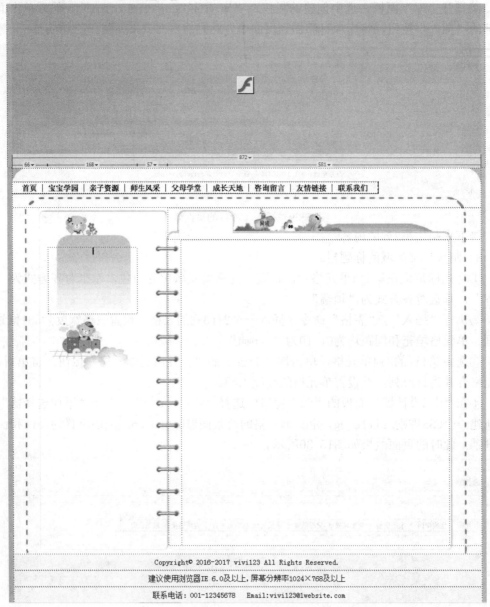

图15-31　页面效果

至此，页面的基本布局制作完毕，该页面布局用于显示本站点实例中的栏目内容。为创建风格统一的页面，可将该页面布局保存为模板。

10）插入可编辑区域。

①将鼠标指针定位在第2列单元格中，在属性面板上设置单元格内容水平对齐方式为"左对齐"，垂直对齐方式为"顶端"，然后执行"插入"/"模板"/"可编辑区域"菜单命令，在弹出的对话框中指定可编辑区域的名称为"content"。采用同样的方法，在页面左侧的区域也添加一个可编辑区域，命名为"nav"。

②在栏目标题区域插入一个div标签title，然后在"style.css"中定义规则#title设置布局块的大小和位置。对应的代码如下：

```
#title {
    margin-left: 20px;
    text-align: center;
    width: 100px;
    color: #FF6600;
    font: bold x-large "隶书";
}
```

③删除div标签中的占位符文本，添加一个可编辑区域，命名为"title"。该可编辑区域用于显示栏目标题。此时的页面效果如图15-32所示。

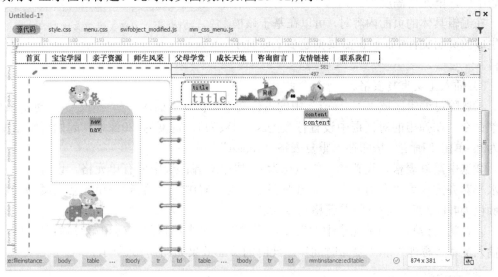

图15-32　页面效果

至此，模板文件基本制作完毕。

11）执行"文件"/"另存为模板"命令，将文件保存在当前站点中，命名为"bg.dwt"。

15.4.3　制作嵌套模板

在本网站实例中，有些网页文件除显示内容及内容的多少相同之外，其他页面元素基本相同。因此，可以制作一个嵌套模板，在模板中利用重复区域显示页面内容。

本网站实例使用的嵌套模板制作步骤如下：

1）新建文件。打开"资源"面板，并切换到"模板"面板视图。在模板列表中选中上一节创建的模板"bg.dwt"，单击鼠标右键，在弹出的快捷菜单中选择"从模板新建"命令。

基于模板新建的文件有与模板完全一样的页面布局，除三个可编辑区域可以修改之

儿童教育网站设计综合实例

Dreamweaver CC 2018 中文版入门与提高实例教程

外，其他区域均处于锁定状态。

2）插入导航重复表格。

①删除可编辑区域nav中的占位文本，执行"插入"/"模板"/"重复表格"菜单命令。此时会弹出一个提示对话框，提醒用户该操作会将当前文件转换为模板。单击"确定"按钮，弹出"插入重复表格"对话框。

②设置行数为1，列数为1，宽度为120像素，边框为0，起始行和结束行均为1，区域名称为"submenu"，如图15-33所示。然后单击"确定"按钮关闭对话框，即可在当前文档中的可编辑区域插入一个重复表格。

③选中表格，在属性面板上设置单元格内容的水平对齐方式为"左对齐"，垂直对齐方式为"居中"，单元格高度为20。

在编辑具体的页面内容时，可以在基于该模板生成的页面文件中，根据需要创建多个导航子栏目。

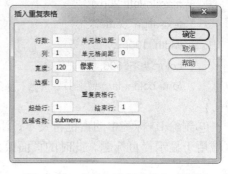

图15-33　"插入重复表格"对话框

3）插入正文重复表格。

①删除可编辑区域"content"中的占位文本，执行"插入"/"模板"/"重复表格"菜单命令，在弹出的对话框中设置行数为2，列数为3，宽度为420像素，起始行和结束行均为2，单击"确定"按钮插入重复表格"lanmu"。

②选中重复表格，设置单元格填充为5，居中对齐；选中所有单元格，设置单元格内容水平对齐方式为"左对齐"，垂直对齐方式为"居中"，第1行的单元格高度为30，背景颜色为#FFC3DF；第2行的单元格高度为20。

③在第1行第1列的单元格中输入文本"ID"；选中第1行第2列和第3列的单元格，分别输入文本"标题"和"发布时间"。此时的页面效果如图15-34所示。

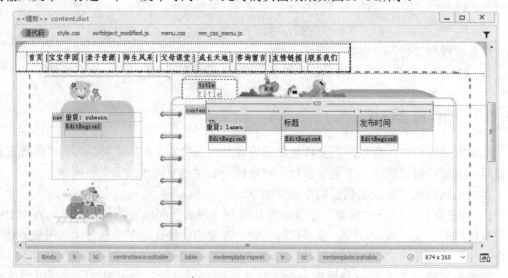

图15-34　页面效果

340

4）保存嵌套模板。执行"文件"/"另存为模板"命令，将该文件保存在当前站点中，命名为"content.dwt"。

至此，嵌套模板制作完毕。

15.5 基于模板制作页面

本章前几节中已制作了页面模板，接下来基于模板生成具体的网页文件。

15.5.1 制作咨询留言页面

1）新建文件。

①打开"资源"面板，并切换到"模板"面板视图。在模板列表中选中上一节创建的模板"bg.dwt"，单击鼠标右键，在弹出的快捷菜单中选择"从模板新建"命令。

②保存文件。执行"文件"/"保存"命令，将文件保存在当前站点中。

2）修改可编辑区域的内容。删除可编辑区域nav中的文字，插入需要的子栏目标题"咨询留言"。删除可编辑区域"title"中的文字，输入栏目标题"咨询留言"。

3）制作表单。

①删除可编辑区域"content"中的文字，将光标定位在单元格中，切换到"表单"插入面板，单击"表单"图标按钮，在可编辑区中插入一个表单"form1"。选中表单，在属性面板上的"动作"文本框中输入mailto:vivi123@website.com。

②将光标定位在表单中，执行"插入"/"表格"命令，在可编辑区域中插入一个9行1列，表格宽度为420像素，边框、单元格边距、间距均为0的表格。选中插入的表格，在属性面板上设置"居中对齐"，此时的页面效果如图15-35所示。

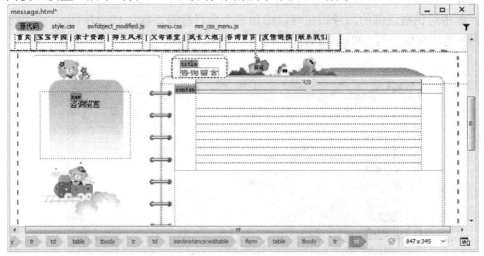

图15-35　页面效果

③选中第1行～第8行的单元格，在属性面板上设置单元格内容水平对齐方式为"左对

Dreamweaver CC 2018中文版入门与提高实例教程

齐",垂直对齐方式为"居中",然后在第1行中输入文字。在"style.css"中定义规则.tr_height,设置行高为200%。然后在属性面板上的"目标规则"下拉列表中应用.tr_height。

④选中第3行~第9行单元格,在属性面板上设置单元格高度为40。此时的页面效果如图15-36所示。

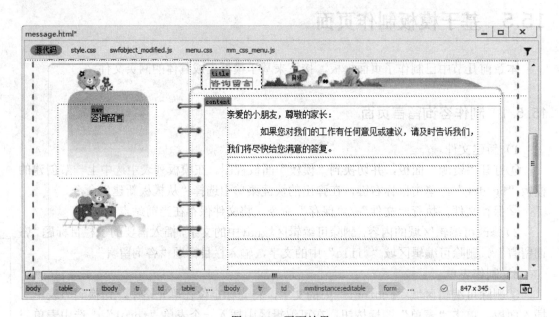

图15-36 页面效果

⑤将光标定位在第3行单元格中,切换到"表单"插入面板,单击面板中的"选择"构件。将占位文本修改为"主题"。

⑥在页面中单击"选择"构件,在对应的属性面板上勾选"必填","表单"下拉列表中选择"form1"。然后单击"列表值"按钮,在弹出的"列表值"对话框中添加项目标签。单击对话框顶部的加号按钮可以添加多个项目标签,如图15-37所示。关闭对话框之后,在属性面板上的"初始时选定"列表中选择默认情况下显示的主题标签,如图15-38所示。

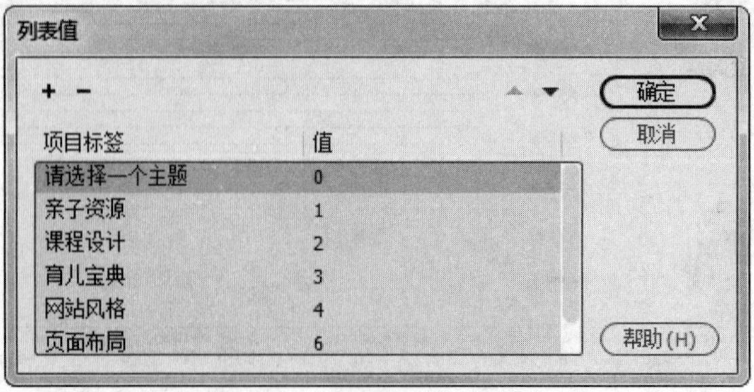

图15-37 "列表值"对话框

图15-38　选择主题标签

⑦将光标定位在第4行单元格中，单击"表单"插入面板中的"文本区域"构件。将占位文本修改为"内容"，在属性面板上设置状态为"必填"，行数为5，列宽为50。

⑧将光标定位在第5行单元格中，单击"表单"面板中的"文本"构件。将占位文本修改为"联系人"，设置字符宽度为14，最多字符数为12，关联表单为"form1"。

⑨将光标定位在第6行单元格中，单击"表单"面板中的"电话号码"构件。将占位文本修改为"联系电话"，在属性面板上选中"必填"，设置字符宽度为14，最多字符数为11，关联表单为"form1"。

⑩将光标定位在第7行单元格中，单击"表单"面板中的"电子邮件"构件。在属性面板上选中"必填"，关联表单为"form1"。此时的页面效果如图15-39所示。

图15-39　页面效果

将光标置于第9行单元格中，将单元格拆分为2列，并在属性面板上设置单元格内容水平对齐方式和垂直对齐方式均为"居中"。

在第1列单元格中插入一个"提交"按钮；在第2列单元格中插入一个"重置"按钮，并修改按钮的值为"取消"。此时的页面在实时视图中的预览效果如图15-40所示。

至此，"咨询留言"页面制作完毕。

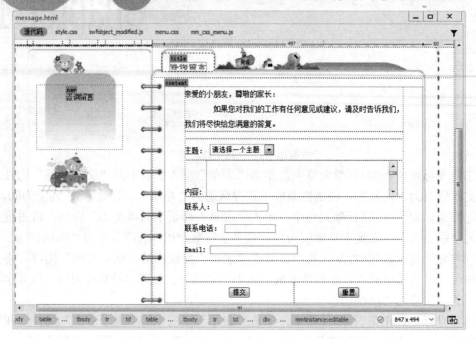

图15-40　页面效果

15.5.2　制作信息显示页面

　　该页面的布局是本网站实例中很典型的一个页面，左侧显示导航子菜单，右侧显示相关的信息。本网站实例中绝大多数的显示布局与此相同，不同的是显示的内容和内容条目的多少。本页面将基于嵌套模板制作。具体制作步骤如下：

　　1）新建文件。

　　①打开"资源"面板，并切换到"模板"面板视图。在模板列表中选中已创建的嵌套模板"content.dwt"，单击鼠标右键，在弹出的快捷菜单中选择"从模板新建"命令。

　　②执行"文件"/"保存"命令，将文档保存在当前站点目录中，命名为"xueyuan.html"。

　　2）编辑可编辑区域的内容。

　　①删除可编辑区域"title"中的文本，插入需要的栏目标题，如"宝宝学园"。此时的页面效果如图15-41所示。

　　②在页面左侧的重复表格"submenu"的可编辑区域中输入栏目子标题。如果子标题多于一个，可单击重复表格右上角的加号按钮，添加多个可编辑的单元格，然后输入文本，并为文本指定链接目标，以及链接目标文件打开的方式。

　　如果要删除某个重复单元格，可单击重复表格右上角的减号按钮；如果要调整重复单元格在表格中的显示位置，可单击右上角的向上或向下的三角形按钮。

　　③按照上一步的方法，在页面右侧的重复表格"lanmu"中输入文本，并为文本指定链接目标和目标打开的方式。此时的页面效果如图15-42所示。

　　由于在模板文件中定义了链接文本显示为黑色，且无下划线修饰，因此在浏览器视图中显示的链接文本与普通页面文本相同。当鼠标指针移过链接文本时，文本将显示为橘红

色，且显示下划线，表明这是一个链接文本。

3）按照以上操作，制作其他类似的页面。

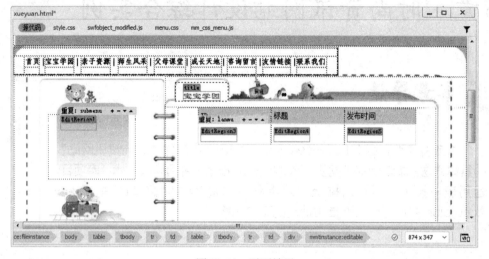

图15-41　页面效果

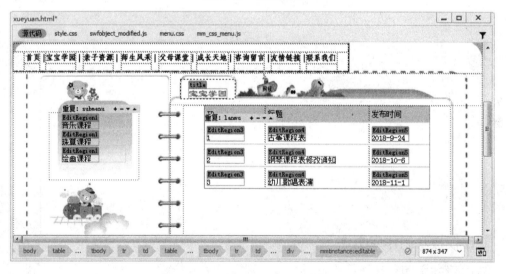

图15-42　页面效果

儿童教育网站设计综合实例

345

Chapter 16

第16章　时尚资讯网站设计综合实例

 **本章导读**

　　本章将详细介绍在 Dreamweaver CC 2018 中制作"时尚资讯网站"的具体方法。本章运用了网页制作的大部分技术，包括模板技术、库项目、运用表格技术进行页面排版，以及利用 jQuery UI 窗口部件 jQuery Accordion 制作可以上下自由滑动的菜单面板。

- 制作模板和制作库文件
- 制作网站主页
- 制作其他页面

Dreamweaver CC 2018中文版从入门与提高实例教程

16.1 实例介绍

时尚资讯网站综合实例是介绍一些时尚信息（如美容、服饰、搭配、美食等）的网站，整张页面主要使用表格进行布局。

由于是信息发布类的网站，因此本例有多个页面，但本章内容主要集中在介绍模板的制作，以及在模板的基础上制作主页和"施华洛世奇新品流行速递"页面。实例主页效果如图 16-1 所示。

图16-1 主页效果

鼠标停留在左侧的滑动面板上时，面板名称显示为橘黄色，单击面板，即可上下自由滑开面板，显示所选面板的内容；将鼠标移到链接文本上时，文本放大，并显示为橘红色，如图 16-2 所示。

单击菜单面板"流行速递"中的"施华洛世奇新品"，可以跳转到相应的页面，如图 16-3 左图所示。

单击页面底部的"下一页"文本按钮，可以切换到当前文章内容的下一页，如图 16-3 右图所示。单击页面底部左侧的图片，可以返回到页面顶部。

图16-2 实例效果1

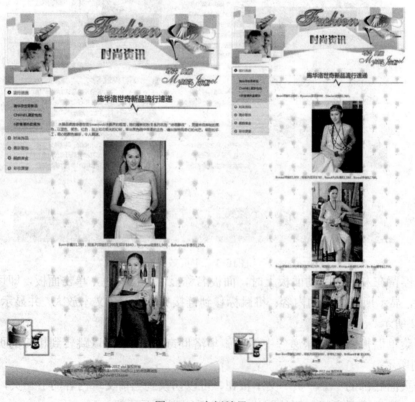

图16-3 实例效果2

16.2　准备工作

在开始制作本例之前，先介绍一下制作本网站所需的准备工作。

1）在硬盘上新建一个 fashion 文件夹，在 fashion 目录下创建一个 images 子目录。

2）在图片编辑软件（如 Fireworks）中制作所需的图片，如图 16-4～图 16-6 所示。把这些图片保存到 fashion/images 目录下，其他需要用到的图片也复制到该目录。

图16-4　logo

图16-5　栏目标题

图16-6　页面底部背景和导航图像

3）启动 Dreamweaver CC 2018，执行"站点"/"新建站点"菜单命令，新建一个静态的本地站点 fashion，指向 fashion 目录。

至此，准备工作完毕，可以开始制作网站页面了。

时
尚
资
讯
网
站
设
计
综
合
实
例

16.3 制作模板

由于本网站中的页面要用到相同的页面元素和排版方式，因此可以使用模板来避免重复地在每个页面输入或修改相同的部分。在网站改版的时候，只要改变模板，就能自动更改所有基于这个模板的网页。

16.3.1 设计基本布局

1）新建一个 HTML 文件，在属性面板上的"文档标题"文本框中输入"时尚资讯"。

2）创建样式表。

①打开"CSS 设计器"面板，单击"添加 CSS 源"按钮，在弹出的下拉列表中选择"创建新的 CSS 文件"命令，然后在弹出的"创建新的 CSS 文件"对话框中输入文件名称"style.css"，保存在站点根目录下，如图 16-7 所示。

②打开"style.css"，输入如下代码：

```
body,td,th {
    font-size: 12px;
    color: #666;
}
a:link {
    color: #666;
    text-decoration: none;
}
a:visited {
    text-decoration: none;
    color: #600;
}
a:hover, a:active {
    text-decoration: none;
    color: #F30;
}
```

图16-7 "创建新的CSS文件"对话框

也可以使用 Dreamweaver 以可视化方式生成以上代码，然后剪切到"style.css"中（不要<style type="text/css">和</style>）：执行"文件"/"页面属性"命令，在弹出的"页面属性"对话框中设置页面字体的大小为12像素，文本颜色为#666；切换到"链接"分类，设置"链接颜色"为#666，"已访问链接"为"#600"，"变换图像链接"和"活动链接"均为#F30，"下划线样式"为"始终无下划线"。然后依次单击"应用"按钮和"确定"按钮。

3）创建基本布局。

①将光标置于文档中，单击"HTML"插入面板上的"表格"按钮，在弹出的"表格"

对话框中设置行数为3，列数为1，表格宽度为750像素，边框粗细为0，间距和边距均为0。单击"确定"按钮关闭对话框。然后在属性面板上的"对齐"下拉列表中选择"居中对齐"。

②将光标定位在第1行的单元格中，单击属性面板上的"拆分单元格"按钮，将单元格拆分为3列。

③选中第1行第2列的单元格，单击属性面板上的"拆分单元格"按钮，将单元格拆分为2行。此时的页面效果如图16-8所示。

图16-8　创建表格

4）制作顶栏。

①选中第1行第1列的单元格，在属性面板上设置单元格内容的水平对齐方式为"居中对齐"，垂直对齐方式为"顶端"。然后单击"HTML"插入面板上的"图像"图标按钮，在打开的"选择文件"对话框中选择图像page_r1_c1.gif。

②选中第1行第2列拆分后的第1行单元格，在属性面板上的"水平"下拉列表中选择"居中对齐"，在"垂直"下拉列表中选择"居中"，设置宽为281，高为93。

接下来设置单元格的背景图像。

③在"CSS设计器"面板的"源"窗格中选择style.css，然后单击"添加选择器"按钮，输入选择器名称".top_bg1"。在"背景"属性列表中单击"背景图像"右侧的"浏览"按钮，在弹出的对话框中选择背景图像page_r1_c3.gif，背景位置为left、bottom，不平铺。将光标定位在单元格中，在CSS属性面板上的"目标规则"下拉列表中选择".top_bg1"。

④选中第1行第2列拆分后的第2行单元格，将单元格内容的水平对齐方式设置为"居中对齐"，垂直对齐方式为"居中"，高为91。按照步骤③的方法设置背景图像page_r2_c3.gif，背景位置为left、top，不平铺。然后在属性面板上的"目标规则"下拉列表中选择".top_bg2"。

⑤按照步骤③同样的方法设置第1行第3列单元格的背景图像page_r1_c4.gif，背景位置为left、top，不平铺。设置单元格内容的水平、垂直对齐方式均为"居中"。此时的页面效果如图16-9所示。

⑥将光标定位在第1行第2列拆分后的第1行单元格中，单击"HTML"插入面板上的"图像"图标按钮，在弹出的"选择文件"对话框中选择图像fashion2.gif。采用同样的方法，在第2行的单元格中插入图像fashion.gif。此时的页面效果如图16-10所示。

⑦将光标定位在第1行第3列的单元格中，单击"HTML"插入面板上的"图像"图标按钮，插入一幅鞋的图像shoes.gif。此时的页面效果如图16-11所示。

时尚资讯网站设计综合实例

351

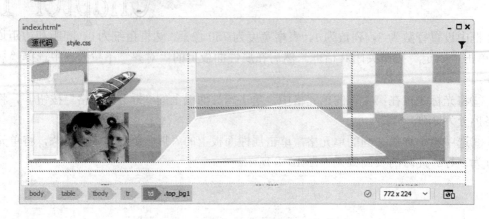

图16-9　页面效果

图16-10　插入logo

图16-11　插入图片

⑧将光标放置在第 2 行单元格中，设置单元格内容水平对齐方式为"居中对齐"，垂直对齐方式为"顶端"。单击"HTML"插入面板上的"表格"图标按钮，插入一个 2 行 2 列的表格，设置表格宽度为100%，无边框。

⑨在属性面板上将表格第1列的宽度设置为160像素，然后在第1行的第1列单元格中插入图像 page_r3_c1.gif。

⑩选中嵌套表格第1行第2列的单元格，在"水平"下拉列表中选择"右对齐"选项，

并创建 CSS 规则 .top_bg4，定义背景图像为 page_r3_c2.gif，不平铺。然后单击 "HTML"
插入面板上的 "图像" 图标按钮，插入一幅图像。此时的页面效果如图 16-12 所示。

图16-12　页面效果

16.3.2　制作导航菜单

本节使用 jQuery Accordion 构件制作导航菜单面板，单击面板名称，可以上下自由
滑开选择的内容，而整个窗口不会发生变化。操作步骤如下：

1）拆分单元格。选中嵌套表格的第 2 行第 1 列单元格，单击鼠标右键，从弹出的快
捷菜单中选择 "拆分单元格" 命令，将单元格拆分为 2 行。在属性面板上设置单元格内容
的水平对齐方式为 "左对齐"，垂直对齐方式为 "顶端"。

2）插入折叠构件。

①保存文档为 "index.html"。将光标定位在拆分后的第 1 行单元格中，单击 "插入"
面板右上角的选项按钮，在弹出的下拉菜单中选择 "jQuery UI"，切换到 "jQuery UI"
插入面板，然后单击该面板上的 "折叠式" 图标按钮，插入一个 jQuery According 构
件，如图 16-13 所示。

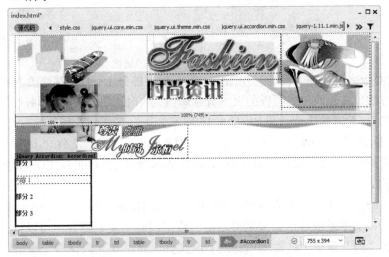

图16-13　插入 jQuery According 构件

此时，在文档窗口顶部可以看到自动添加的相关文件，如图 16-13 所示。

②保存文档，弹出如图 16-14 所示的"复制相关文件"对话框。该对话框中显示了该页面正常工作所需要的支持文件，单击"确定"按钮，将这些支持文件复制到本地站点根目录下。打开站点根目录，可以看到一个名为"jQueryAssets"的文件夹。

图16-14 "复制相关文件"对话框

3）设置折叠式构件的属性。单击折叠式构件顶部的蓝色标签，在属性面板上的"面板"列表中选择"部分3"，单击"添加面板"按钮➕两次，添加两个面板。然后设置触发事件为"mouseover"，动画效果为"linear"，持续时间为 200ms，面板标题的图标为"ui-icon-circle-arrow-e"，活动面板的标题图标为"ui-icon-circle-arrow-s"，如图 16-15 所示。

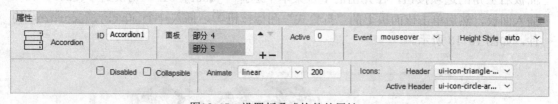

图16-15 设置折叠式构件的属性

4）修改面板名称。在"设计"视图中，将面板"部分 1"的页签修改为"流行速递"。按照同样的方法，将其他 4 个面板的页签分别修改为"时尚饰品""霓彩服饰""靓颜美食"和"彩妆课堂"。此时的页面效果如图 16-16 所示。

5）修改标题文本的颜色。在文档窗口顶部单击打开 CSS 文件"jquery.ui.theme.min.css"，找到类".ui-state-default"，将文本颜色修改为#666，以与页面文本颜色统一，如图 16-17 所示。

在"jquery.ui.theme.min.css"文件中，可以根据需要修改 According 构件的初始外观，如背景、文本颜色等。如果觉得这里的规则代码不便于查看，可以打开"CSS 设计器"面板，在"源"窗格中选择类所在的 CSS 文件，然后在"选择器"窗格中选择需要的选择器，即可以可视化方式查看规则，如图 16-18 所示。

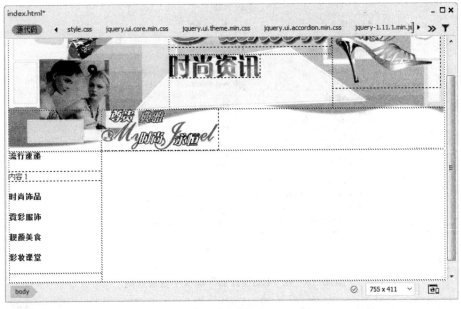

图16-16　jQuery According效果

图16-17　修改标题文本的颜色

6）修改标题文本的呈现方式。按上一步同样的方法修改组合选择器.ui-state-active a,.ui-state-active a:link,.ui-state-active a:visited，修改后的代码如下：

```
.ui-state-active a,.ui-state-active a:link,.ui-state-active a:visited{
color: #F60;
text-decoration: none;
font-weight: bold;
}
```

此时的页面效果如图 16-19 所示。

时尚资讯网站设计综合实例

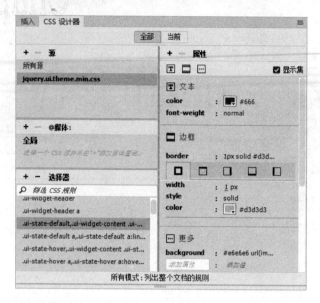

图16-18　在"CSS设计器"面板中查看规则

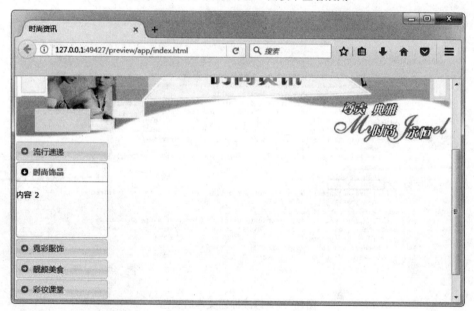

图16-19　页面效果

7）设置面板的背景颜色。按上一步同样的方法修改选择器.ui-widget-content，指定面板内容的背景颜色，相关代码如下：

```
.ui-widget-content{
    border:1px solid #aaa;
    background:#ccf;
    color:#222;
}
```

此时的页面预览效果如图 16-20 所示。

图16-20　设置面板内容的背景颜色

8）设置面板内容的填充边距。在 `jquery.ui.accordion.min.css` 文件中修改选择器 `.ui-accordion-content` 的规则定义，指定内容的填充边距，修改后的类定义如下：

```css
.ui-accordion-content{
    padding:1em 30px;
    border-top:0;
    overflow:auto;
    zoom:1;
}
```

修改后的页面效果如图 16-21 所示。

图16-21　修改面板内容左、右填充后的效果

9）添加菜单项。单击选中 jQuery 折叠式构件顶部的蓝色标签，在属性面板的"面板"区域选中"流行速递"，并在"设计"视图中删除该面板中的占位文本"内容 1"，然后创建文本项目列表。此时的页面效果如图 16-22 所示。

图16-22 创建文本项目列表

10）设置项目列表的样式。打开样式表文件"style.css"，添加如下规则：

```
body,td,th,ul,li {
    font-size: 12px;
    color: #666;
    margin:0;
    padding:0;
    border:0;
}
li {
    line-height: 30px;
    list-style-type:none;
    border-bottom: 1px dashed #666;
}
```

此时的页面效果如图 16-23 所示。

11）设置鼠标划过时链接文本的颜色。打开样式表文件 jquery.ui.accordion.min.css，添加如下规则：

```
.ui-accordion-content a:hover{
    color:#F30;
}
```

此时，页面在浏览器中的预览效果如图 16-24 所示。

12）使用同样的方法，在其他四个面板中插入文本，并制作成项目列表。

13）设置单元格属性。将光标定位在 jQuery 折叠式构件下方的单元格中，在属性面板上的"水平"下拉列表中选择"居中对齐"，在"垂直"下拉列表中选择"底部"。

图16-23　设置项目列表的样式

图16-24　设置链接文本的颜色

14）插入图像链接。单击"HTML"插入面板上的"图像"图标按钮，在弹出的"选择文件"对话框中选中图像 pic1.gif。然后在"链接"文本框中输入#，即单击该图片时返回页面顶端。

16.3.3　插入模板元素

1）设置页脚的背景图像。

Dreamweaver CC 2018 中文版入门与提高实例教程

①选中最后一行单元格，在属性面板上的"水平"下拉列表中选择"居中对齐"，设置高度为 100。

②创建 CSS 规则.footbg，为单元格设置背景图像 page_r5_c1.gif，不平铺；设置图像位置水平居中，垂直居中，高 100px，文本居中，行距 120%。然后在属性面板上的"目标规则"下拉列表中选择".footbg"。此时的页面效果如图 16-25 所示。

2）插入可编辑区域。

①选中 jQuery 折叠式构件右侧的单元格，在属性面板上设置单元格内容的水平对齐方式为"左对齐"，垂直对齐方式为"顶端"。

②执行"插入"/"模板"/"可编辑区域"菜单命令，此时 Dreamweaver 将弹出一个对话框，提示该操作将把页面转换为模板。单击"确定"按钮关闭对话框。

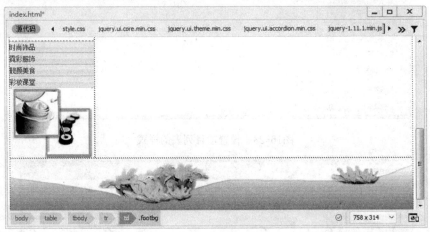

图16-25 设置页脚背景

③在弹出的"新建可编辑区域"对话框中键入可编辑区域的名称"content"，并单击"确定"按钮关闭对话框，即可将选中的单元格转换为可编辑区域，如图 16-26 所示。

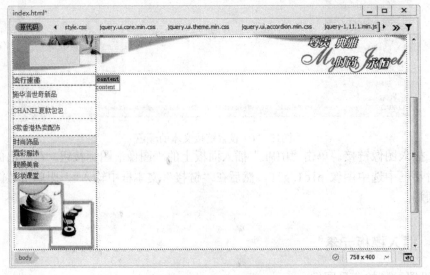

图16-26 插入的可编辑区域

3）保存文件。执行"文件"/"保存"命令，弹出"另存模板"对话框。在"描述"文本框中输入"页面的基本布局"，在"另存为"文本框中键入模板的名称"layout"，然后单击"保存"按钮关闭对话框。

至此，页面的基本布局模板制作完成。接下来制作文章详细内容页面的模板。

16.3.4 制作嵌套模板

1）插入布局表格。将光标定位在可编辑区域中，删除可编辑区域中的占位文本，然后单击"HTML"插入面板上的"表格"图标按钮，在弹出的"表格"对话框中设置表格行数为 3，列数为 1，表格宽度为 590 像素，无边框。单击"确定"按钮关闭对话框。

2）设置表格的背景图像。选中表格，在属性面板中设置"填充"为 10，"间距"为 0；新建 CSS 规则.content_bg，为表格设置背景图像，背景平铺。然后选中表格，在属性面板上的"类"下拉列表中选择".content_bg"。此时的页面效果如图 16-27 所示。

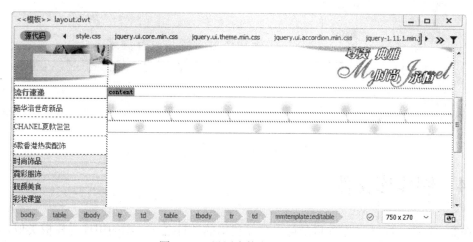

图16-27　设置表格背景的效果

3）设置标题文本的样式。将光标定位在第 1 行的单元格中，在属性面板上的"水平"下拉列表中选择"居中对齐"，输入文章的标题。在"style.css"中定义 CSS 规则 h2，"字体大小"为"x-large"，加粗。然后选中文本，在属性面板上的"格式"下拉列表中选择 h2。

4）插入分隔线。将光标定位在标题的右侧，按 Shift+Enter 键插入一个换行符。然后单击"HTML"插入面板上的"图像"图标按钮，插入一条水平分割线。此时的页面效果如图 16-28 所示。

5）插入翻页导航文本。将光标定位在第 3 行单元格中，在属性面板上的"水平"下拉列表中选择"居中对齐"，然后输入"上一页"，插入多个空格后输入"下一页"。此时的页面效果如图 16-29 所示。

6）执行"文件"/"另存为"命令，将模板另存为名为 article.dwt 的模板。

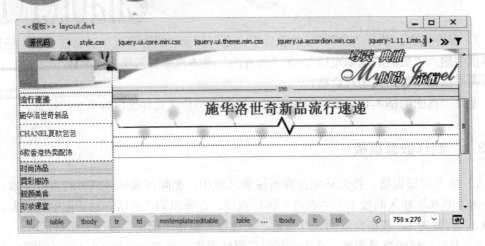

图16-28　页面效果

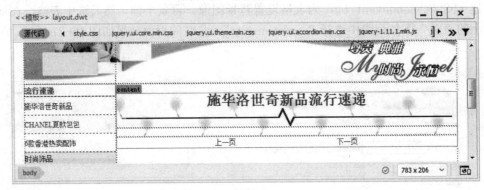

图16-29　插入翻页导航文本

16.4　制作库文件

在 Dreamweaver 中，库项目是可以重复使用的项目之一。库的用途与模板类似，都可将同一内容重复用于不同的网页。本例的库文件具体制作步骤如下：

1）新建文件。执行"文件"/"新建"命令，新建一个空白的 HTML 网页。切换到"代码"视图，删除<meta charset="utf-8">以外的所有代码。

2）保存库文件。执行"文件"/"另存为"菜单命令，弹出"另存为"对话框。在"文件名"文本框中输入文件名"copyright.lbi"，在"保存类型"下拉列表中选择"Library Files（*.lbi）。然后单击"保存"按钮关闭对话框。

注意：
一定要将库文件保存在站点根目录下的 Library 文件夹中。

3）插入布局表格。切换到"设计"视图，执行"插入"/"表格"命令，插入一个 1 行 1 列的表格，设置宽度为 750 像素，边框为 0。选中表格，在属性面板上设置对齐方式为"居中对齐"。

4）插入页脚内容。

①将光标置于单元格中，设置水平和垂直对齐方式均为"居中"，输入文本"Copyright"和一个空格，然后将光标定位在空格右侧，切换到"HTML"面板。

②单击"HTML"插入面板上的"其他字符"图标按钮，在弹出的下拉菜单中选择"版权"符号©。

③输入文本"2016-2017 vivi 版权所有"后，按 Shift+Enter 键插入一个换行符，然后输入其他文本和邮箱地址。

5）添加邮件链接。选中邮箱地址，在属性面板的"链接"文本框中输入 mailto:vivi@123.com，此时的页面效果如图 16-30 所示。

图16-30　页面效果

6）插入库项目。

①执行"窗口"/"资源"菜单命令，打开"资源"面板。单击"资源"面板左侧的"库"图标按钮📖，切换到库管理面板。

②分别打开前两节制作的模板"layout.dwt"和"article.dwt"，将光标定位在最后一行单元格中，在属性面板上设置单元格内容的水平对齐方式为"居中对齐"，垂直对齐方式也为"居中对齐"。

③在"库"面板中选中库文件"copyright.lbi"，然后单击"库"面板底部的"插入"按钮；或直接将库项目拖动到单元格中，即可将库项目插入到页面中。此时的页面效果如图 16-31 所示。

图16-31　在页面中插入库项目

时尚资讯网站设计综合实例

363

16.5　制作网站主页

制作好页面布局的模板之后，接下来就可以基于模板"layout.dwt"轻松地制作网站主页了。本网站实例主页的制作步骤如下：

1）新建文件。

①执行"窗口"/"资源"菜单命令，调出"资源"面板。单击"资源"面板左侧的"模板"图标按钮，切换到"模板"面板。

②在模板列表中右击"layout.dwt"，在弹出的快捷菜单中选择"从模板新建"命令，生成一个普通的 HTML 文件，如图 16-32 所示。

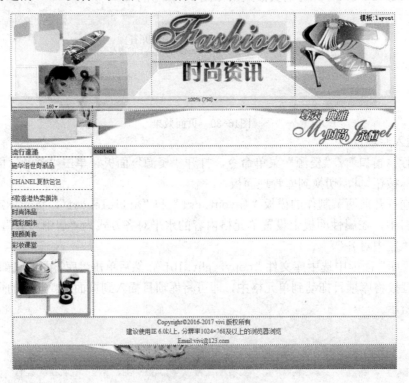

图16-32　基于模板生成的文件

如果在"模板"列表中看不到已创建的模板，可以单击"模板"面板底部的"刷新站点列表"按钮 C。

2）插入布局表格。将光标定位在可编辑区域"content"内，删除可编辑区域内的占位文本，然后单击"HTML"插入面板上的"表格"图标按钮，插入一个 4 行 2 列、宽度为590 像素、无边框的表格。

3）插入栏目标题图片。

①选中第 1 行和第 3 行的单元格，在属性面板上的"水平"下拉列表中选择"居中对齐"，在"垂直"下拉列表中选择"顶端"。

②将光标置于第 1 行第 1 列的单元格中，单击"HTML"插入面板上的"图像"图标按

钮,然后在弹出的"选择文件"对话框中选择已制作的栏目图片。

③按照上一步同样的方法,在第1行第2列的单元格和第3行的单元格中分别插入栏目标题图片。此时的页面效果如图16-33所示。

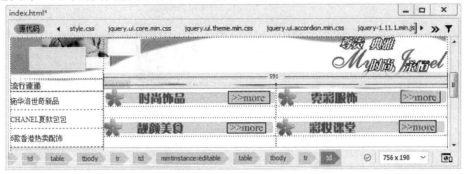

图16-33 插入栏目标题图片

4)拆分内容布局表格。

①选中第2行第1列的单元格,然后单击属性面板上的"拆分单元格"按钮,将单元格拆分为2列。

②选中拆分后的右侧单元格,然后单击属性面板上的"拆分单元格"按钮,将单元格拆分为8行。

③按照前两步的方法,将第2行第二2列的单元格和第4行的单元格进行拆分。拆分后的单元格如图16-34所示。

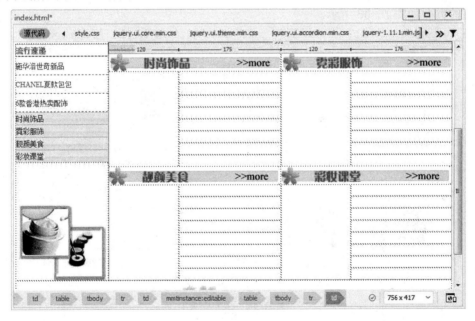

图16-34 拆分后的单元格

5)插入图文。

①将光标定位在第2行第1列的单元格中,在属性面板上设置单元格内容的水平对齐

方式为"居中对齐",垂直对齐方式也为"居中对齐"。

②单击"HTML"插入面板上的"图像"按钮,在弹出的"选择文件"对话框中选中相应的图像。然后按照同样的方法,在其他单元格中插入图像,页面效果如图 16-35 所示。

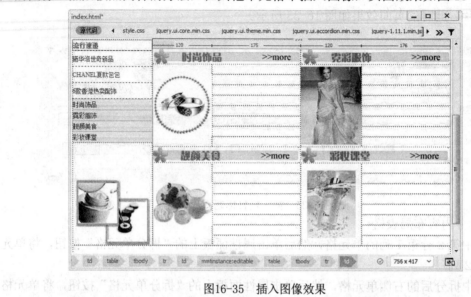

图16-35　插入图像效果

③选中图片右侧的 8 行单元格,在属性面板上的"水平"下拉列表中选择"左对齐"选项,设置单元格高度为 20。然后在单元格中输入文本,并为文本添加超链接。

由于已在"页面属性"对话框中设置了普通文本和链接文本的颜色、大小,因此输入文本后的页面如图 16-36 所示。

图16-36　输入文本

6)添加热点区域。

①选中栏目标题图片,单击属性面板上的"矩形热点工具"按钮 ╚┐,然后在图像的">>more"文本上按下鼠标左键拖出一个矩形框,将文本包围。

②在属性面板上的"链接"文本框中输入#，在"替换"文本框中输入"时尚饰品"。

该步骤的作用是单击">>more"热点区域后返回页面顶端。如果网站的文章比较多，可以依照该页面制作一个文章列表，然后将热点区域的链接目标指向文章列表所在的页。

③按照上面两步的方法，为其他栏目图片添加热点区域，并指定链接目标和替换文本。完成后的页面效果如图16-37所示。

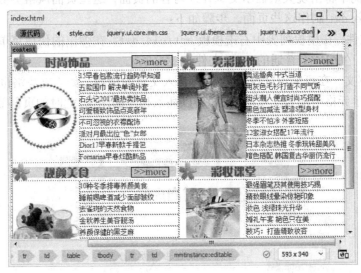

图16-37　添加热点区域

至此，网站主页制作完毕，整个页面的效果如图16-38所示。

图16-38　完成的主页页面效果

时尚资讯网站设计综合实例

7）执行"文件"/"保存"菜单命令，将文档保存为"index.html"。按 F12 键在浏览器中预览，效果如图 16-1 所示。

16.6　制作其他页面

本网站实例中将出现大量显示文章详细内容的页面，这些页面风格类似。下面使用嵌套模板 article.dwt 制作这些页面。步骤如下：

1）新建文件。在模板列表中右击模板 article.dwt，在弹出的快捷菜单中选择"从模板新建"命令，生成一个普通的 HTML 文件。

2）插入图文。在可编辑区域的第 1 行输入文章的标题，如"施华洛世奇新品流行速递"；在第 2 行单元格中输入文章的内容，可以插入相应的图像，此时的页面效果如图 16-39 所示。

图16-39　预览页面效果

3）执行"文件"/"保存"命令，将当前页面保存为"swarovski-1.html"。

如果当前文章比较长，可以将文章内容分为多页，然后在第3行的"上一页"或"下一页"的"链接"文本框中输入链接的页面地址。

4）按照上面的步骤制作另一个页面，，如swarovski-2.html。

5）添加导航链接。选中当前文章第一页中的"下一页"文本，在属性面板上的"链接"文本框中输入"swarovski-2.html"。采用同样的方法，将"swarovski-2.html"页面中的"上一页"文本链接指向"swarovski-1.html"页面。

6）按照以上步骤制作其他文章的页面。

7）保存文档，按F12键在浏览器中预览页面效果，如图16-1～图16-3所示。

单击"上一页"或"下一页"文本链接，可以在同一文章的不同页面之间进行切换；单击页面左侧的图片，可以返回到页面顶端。

时尚资讯网站设计综合实例

第 17 章　电子商务网站设计综合实例

本章导读

　　本章将通过一个电子商务网站前台的建设，明晰透彻地讲解一般动态网站建设的流程。在实现系统的过程中，讲述了一些基本、通用的 ASP 技术以及一些独特的技术细节。例如，在用户登录管理模块的验证码和用户注册模块的密码加密技术，这部分内容是实现这个系统的难点和亮点，也是读者必须掌握的内容；在商品浏览部分可以多次复用的"商品列表"和"翻页导航条"模块；使用查询串中跟随的参数值控制程序的流程，也是 Web 开发中的常用技术。

- 📖 数据库设计
- 📖 客户注册和登录
- 📖 客户中心
- 📖 信息统计

17.1　实例介绍

　　电子商务是一个很热门的话题。网上购物作为B2C的一种主要商业形式，取得了巨大的成功，如大家熟悉的当当网站。然而这样的系统都是大型的企业在应用，一般的中小企业没有相应的技术条件去开发和维护这样规模的Web应用。但是中小企业也迫切需要跟上信息化的步伐，而ASP作为一种主流的动态网页技术，为这样的需求提供了可能。

　　电子商务网站综合实例是介绍网上交易信息（如计算机、手机、数码产品、图书音像、户外用品、珠宝首饰、鲜花礼品等）的网站。本实例首页的效果如图17-1所示。

图17-1　首页效果

Dreamweaver CC 2018 中文版入门与提高实例教程

　　由于是企业应用的商务网站，因此本例包含多个部分，例如客户注册和登录、客户信息管理中心、收藏和购买商品、商品查询、信息统计，以及后台管理，如添加/管理商品信息、订单管理、客户管理、企业新闻发布等。例如，单击导航菜单中的"品牌电脑"，即可打开品牌电脑的展示页面，如图17-2所示。

图17-2　商品展示页面

本实例是开发一个适合中小型企业使用的网上购物系统。网上购物系统是一个虚拟的购物商场，客户可以在网上迅速查找喜欢的商品，轻松、快捷、方便地购物，其多种付款和送货方式使得客户可以在家完成整个购物流程，只需等待送货上门。对经营者来说，网上购物系统又可以节约企业的运营成本，迅速扩大企业的知名度，更提供了一个在迅速成长的电子商务商场上成长壮大自身的机会。

根据以上的分析，网上购物系统应包括如下功能模块：

17.1.1 客户登录、注销和注册管理

一个网上购物站点首先应有的功能就是能够定位访问的每个客户。因此，在几乎所有可以与客户交互的界面上，都提供了客户登录接口。网站只有在客户登录后，才可以完整地跟踪客户的行为。客户也只有在登录后，才可以购买和收藏商品，查看订单。

一个访问者在注册成为客户时，需要阅读经营者发布的注册条约，如图17-3所示。客户只有在同意后，才可以继续。注册时需要客户提供一些除了id和密码之外的信息，如E-mail、身份证号码和电话等。另外，为了在客户忘记密码时能够迅速地找回密码，还需要填写密码提示问题和答案。如果客户忘记密码，凭借密码提示问题和答案就可以取回密码。客户注册的界面如图17-4所示。

图17-3 注册条约

17.1.2 客户浏览、查询和选购商品

1. 查询商品

经验和权威的统计数据表明，一个客户到一个网上购物站点时，通常会有明确的目标性。因此，一个购物站点应该提供让客户迅速发现和查找到感兴趣的商品的功能。系统的查询功能一方面要简单明了，另一方面要支持为了提高查找速度使用复杂的查询限制条

Dreamweaver CC 2018 中文版入门与提高实例教程

件。

本例站点的查询分为普通查询和高级查询。普通查询的界面如图17-5所示：

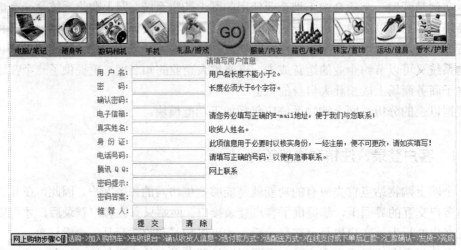

图17-4　客户注册界面

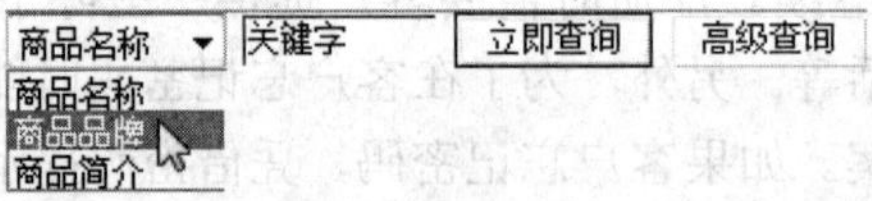

图17-5　普通查询界面

如果普通查询不能满足客户的要求，还可以使用高级查询。高级查询界面的内容相对更加丰富，如图17-6所示。高级查询不仅可以根据普通查询的分类进行查询，还提供根据价格、商品分类等信息进行组合条件的查询，因此查询的效率提高了很多。

图17-6　高级查询

2．购物流程

客户浏览或者查找到心仪的商品时，会有购买的欲望。客户购买商品时必须遵循一定的流程，Web应用的底部有一个导航条，提示客户购物流程，如图17-7所示。

图17-7　购物流程

客户使用这种方式购物时，可以将所有想购买的商品添加到购物车，然后到客户中心统一下单订购。客户中心是一个提供给客户管理各种信息的平台。单击左侧的"我的购物车"，右侧的收藏架中会显示客户所有已收藏的商品，如图17-8所示。

如果客户想放弃某个商品，可以使用"删除"按钮从购物车中删除指定的商品。

Chapter 17

如果客户单击"去下订单"按钮，则转移到如图17-9所示的订购模块，此时会要求客户填写收货人的详细信息、送货方式和付款方式等，客户也可以留下一些对商品的简单评论。

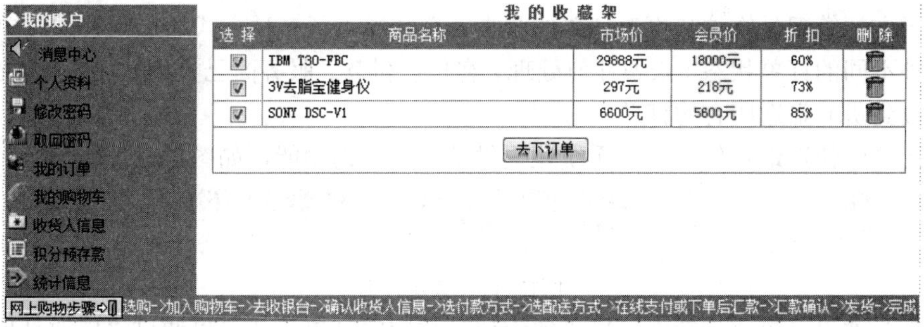

选择	商品名称	市场价	会员价	折扣	删除
☑	IBM T30-FBC	29688元	18000元	60%	🗑
☑	3V去脂宝健身仪	297元	218元	73%	🗑
☑	SONY DSC-V1	6600元	5600元	85%	🗑

我 的 收 藏 架

去下订单

◆我的账户
消息中心
个人资料
修改密码
取回密码
我的订单
我的购物车
收货人信息
积分预存款
统计信息

网上购物步骤: 选购->加入购物车->去收银台->确认收货人信息->选付款方式->选配送方式->在线支付或下单后汇款->汇款确认->发货->完成

图17-8　客户中心购物车管理

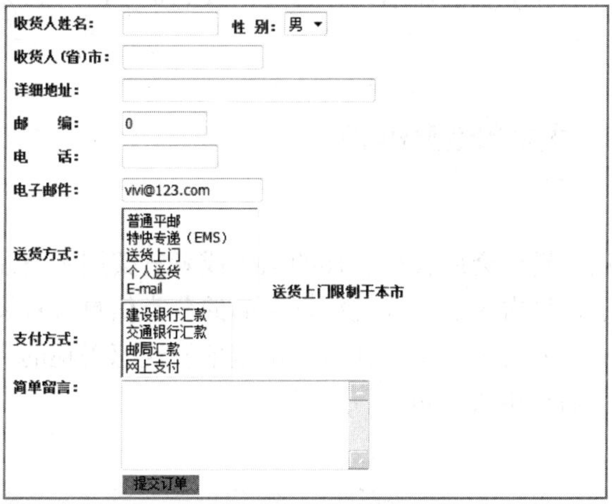

收货人姓名：　　　　　性　别：男 ▾
收货人(省)市：
详细地址：
邮　编：　0
电　话：
电子邮件：　vivi@123.com
送货方式：
　普通平邮
　特快专递（EMS）
　送货上门
　个人送货
　E-mail　　　　送货上门限制于本市
支付方式：
　建设银行汇款
　交通银行汇款
　邮局汇款
　网上支付
简单留言：

提交订单

图17-9　订购模块

当然，客户也可以直接单击商品展示页面上的"购买"按钮，进入订购模块。
如果客户订购成功，会返回一个订购成功的页面，详细列出客户提交的订单的信息，如图17-10所示。

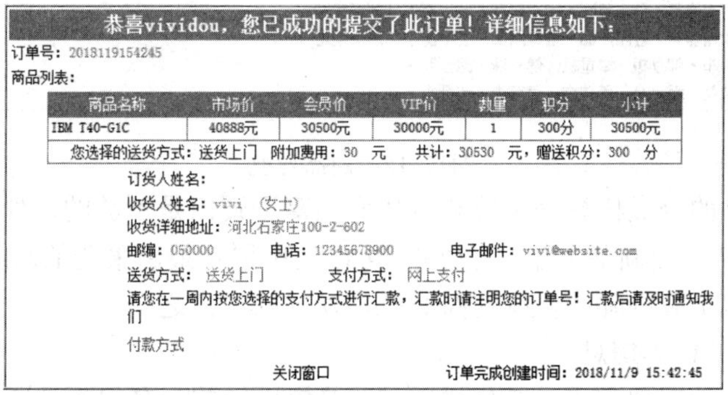

恭喜vividou，您已成功的提交了此订单！详细信息如下：
订单号：2018119154245
商品列表：

商品名称	市场价	会员价	VIP价	数量	积分	小计
IBM T40-G1C	40888元	30500元	30000元	1	300分	30500元

您选择的送货方式：送货上门　附加费用：30 元　共计：30530 元，赠送积分：300 分
订货人姓名：
收货人姓名：vivi （女士）
收货详细地址：河北石家庄100-2-602
邮编：050000　电话：12345678900　电子邮件：vivi@website.com
送货方式：送货上门　　支付方式：网上支付
请您在一周内按您选择的支付方式进行汇款，汇款时请注明您的订单号！汇款后请及时通知我们
付款方式

关闭窗口　　　　订单完成创建时间：2018/11/9 15:42:45

图17-10　客户提交的订单

电子商务网站设计综合实例

375

客户中心是一个集成的管理客户信息的平台。在这里，客户还可以修改个人资料、修改密码、查看订单状态及填写收货人信息。

3．订单管理

客户在前台选中了喜爱的商品并且提交订单以后，这些订单就转移到了后台，等待管理员处理。管理员需要有专门的处理订单的模块。

为了方便管理员维护和更改订单的状态，系统提供了多种方式显示所有的订单。可以根据五种不同的订单状态（未做任何处理、客户已付款、服务商已收到款、服务商已发货、客户已收到货）筛选所有的订单。

为了能够快速地定位订单，系统还提供了订单查询功能，如图17-11所示。

图17-11　订单查询

管理员通过订单查询功能可以迅速定位到相应的订单，还可以通过"修改订单状态"按钮修改订单的状态。当订单状态显示为"客户已收到货"时，意味着一笔完整的交易已经完成。

17.1.3　商品展示、添加和信息维护

1．商品展示

现实世界中的商店、超市会用各种各样的柜台或者货架展示商品。网上购物系统同样也需要向客户展示商品，最常见的方式是根据商品的分类信息进行展示，在大的分类下还有二级分类。这样的两级分类体制能够使客户迅速地发现感兴趣的商品，如图17-12所示。这些分类信息都可以在后台由管理员进行维护。

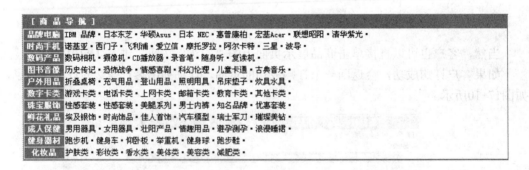

图17-12　商品导航

仅仅依靠商品的分类信息来浏览和查找商品毫无疑问是不够的，对于供货商新进的商品，系统还提供了一个"新品上架"的功能，可以集中展示最新采购的新款商品，如图17-13所示。这也正是电子商务强于传统的商业经销模式的优点之一。

2．统计商品销售等信息

另外一个常见的展现方式是销售排行榜。销售排行前十名的商品通常是多数客户都感兴趣的，统计并显示出来可以激发客户的购买欲。

"关注排行"是根据客户浏览一个商品的次数进行排行的功能。它可以使经营者很容易发现客户对哪些商品感兴趣。读者可能会注意到"关注排行"与"销售排行"的区别，这当然也会被经营者注意到。经营者由客户兴趣没有转换为实际的购物行动可以发现经营中的问题，如定价是否过高。

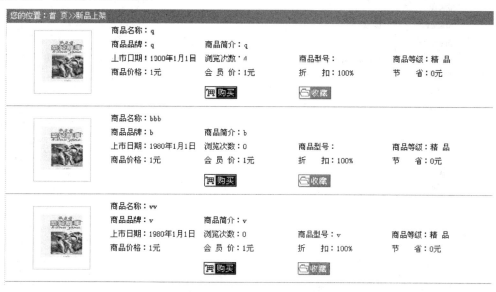

图17-13 商品列表（新品上架）

特价商品通常是最能吸引客户眼球的。系统为此提供了一个"特价商品"集中展示的方式，所有特价的商品都可以在此"柜台"得以展示。类似的是经营者向客户推销的"推荐商品"栏，这个"柜台"用来向客户推荐某些商品，这些商品是经营者根据销售、浏览信息和经营策略制订出的。

3．添加、修改和维护商品信息

商品管理主要包括三个方面：添加新商品、查看修改商品、管理商品评论。其中，"添加新商品"的界面如图17-14所示。

"查看修改商品"功能使管理员可以修改指定商品的信息。修改商品的界面与"添加新商品"的界面相同，只是需要再次提交商品信息。

"管理商品评论"功能可以使管理员查看和删除客户对商品的评论。

17.1.4　网站配置管理

开发者开发的应用系统分发到不同的经营者时，不同的经营者会有不同的系统定制要求。系统的初始化配置应该具有根据不同的使用者进行不同的配置的功能。常见的一些配置包括Web应用的版权信息、经营者的联系方式、网站广告的定制。

不同的经营者，某些具体的经营策略会是不同的。例如，付款方式、注册条约、交易条款等信息都是可以定制的。

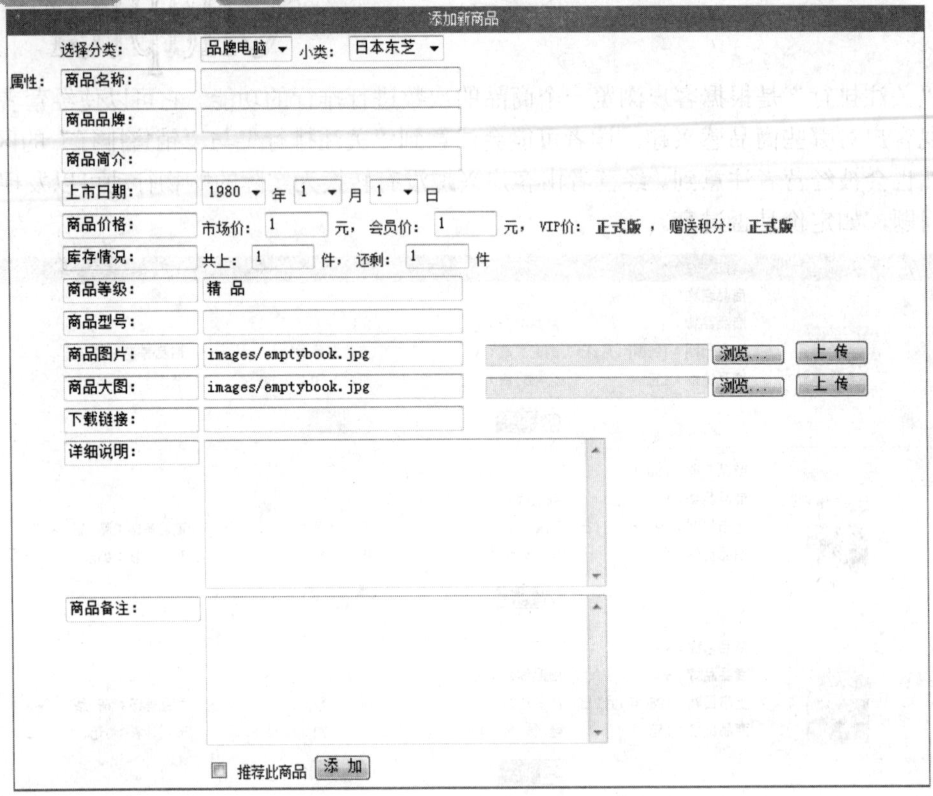

图17-14 "添加新商品"界面

17.2 数据库设计

Web应用跟踪和管理客户的状态、行为主要有两种措施：一是使用Session或Cookie保存客户活跃期间的信息，但是这些信息在会话结束后将会消失；二是对于那些需要持久保存的信息，如客户的订单、客户的注册资料、商品的信息通过数据库进行存储。数据库适合存储那些需要持久保存的信息，并且可以提供很好的方式进行查询、插入、修改和删除。这主要是结构化查询语言Structured Query Language（SQL）的强大功能。

分析购物系统的特点，会发现有三类信息需要存储在数据库中。

1）客户信息和客户购物、订单维护方面的信息：包括存储客户注册信息的表、订单内容的表。

2）商品信息：包括商品分类表、商品图片存储的物理位置表、商品的详细信息表。

3）其他杂项：包括新闻、公告、初始设置、评论等方面的表。

该数据库包括16个不同专题的表，即ad表、admin表、category表、config表、delivery表、imglinks表、keyname表、links表、mess表、news表、notify表、orders表、product表、review表、sorts表和user表。各个表的简要说明如下，详细的表结构和字段说明请读者参见随书的"源代码"文件。

- ad 表：主要存储购物站点的广告信息，如广告的关键字、广告图片的位置、广告的链接等信息。

- admin 表：主要存储后台管理员的信息，如账号、密码和级别信息。
- category 表：主要存储商品分类信息，如分类的编号、类别名称等信息。
- config 表：主要存储配置网站的初始信息，如网站名称、地址，联系电话等信息。
- delivery 表：主要存储付款的信息方式，如费用、递送方式、优先级等信息。
- keyname 表：主要存储客户搜索的关键字信息，如关键字名称、优先级等信息。
- links 表：主要存储友情链接信息，如链接站点名、链接地址、排列顺序等信息。
- mess 表：主要存储客户在留言板的留言信息，如客户的留言主题、内容、E-mail 和留言的 IP 地址等信息。
- news 表：主要存储新闻信息，如新闻的标题、内容、添加者、添加时间和浏览次数等信息。
- orders 表：主要存储客户的订单信息，如客户名、E-mail 和电话等信息。
- product 表：主要存储商品信息，如商品的名称、分类、价格和说明等信息。
- review 表：主要存储客户对商品的评论信息，如标题、查看时间、内容等信息。
- sorts 表：主要存储商品的二级分类信息，如排序顺序、产品类别等信息。
- user 表：要存储客户注册的信息，如账号、加密后的密码、访问次数等信息。

17.3 技术要领

本节将介绍网站建设的相关技术要领。

17.3.1 #include 指令

在一个ASP页面中，可以使用#include指令读取另一个文件的内容并插入到当前页面中。这是一种非常有用的插入HTML段落的技术。

把脚本和内容分开的方法给页面提供了一个组成层次，这意味着如果对脚本进行了修改，当在客户端再次打开该页面时，脚本的修改情况会自动地反映到使用包含该文件的每个页面中。例如，常见的数据库链接的获取都作为一个单独的模块包含到所有的ASP页面中。

conn.asp
```
<%
Dim MM_conn_StrING,db
db="admin/database/#TimesShop.mdb"
MM_conn_StrING = "Driver={Microsoft Access Driver (*.mdb)};DBQ= " & Server.MapPath(""&db&"")
%>
```

index.asp

```
<!--#include file="conn.asp"-->
```
......

如果修改数据库链接，则所有包含conn.asp的页面引用的数据库链接都会自动更新，这样可以更好地保证软件的质量。这也是模块化和降低软件之间耦合性思想的体现。

17.3.2 权限控制

后台的客户权限分为三类，即添加人员、查看人员和管理员。添加人员可以添加、修改、删除商品资料；查看人员只能管理商品评论和客户订单；管理员拥有本网站的所有管理权限。

通过后台客户的rank属性，可以跟踪客户的权限，rank值从数据库中读出后放在Session中。例如，根据约定，rank值大于1的不是系统管理员，如果试图执行某些权限不够的操作，就会提示"你的权限不够！"

17.3.3 MD5加密算法介绍

所有存储在系统中的密码都以MD5不可逆转方式进行加密。加密的目的是防止直接打开ACCESS数据库获取各个账号的密码，包括管理员。

MD5是一种单向加密算法，只对数据进行加密，不能对加密以后的数据进行解密。单向加密的作用在于即使信息被泄漏，这些经过单向加密的信息的含义仍然无法完全被理解。

```
rs("password")=md5(trim(request.form("password")))
```
上述代码在存储客户的密码到数据库时进行了加密。所有的加密算法都在系统的根目录下的func.asp中。详见随书电子资料包的"源文件"文件夹中的内容。

17.3.4 实现验证码登录

与MD5加密算法的目的相同，为了防止恶意使用程序不断猜测账号的密码，系统采用了验证码，如图17-15所示。验证码的主要作用就是在客户的登录界面随机生成一个数，在客户登录的同时要求输入这个数，用系统中记录的这个随机数与客户的输入进行验证，就可以防止恶意请求登录。

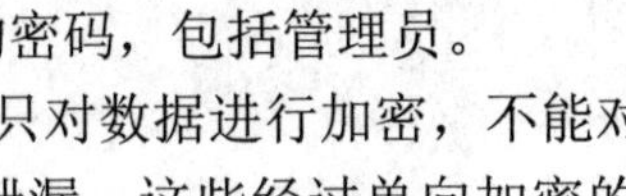

图17-15 验证码

使用验证码的难点在于将数字转换成一个内容为数字的图片并显示出来。这个功能可在code.asp中完成，其中使用了ADO的Stream对象读写文件的内容。

```
<%
Option Explicit          '强制声明所有使用的变量
```

NumCode

Function NumCode()

'若将 Response.Expires 设置为负数或 0，则禁用缓存

    Response.Expires = -1

    Response.AddHeader "Pragma","no-cache"

    Response.AddHeader "cache-ctrol","no-cache"

'禁止使用缓存,上面几行代码的作用是保证页面能够自动刷新，即使后退到原先的页面。

    dim zNum,i,j

    dim Ados,Ados1

    Randomize timer

    zNum = cint(8999*Rnd+1000)   '生成随机数

    Session("GetCode") = zNum   '将随机数的值使用session来存放

    dim zimg(4),NStr

    NStr=cstr(zNum)

    For i=0 to 3

       zimg(i)=cint(mid(NStr,i+1,1))

mid函数表示返回NStr字符串的从第i+1个位置开始的1个字符，这意味着zimg(i)对应着zNum的第i个字符。

    Next

   dim Pos

   set Ados=Server.CreateObject("Adodb.Stream")

    Ados.Mode=3

    Ados.Type=1

    Ados.Open

   set Ados1=Server.CreateObject("Adodb.Stream")

    Ados1.Mode=3

    Ados1.Type=1

    Ados1.Open

'ADO流对象可以读取文件的内容，Ados流对象就是读取include/body.Fix的内容

    Ados.LoadFromFile(Server.mappath("include/body.Fix"))

'读出1280个字节

    Ados1.write Ados.read(1280)

    for i=0 to 3

 Ados.Position=(9-zimg(i))*320   '计算出在Ados流中的位置，即9减去这个值再乘以320

Ados1.Position=i*320   '计算出应该在Ados1流中写的位置，即320个字节写一个数

Ados1.write ados.read(320)   '写从include/body.Fix中读出的320个字节

    next   '循环处理四位数上的各个位

```
'Ados流重新指向include/head.fix
    Ados.LoadFromFile(Server.mappath("include/head.fix"))
        Pos=lenb(Ados.read())   '返回Ados.read()一次读取的内容的字节长度
        Ados.Position=Pos
        for i=0 to 9 step 1
            for j=0 to 3
'j每增加1,Position的值增加320,刚好可以和上面的值对应起来。
            Ados1.Position=i*32+j*320
            Ados.Position=Pos+30*j+i*120
            Ados.write ados1.read(30)
        next
    next
    Response.ContentType = "image/BMP"     '写出的类型为一个bmp图片
    Ados.Position=0
    Response.BinaryWrite Ados.read()
    Ados.Close:set Ados=nothing
    Ados1.Close:set Ados1=nothing
End Function
%>
```

17.4 导航条

任何一个成功的Web应用都离不开导航功能。系统中的导航条分为两个部分:首部导航条(见图17-16)和尾部导航条(见图17-17)。

图17-16 首部导航条

图17-17 尾部导航条

在多数asp文件中都可以发现下面的语句:

```
<!--#include file="include/header.asp"-->
```

这行代码的功能是将首部导航条包含到当前页面中。这种方式可以使网站维持统一的风格。如果对header.asp做了修改，会自动反映到所有包含它的文件中。

首部导航条中最上部的导航条由以下代码实现：

……

```
<a href="reg.asp">注册</a>
<a href="profile.asp?action=repass">忘记密码</a>
<a href="profile.asp?action=addtocart"><b>我的购物车</b></a>
<a href="intro.asp">公司简介</a>
<a href="procat.asp">商品导航</a>
```

……

首部导航条中客户登录部分由以下代码实现：

```
<td> <!--#include file="../login.asp"--> </td>
```

login.asp的主要内容如下：

……

```
<form name="loginfo" method="post" action="chkuser.asp">
<tr><td><input name="username" type="text" id="username" size="9"></td><!--输入客户名-->
<td><input name="password" type="password" id="password3" size="10"></td><!--输入密码-->
<td><input name="passcode" type="text" id="passcode" size="9"></td><!--输入验证码-->
<td><img src="code.asp"></td><!--code.asp生成验证码的bmp图像-->
<td><input type="submit" name="Submit" value="登录" onClick="return checkuu();"> <a href="reg.asp">注册</a>
<input name="comeurl" type="hidden" value=<% = url %>></td></tr></form>
<!--使用隐藏域传递url地址，以便在登录成功后重新转至本页。客户名保存在Cookies("timesshop")("username")中-->
```

……

17.5 客户注册和登录

本节讲述客户注册和登录系统的制作方法。

17.5.1 填写注册信息

客户注册时，第一页显示的是注册条约，客户同意注册条约后会跳转到如图17-18所示的填写信息的页面。

reg.asp实现了客户注册的处理，包括显示初始的填写表单。reg.asp根据查询串的不同值采取不同的操作。

```
<!--#include file="conn.asp"-->          <!--数据库连接-->
```

```
<!--#include file="config.asp"-->          <!--站点的配置信息-->
<%dim action
action=request.QueryString("action")%>     <!--取得查询串action的值-->
<title><%=webname%>--新客户注册</title>
<!--#include file="include/header.asp"-->
<%
select case action                          '根据不同的查询串action的值作相应的操作
```

图17-18　注册页面

当查询串中的action的值为空时，说明是首次进入该页，则应打印注册条约。

```
case ""%> '空值时，显示注册条约
......
<tr> <td height="18" align="center"><br><b><font size="2"><%=webname%>注册条约</font></b></td></tr>
......
<tr> <td align=center valign="top"> <%call tiaoyue()%> </td></tr>     '调用显示注册条约的子过程
tiaoyue()
......
<%
sub tiaoyue()                               'VBScript,显示注册条约子过程
set rs=server.CreateObject("adodb.recordset")
rs.Open "select rule from config",conn,1,1
'注册条约的内容保存在config表的rule字段中；由于文本内容很长，所以在ACCESS数据库中'必须
选择memo类型
response.Write trim(rs("rule"))             '去掉首尾的空格
rs.Close                                    '关闭记录集
set rs=nothing                              '释放内存
end sub
```

......

```
<tr>
<!--form的post仍然是本页，但是改写了查询串，跟上了action=yes-->
<form name="form1" method="post" action="reg.asp?action=yes">
.........
<!--同意，注意QueryString变为action=yes-->
<input type="submit" name="Submit4" ,,, value="我 同 意">
<!--不同意，转到首页-->
<input type="button" name="Submit22" value="我 不 同 意" .........onclick="location.href=
'index.asp'">
</td></form></tr> </table>
```

......

如果客户已经同意注册条约，则打印出填写客户详细注册信息的表单，继续注册。

```
<%case "yes"%>                              <!--说明客户已经同意注册条约-->
......
<!--查询串变为action=save-->
<form name="userinfo" method="post" action="reg.asp?action=save" >
<tr><td width="550"><input name="username" type="text" id="username2" >
客户名长度不能小于2。</td></tr>                      <!—输入客户名-->
......
<td> <input name="password" type="password" id="password">长度必须大于6个字符。</td></tr>
<!—输入密码-->
<tr><td><div align="right"><font color="#cb6f00">确认密码：</font> </div></td>
<td><input name="password1" type="password" id="password1"></td></tr>
......
<td> <input name="useremail" type="text" id="useremail2">请您务必填写正确的E-mail地址，便于
我们与您联系；</td></tr>
<tr><td><div align="right"><font color="#cb6f00">真实姓名：    </font></div></td>
<td> <input name="realname" type="text" id="realname2">收货人姓名。</td></tr>
......
```

输入客户的身份证号；三个事件触发的都是验证身份证号的输入是否合法的正则表达式，如onkeypress在键盘有键按下时触发，onpaste在粘贴时触发，而ondrop在鼠标拖拉操作结束时触发。

```
<td> <input name="identify" type="text" id="identify2" onkeypress = "return regInput(this,
/^\d*\.?\d{0,2}$/,   String.fromCharCode(event.keyCode))"
        onpaste                    =      "return      regInput(this,        /^\d*\.?\d{0,2}$/,
window.clipboardData.getData('Text'))"
```

ondrop= "return regInput(this, /^\d*\.?\d{0,2}$/, event.dataTransfer.getData ('Text'))">此项信息用于必要时以核实身份，一经注册，便不可更改，请如实填写！</td></tr>

<td> <input name="mobile" type="text" id="mobile2" onkeypress="return regInput(this, /^\d*\.?\d{0,2}$/,String.fromCharCode(event.keyCode))"

onpaste = "return regInput(this, /^\d*\.?\d{0,2}$/, window.clipboardData.getData('Text'))" ondrop="return regInput(this, /^\d*\.?\d{0,2}$/, event.dataTransfer.getData('Text'))">请填写正确的号码，以便有急事联系。</td> </tr>　　　　<!—输入正确的电话号码-->

<tr><td><div align="right"><font color="#cb6f00"> 腾讯 Q Q： </font> </div></td>

<td> <input name="userqq" type="text" id="userqq2" onkeypress = "return regInput(this, /^\d*\.?\d{0,2}$/, String.fromCharCode(event.keyCode))"

onpaste = "return regInput(this, /^\d*\.?\d{0,2}$/, window.clipboardData.getData ('Text'))" ondrop = "return regInput(this, /^\d*\.?\d{0,2}$/, event.dataTransfer.getData('Text'))">网上联系</td></tr>

<tr><td>密码提示： </td>

<td><input name="quesion" type="text" id="quesion2"> </td></tr>

<tr><td>密码答案： </td>

<td> <input name="answer" type="text" id="answer2"> </td></tr>

<tr><td>推 荐 人： </div></td>

<!--推荐人的信息，如果一个客户成为推荐人可以提高这个客户的信誉值-->

<td> <input name="recommender" type="text" id="recommender"> </td></tr>

……

<input onclick="return check();" type="submit" name="Submit3" ………VALUE="提 交" > <!--使用JavaScript验证客户的输入是否合法-->

<input type="reset" name="Submit5" ……… value="清 除"> </td>　<!--重新置空-->

17.5.2　注册信息提交

如果客户的注册都合法，则显示如图17-19所示的注册成功页。

图17-19　注册成功

如果账号或者E-mail信箱已经被使用，则会显示如图17-20所示的信息。

图17-20　注册失败

上述功能是在reg.asp页面中实现的，查询串中action的值变成了save。首先会判断

当前客户是否已经注册过，如果是，则不允许再次注册。然后根据客户注册的账号和填写的E-MAIL，判断数据库中是否已经有相应的客户存在，如果有使用同样的账号或者E-mail的客户，也不允许继续注册。如果注册失败，则调用客户注册失败子过程，统一处理失败返回给客户的信息。

```
……
<%case "save"%>                                              <!--保存这个注册的客户信息-->
<!--#include file="func.asp"-->   <!--func.asp里面定义了一些函数，比如加密的MD5，所以需要包含进来-->
<%call saveuser()%> <%                              '调用子过程saveuser()
end select%>
<!--#include file="include/footer.asp"-->    '尾部导航条
sub saveuser()                                      '保存客户信息的子过程
dim rsrec,strgift,stradd,strresult
if session("regtimes")=1 then              '判断当前会话的客户是否已经注册过一次
response.Write "<div align=center><br><br>对不起，您刚注册过客户。<br>请稍后再进行注册！</font></div><br>"
response.End
end if
set rs=server.CreateObject("adodb.recordset")
rs.open       "select      username,useremail      from      [user]      where
username='"&trim(request.form("username"))&"'                              or
useremail='"&trim(request.form("useremail"))&"'",conn,1,1
'从数据库中选择客户名或者E-MAIL相同的记录，如果存在。则不允许注册，报错
if not rs.eof and not rs.bof then
call usererr()                              '报错子过程
rs.close
set rs = nothing
else
rs.close
rs.open "select * from [user]",conn,1,3   '已可写方式打开数据库中的user表
rs.addnew           '添加新记录
rs("username")=trim(request.form("username"))             '客户名
rs("password")=md5(trim(request.form("password")))        '密码
rs("useremail")=trim(request.form("useremail"))           '客户的E-MAIL地址
rs("quesion")=trim(request.form("quesion"))               '密码提示问题
rs("answer")=md5(trim(request.form("answer")))            '密码提示问题答案
rs("recommender")=stradd                                  '推荐人
```

```
rs("realname")=trim(request.form("realname"))                    '真实姓名
rs("identify")=trim(request.form("identify"))                    '身份证号
rs("mobile")=trim(request.form("mobile"))                        '移动电话
rs("userqq")=trim(request.form("userqq"))                        'QQ号码
rs("adddate")=now()                                              '注册日期
rs("lastvst")=now()                                              '最近一次访问的日期
rs.update
rs.close
set rs=nothing
%>
……
<%
end if
end sub
sub usererr() %>
'客户注册失败
……
<tr><td><font color="#FF0000">客户注册失败</font></td></tr>
………
<a href=javascript:history.go(-1)><font color=red>单击返回上一页</font></a>
<!--JavaScript语句：返回上一页，-->
………
<%
end sub
%>
```

下面的一段JavaScript代码用于分析和判断客户所填写的注册信息是否合法。

```
<SCRIPT LANGUAGE="JavaScript">
<!--
function check()                                       //检查客户的输入是否合法
{
……
if(checkspace(document.userinfo.username.value) || document.userinfo.username.value.length <
2) {     //不能为空并且长度不能小于2
document.userinfo.username.focus();
alert("客户名长度不能小于2，请重新输入！");
return false;
    }
……
if(document.userinfo.password.value!= document.userinfo.password1.value) {
```

```
        document.userinfo.password.focus();
        document.userinfo.password.value = '';
        document.userinfo.password1.value = '';
        alert("两次输入的密码不同，请重新输入！");
        return false;
          }
    If(document.userinfo.useremail.value.length!=0) //检查E-MAIl 的输入是否合法
        {
    //以.或者@开头是不合法的,没有@或者.的E-MAIL地址也是不合法的,@或者.在E-MAIL地址的末尾
    也是不合法的
        if (document.userinfo.useremail.value.charAt(0)=="." ||
                document.userinfo.useremail.value.charAt(0)=="@"||
                document.userinfo.useremail.value.indexOf('@', 0) == -1 ||
                document.userinfo.useremail.value.indexOf('.', 0) == -1 ||

    document.userinfo.useremail.value.lastIndexOf("@")==document.userinfo.useremail.value.length-1 ||

    document.userinfo.useremail.value.lastIndexOf(".")==document.userinfo.useremail.value.length-1)
            {
              alert("Email地址格式不正确！");
              document.userinfo.useremail.focus();
              return false;
              }
          }
        else
          {
          alert("Email不能为空！");
          document.userinfo.useremail.focus();
          return false;
          }

    }

    function regInput(obj, reg, inputStr)
    {
    var docSel    = document.selection.createRange()    //选定区域
    if (docSel.parentElement().tagName != "input") //选定区域标签是否是"input"
```

```
return false
oSel = docSel.duplicate()
oSel.text = ""
var srcRange = obj.createTextRange()
    oSel.setEndPoint("StartToStart", srcRange)
var str = oSel.text + inputStr + srcRange.text.substr(oSel.text.length)
return reg.test(str)                          //根据正则表达式检验输入是否合法
    }
function checkspace(checkstr) {               //判断字符串的内容是否全为空格
var str ='';
for(i = 0; i < checkstr.length; i++) {
str = str + ' ';
    }
return (str == checkstr);
}
//-->
</script>
```

17.5.3 客户登录和注销

客户登录对话框设置在首部导航条中，登录成功后，登录框变为如图17-21所示的界面，客户也可以注销。

欢迎 vivi 光临 您是普通用户
您目前有1笔未处理订单　用户中心
共计：15900元（不含邮费）　注销登录

图17-21　登录成功

验证码的内容在17.3节已经叙述过，下面重点介绍一个任何商务站点都需要的登录的设计。login.asp显示了客户登录界面和客户登录成功后的界面。

```
<!--#include file="userfunc.asp"-->
<!--验证客户输入是否合法的JavaScript函数构成的脚本程序-->
……
<% if request.cookies("timesshop")("username")="" then       '判断客户是否登录
Dim url %>
……
<form name="loginfo" method="post" action="chkuser.asp">    '提交给chkuser.asp处理
<td width="38%" height="19" align="right" nowrap style='padding-left:1px'>客户</td>
……
<td height="18" style='padding-left:1px' align="right">验证 </td>
<td style='padding-left:1px'>
```

390

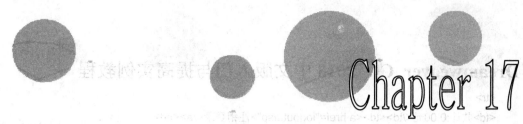

```
<input name="passcode" type="text" id="passcode" size="9"></td>
```

<!--code.asp完成产生一个随机数，并且已一个位图文件显示的功能。生成的随机数放到Session("GetCode")中存储-->

```
<td style='padding-left:1px'><img src="code.asp"></td>
<td style='padding-left:1px'>
<input type="submit" name="Submit" value=" 登 录 " onClick="return checkuu();"> <a href="reg.asp">注册 </a>
```

<!—隐藏域是一种很有效的传递信息的方式-->

```
<input name="comeurl" type="hidden" value="<% = url %>"></td>
            </tr>
        </form>
      </table>
<%
else
'客户已经登录
dim shop,rsvip,username,shopjiage
set rs=server.CreateObject("adodb.recordset")
```

'从数据库中找出那些该客户所订购的商品的详细信息，要求订单的状态为2,即未处理的订单

```
rs.open "select product.price2,product.vipprice,product.price1,orders.productnum from product inner join orders on product.id=orders.id where orders.state=2 and orders.username='"&trim(request.Cookies("timesshop")("username"))&"' ",conn,1,1
set shop=server.CreateObject("adodb.recordset")
```

'从订单表中选择该客户的订单状态为2的商品列表,即未处理的订单

```
shop.Open "select distinct(goods) from orders where username='"&request.Cookies("timesshop")("username")&"' and state=2 ",conn,1,1

if shop.recordcount=0 then %>    <!--记录条数为0-->
<table width="100%" border="0" cellspacing="0" cellpadding="0" align="center">
<tr>
<td colspan="2"> 欢 迎  <font color="ff0000"><% = Request.Cookies("timesshop")("username") %></font> 光临 您是<font color=red>普通</font>客户
</td>
</tr>
<tr>
<td>您目前没有未处理订单</td>
<td><a href="profile.asp?action=profile">客户中心</a></td>
</tr>
```

```
<tr>
<td>共计:0.00元</td><td><a href="logout.asp">注销登录</a></td>
</tr>
</table>
<%
else                                    '记录条数不为零
do while not rs.eof            <!--遍历记录集，计算出所有未处理订单的价格的总额-->
shopjiage=round(shopjiage+rs("price2")*rs("productnum"),2)
rs.movenext
loop %>
<table width="100%" border="0" cellspacing="0" cellpadding="0" align="center">
  <tr>
    <td  colspan="2"> 欢 迎  <font  color="ff0000"><%  =  Request.Cookies("timesshop")
("username") %></font> 光临 您是<font color=red>普通</font>客户</td>
  </tr>
  <tr>
    <td>您目前有<% = shop.recordcount %>笔未处理订单</td>
    <td><a href="profile.asp?action=profile">客户中心</a></td>
  </tr>
  <tr>
    <td>共计：<% = shopjiage %>元(除邮费)</td>
    <td><a href="logout.asp">注销登录</a></td>
  </tr>
</table>
<%
end if
shop.Close
set shop=nothing
rs.close
set rs=nothing
end if
%>
```

　　userfunc.asp文件包含的都是一些验证客户输入合法性的JavaScript代码；code.asp
生成验证码并且生成bmp图片显示出来。这里用到了ADO的Stream对象进行文件的读写，详
细内容参见电子资料包的"源代码"文件夹。

　　客户提交的信息会转给chkuser.asp处理。chkuser.asp负责验证login.asp传递过来
的客户名和密码等信息与数据库中的信息是否相符，以决定客户登录的成功与否。

```
<!--#include file="conn.asp"-->
<!--#include file="func.asp"-->
```

```
<%
dim username,password,comeurl,passcode
```

　　取得从login.asp传递过来的客户名、密码等参数信息后，如果登录成功，则重定向到客户登录时的页面，所以也需要取得comeurl参数的值。

```
username=replace(trim(request.Form("username")),"","")              '客户名
password=md5(replace(trim(request.form("password")),"",""))      '密码
passcode=Cint(request.form("passcode"))                                        '验证码
if trim(request.form("comeurl"))="" then                'comeurl是否为空
comeurl="index.asp"
else
comeurl=trim(request.form("comeurl"))
end if
if username="" or password="" then                              '如果客户名或密码为空
response.Write "<script LANGUAGE='javascript'>alert('登录失败！请检查您的登录名和密码！
');history.go(-1);</script>"
response.end
end if
if passcode<>Session("GetCode") then                      '验证码错误
response.Write  "<script  LANGUAGE='javascript'>alert('登 录 失 败 ！ 验 证 码 错 误 ！
');history.go(-1);</script>"
response.end
end if
set rs=server.CreateObject("adodb.recordset")
'从数据库中的客户表中判断此客户是否存在
rs.Open "select * from [user] where username='"&username&"' and password='"&password&"'
" ,conn,1,3
if not(rs.bof and rs.eof) then                            '如果存在，则判断验证码是否正确
if password=rs("password") and passcode=Session("GetCode") then
response.Cookies("timesshop")("username")=trim(request.form("username"))
rs("lastvst")=now()
rs("loginnum")=rs("loginnum")+1
rs.Update
rs.Close
set rs=nothing
call loginok()
else
response.write "<script LANGUAGE='javascript'>alert('登录失败，请检查您的登录名和密码！
```

```
');history.go(-1);</script>"
    end if
    else                                                          '登录失败
    response.write  "<script  LANGUAGE='javascript'>alert('登录失败！请检查您的登录名和密码！
');history.go(-1);</script>"
    end if
    sub loginok()                                                 '登录成功子过程
    response.Write  "<font  size=2>欢迎    <font  color=red  size=2>"&request.Cookies("timesshop")
("username")&"</font>，光临两秒种后将自动跳转到相应页！</font>"
    response.redirect comeurl
    end sub
    conn.close
    set conn = nothing
    %>
```

17.6　客户中心

客户中心是一个集成的客户操作平台，用于客户管理个人信息和购物信息，如修改个人资料、取回密码、查看购物车收藏的商品、管理收货信息、查看订单进度等。

17.6.1　进入客户中心

客户中心的界面如图17-22所示。

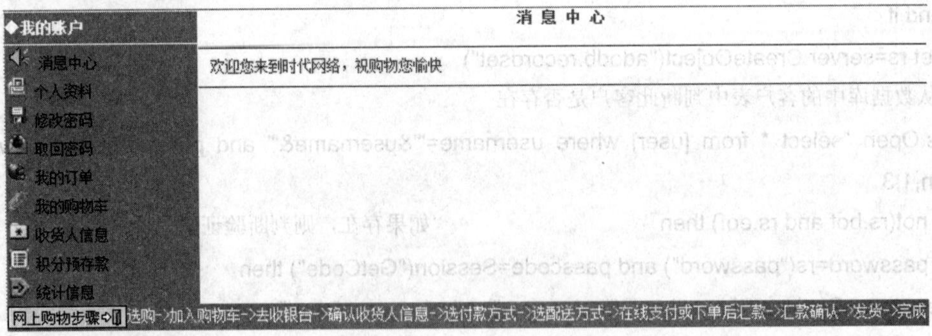

图17-22　客户中心界面

客户中心界面左侧的一栏类似于一个菜单栏，主要的源文件有两个，分别是profile.asp和disuser.asp。profile.asp的主要内容如下：

```
<!--#include file="conn.asp"-->
<!--#include file="func.asp"-->
<!--#include file="config.asp"-->
<title><%=webname%>--我的账户</title>
<!--#include file="include/header.asp"-->
```

………

```
<table width="100％" border="0" cellspacing="1" cellpadding="1">
        <tr>
            <td  bgcolor=<%=bgclr2%>  height="20" onmouseover="this.bgColor='<%=bgclr4%>';"
onmouseout="this.bgColor='<%=bgclr2%>';"><img src="images/gb.gif" width="20" height="16">
                <a href="profile.asp?action=profile">消息中心</a></td>
        </tr>
<!--休息中心的超链接为profile.asp?action=profile,跟上了一个查询串;并且在鼠标放到其上时改变颜
色，突出显示。-->
……
<a href="profile.asp?action=customerinfo"> 个人资料</a>
……
<a href="profile.asp?action=changepass"> 修改密码</a>
……
<a href="profile.asp?action=repass"> 取回密码</a>
……
<a href="profile.asp?action=goods"> 我的订单</a>
……
<a href="profile.asp?action=addtocart"> 我的购物车</a>
……
<a href="profile.asp?action=receiveaddr"> 收货人信息</a>
……
```

17.6.2　个人资料维护

在客户中心界面单击左侧的"个人资料"，右侧的区域会显示如图17-23所示的个人
信息。

图17-23　个人资料

以下代码可实现"个人资料"的链接功能。

电子商务网站设计综合实例

```
......
case "customerinfo"
response.write "<center><B><font color=996633>个 人 资 料</font></center>"
customerinfo()

......
```

以下代码可实现取出个人资料信息的功能。

disuser.asp

```
......
sub customerinfo()
if request.cookies("timesshop")("username")="" then    '客户未登录
response.Write "<center>请先登录</center>"
response.End
end if
set rs=server.CreateObject("adodb.recordset")
'从数据库中查找客户的信息
rs.open     "select     useremail,vip,identify,quesion,realname     from     [user]     where
username='"&request.cookies("timesshop")("username")&"' ",conn,1,1
Dim Rank
Rank="普通会员"
If rs("vip")=true then
Rank = "VIP会员"
End if
%>
<table align=center cellpadding=1 cellspacing=1 bgcolor=<% = bgclr1 %>>
<form name="userinfo" method="post" action="saveprofile.asp?action=customerinfo">
......
<tr><td>用 户 名： <%=request.cookies("timesshop")("username") %></td></tr>
<tr><td >会员级别： [<b><font color="#FF6600"><% = Rank %></font></b>]</td></tr>
<tr><td >E-Mail ： <input name="useremail" type="text" id="useremail2" value=<%
=trim(rs("useremail")) %>></td></tr>
<tr><td height=28 >真实姓名：<input name="realname" type="text" id="realname" value=<% =
trim(rs("realname"))%>></td></tr>
<tr><td height=28 >密码提问：<input name="quesion" type="text" id="quesion" value=<% =
trim(rs("quesion"))%>></td></tr>
<tr><td>问题答案：<input name="answer" type="text" id="answer"></td></tr>
<tr><td><input type="submit" name="Submit2" value=" 提 交 保 存 " onclick='return
checkuserinfo();'></td></tr>
</form></table>
<%
```

```
rs.close
set rs=nothing
end sub
%>
```

以下代码可实现向数据库中保存个人资料的功能。

Saveprofile.asp

……

```
case "customerinfo"
set rs=server.CreateObject("adodb.recordset")
rs.open    "select    useremail,realname,quesion,answer    from    [user]    where
username='"&username&"'",conn,1,3
'以可写方式打开数据库中的user表
rs("useremail")=trim(request.form("useremail"))
rs("realname")=trim(request.form("realname"))
rs("quesion")=trim(request.form("quesion"))
if trim(request.form("answer"))<>""then
rs("answer")=md5(trim(request.form("answer")))
end if
rs.update
'更改各个字段的值，并且提交保存
rs.close
set rs=nothing
response.Write    "<script    language=javascript>alert('您 的 个 人 资 料 修 改 成 功！
');history.go(-1);</script>"
```

……

17.6.3　修改密码

"修改密码"的界面如图17-24所示。

图17-24　"修改密码"界面

Dreamweaver CC 2018 中文版入门与提高实例教程

以下代码可实现"修改密码"的链接功能。

```
………
<td      bgcolor=<%=bgclr2%>      height="20"      onmouseover="this.bgColor='<%=bgclr4%>';"
onmouseout="this.bgColor='<%=bgclr2%>';"><img      src="images/saveas.gif"      width="16"
height="16"><a href="profile.asp?action=changepass"> 修改密码</a></td>
………
case "changepass"
response.Write "<center><B><font color=996633>修 改 密 码</font></center>"
changepass()
………
```

以下代码可实现右边工作区的部分界面。

disuser.asp

```
………
sub changepass()
if request.cookies("timesshop")("username")="" then
response.Write "<center>请先登录</center>"
response.End
end if" %>
<table      width="96%"      border="0"      align="center"      cellpadding="1"      cellspacing="1"
bgcolor="#FFFFFF">
<form name="userpass" method="post" action="saveprofile.asp?action=changepass">
<tr bgcolor="#FFFFFF">
        <td width="50%" align="right">用 户 名：</td>
<td      width="50%"><font      color="#FF0000"><%      =      request.cookies("timesshop")("username")
%></font></td>
</tr>
<tr bgcolor="#FFFFFF">
        <td align="right">原 密 码：</td>
<td><input name="password" type="password" id="password"></td>
</tr>
<tr bgcolor"=#FFFFFF">
        <td align="right">新 密 码：</td>
<td><input name="password1" type="password" id="password1"></td>
</tr>
<tr bgcolor="#FFFFFF">
<td align="right">确认密码：</td>
<td><input name="password2" type="password" id="password2"></td>
</tr>
<tr>
```

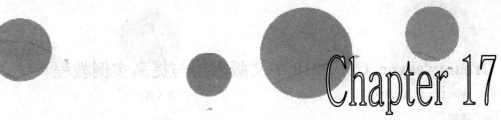

```
<td colspan="2" bgcolor="#FFFFFF" align="center"><input type="submit" name="Submit" value="
修 改" onclick='return checkrepass();'></td></tr>

</form></table>
<%
end sub
```

......

修改密码的请求通过表单传递给saveprofile.asp处理，查询串action传递的值为changepass。saveprofile.asp中相应部分的源代码分析如下。

```
case "changepass"
set rs=server.CreateObject("adodb.recordset")
rs.open "select password from [user] where username='"&username&"'",conn,1,3
if md5(trim(request.form("password")))<>trim(rs("password")) then
'输入的原密码有误
response.Write "<script language=javascript>alert(' 对 不 起 ， 您 输 入 的 原 密 码 错 误 ！
');history.go(-1);</script>"
response.End
else
rs("password")=md5(trim(request.form("password1")))
'使用新密码，当让要使用MD5加密
rs.update
rs.close
set rs=nothing
response.Write "<script language=javascript>alert('密码更改成功！');history.go(-1);</script>"
response.End
end if
```

17.6.4 取回密码

如果客户单击"取回密码"，会提示根据密码提示问题和答案取得新密码。

取回密码分为三步：输入客户名；输入正确后，显示密码提示问题，要求客户输入密码答案；密码答案正确，则可以输入新密码。

客户取回密码步骤的第一步，输入客户名。此时，查询串中shop的值为空。

```
Disuser.asp
......
sub repass()
dim shop
shop=request.QueryString("shop")
```

```
select case shop                              '输入客户名
```

```
case ""
```

```
response.Write "<br><table width=96% border=0 align=center cellpadding=01 cellspacing=1>"
```

'输出供客户填写找回密码的客户名表单

```
response.Write "<form name=shop0 method=post action=profile.asp?action=repass&shop=1>"
```

```
response.Write "<tr><td height=28 bgcolor=#ffffff><div align=center>请输入您的客户名：  <input
```
```
name=username type=text id=username size=16></div></td></tr>"
```

```
response.Write  "<tr><td  height=32  bgcolor=#ffffff><div  align=center><input  type=submit
```
```
name=Submit value=确 定 onclick='return check0();'></div></td></tr>"
```

```
response.Write "</form></table>"
```

客户取回密码的第二步，需要客户输入正确的密码提示问题的答案。此时查询串中
shop的值为1。

```
case "1"        '输入问题答案
```

```
set rs=server.CreateObject("adodb.recordset")
```

```
rs.open "select quesion,answer from [user] where username='"&trim(request.form("username"))&"'
```
```
",conn,1,1
```

```
if rs.eof and rs.bof then
```

```
response.write "<center><br>查无此客户，请返回！</center>"
```

```
else
```

```
response.Write  "<br><table  width=96%  border=0  align=center  cellpadding=1  cellspacing=1
```
```
bgcolor=#FFFFFF>"
```

```
response.Write "<form name=shop1 method=post action=profile.asp?action=repass&shop=2>"
```

```
response.Write "<tr><td width=21% bgcolor=#ffffff STYLE='PADDING-LEFT: 20px'>您的密码提
```
```
问  ：  </td><td  width=79%  height=28  bgcolor=#ffffff  STYLE='PADDING-LEFT:  20px'><font
```
```
color=red>"&trim(rs("quesion"))&"</font>           <input          type=hidden          name=username1
```
```
value="&trim(request.form("username"))&" id=Hidden1></td></tr>"
```

```
response.Write "<tr><td bgcolor=#ffffff STYLE='PADDING-LEFT: 20px'>您的密码答案：</td><td
```
```
height=28   bgcolor=#ffffff   STYLE='PADDING-LEFT:   20px'><input   name=answer   type=text
```
```
id=answer></td></tr>"
```

```
response.Write  "<tr  bgcolor=#ffffff><td  height=32  colspan=2  STYLE='PADDING-LEFT:
```
```
50px'><input type=submit name=Submit2 value=确 定 onclick='return check1();'></td></tr>"
```

```
response.Write "</form></table>"
```

```
end if
```

```
rs.close
```

```
set rs=nothing
```

客户取回密码的第三步，密码提示问题回答正确，可以让客户输入新的密码。此时，
查询串中shop的值变为2。

```
case "2"   '输入新密码
```

```
set rs=server.CreateObject("adodb.recordset")
```

rs.open "select answer from [user] where username='"&trim(request.form("username1"))&"'",conn,1,1

if trim(rs("answer"))<>md5(trim(request.form("answer"))) '判断答案是否正确

then

response.write "<script language=javascript>alert(' 对 不 起 ， 您 输 入 的 问 题 答 案 不 正 确 ');history.go(-1);</script>"

response.end

else

response.Write "
<table width=96% border=0 align=center cellpadding=1 cellspacing=1 bgcolor=#FFFFFF>"

response.Write "<form name=shop2 method=post action=saveprofile.asp? action=repass>"

response.Write "<tr><td width=20% bgcolor=#EFF5FE STYLE='PADDING-LEFT: 20px'>请输入新密码： </td><td width=80% height=28 bgcolor=#EFF5FE STYLE='PADDING-LEFT: 20px'><input name=userpassword1 type=password id=userpassword1><input type=hidden name=username2 value=" & trim(request.form ("username1"))&"></td></tr>"

response.Write "<tr><td bgcolor=#EFF5FE STYLE='PADDING-LEFT: 20px'>输入确认密码： </td><td height=28 bgcolor=#EFF5FE STYLE='PADDING-LEFT: 20px'><input name=userpassword2 type=password id=userpassword2></td></tr>"

response.Write "<tr><td height=32 colspan=2 bgcolor=#EFF5FE STYLE='PADDING-LEFT: 50px'><input type=submit name=Submit3 value=确 定 onclick='return check2();'></td></tr>"

response.Write "</form></table>"

end if

rs.close

set rs=nothing

end select

end sub

……

17.6.5 "我的订单"界面

"我的订单"界面用于客户管理自己的订单，如图17-25所示。

显示客户订单主要由下面的子过程完成，程序从数据库中维护的订单表中取出客户的订单，并且做一些简单的统计，如订单的"合计金额"项。

Disuser.asp

……

sub goods()

'查找客户的订单的子过程

电子商务网站设计综合实例

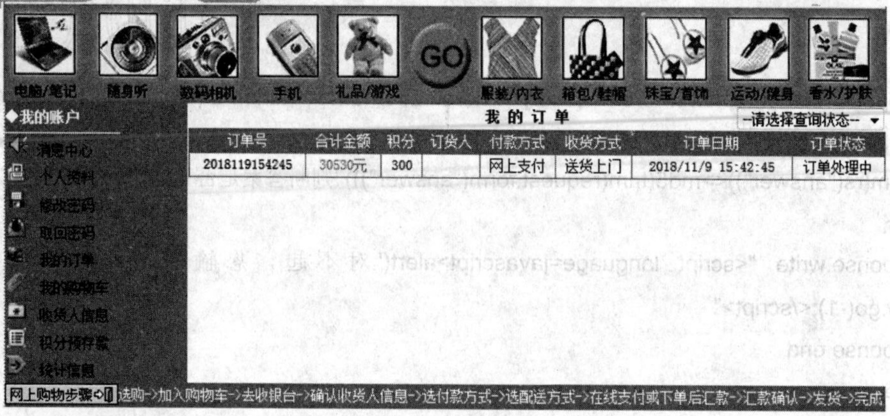

图17-25　"我的订单"界面

```
if request.cookies("timesshop")("username")="" then
response.Write "<center><center>请先登录</center></center>"
response.End
end if
%>
……
<tr><td width="55%" align="right"><b>我 的 订 单</B></td>
……
<!--在客户改变列表中的选择时触发onchange事件-->
<select    name="state"    onChange="var    jmpURL=this.options[this.selectedIndex].value    ;
if(jmpURL!=') {window.location=jmpURL;} else {this.selectedIndex=0 ;}" >
<option value="profile.asp?action=goods&state=0" selected>--请选择查询状态--</option>
<option value="profile.asp?action=goods&state=0" >全部订单状态</option>
<option value="profile.asp?action=goods&state=1" >未作任何处理</option>
<option value="profile.asp?action=goods&state=2" >客户已划出款</option>
<option value="profile.asp?action=goods&state=3" >服务商已收到款</option>
<option value="profile.asp?action=goods&state=4" >服务商已发货</option>
<option value="profile.asp?action=goods&state=5" >客户已经收到货</option>
……
<table    width="100%"    border="0"    align="center"    cellpadding="2"    cellspacing="1"
bgcolor="<%=bgclr1%>">
……
<!--列表显示所有的订单，依据查询状态-->
<%set rs=server.CreateObject("adodb.recordset")
dim state
state=request.QueryString("state")           '根据选择的状态作查询
if state=0 or state="" then                   '显示全部订单
select case state
```

```
    case "0"
        rs.open  "select  distinct(goods),realname,actiondate,deliverymethord,paymethord,state  from
orders  where  username='"&request.cookies("timesshop")("username")&"'  and  state<6  order  by
actiondate desc",conn,1,1
    case ""
        rs.open  "select  distinct(goods),realname,actiondate,deliverymethord,paymethord,state  from
orders  where  username='"&request.cookies("timesshop")("username")&"'  and  state<6  order  by
actiondate desc",conn,1,1
    end select
    else                                                              '显示指定的订单状态的订单
    rs.open   "select   distinct(goods),realname,actiondate,deliverymethord,paymethord,state   from
orders where username='"&request.cookies("timesshop")("username")&"' and state="&state&" order by
actiondate",conn,1,1
    end if
    do while not rs.eof                   '列表显示
    %>
<tr bgcolor="#ffffff" align="center">
            <% dim shop,rs2
            set shop=server.CreateObject("adodb.recordset")
            shop.open  "select  sum(paid)  as  paid,sum(score)  as  score  from  orders  where
goods='"&trim(rs("goods"))&" ",conn,1,1     '计算出订单中所有此种商品的总金额
        %>
    '单击订单号打开一个到订单的链接；可以查看订单的状态和详细信息，并且可以删除订单。
    <td                                             ><a                                         href="#"
onClick="javascript:window.open('chkorder.asp?dan=<%=trim(rs("goods"))%>&score=<%      =
trim(shop("score"))  %>','','width=710,height=388,toolbar=no,  status=no,  menubar=no,  resizable=yes,
scrollbars=yes');return false;"><%=trim(rs("goods"))%></a></td>
    <td>
    <%      '计算出总共需要支付的费用，包括商品的价格和不同送货的方式的费用的和
    set rs2=server.CreateObject("adodb.recordset")
                rs2.open              "select            *           from          delivery          where
deliveryid="&rs("deliverymethord"),conn,1,1
    response.write "<font color=#FF6600>"&shop("paid")+rs2("fee")&"元</font>"
    rs2.close
    set rs2=nothing
    %>
    </td>
```

Dreamweaver CC 2018 中文版入门与提高实例教程

如果客户所购的是大件商品，则毫无疑问需要给予该客户更好的待遇。积分就是一种标记VIP客户的措施。

```asp
<td>
<% = shop("score") %>
<%      shop.close
      set shop=nothing
%>
</td>
<td><%=trim(rs("realname"))%></td>
  <td><%set rs2=server.CreateObject("adodb.recordset")
  rs2.open "select * from delivery where deliveryid="&rs("paymethord"),conn,1,1
  response.Write trim(rs2("subject"))           '查询出客户选择的付款方式
  rs2.close
  set rs2=nothing%></td>
  <td align= "center">
  <%set rs2=server.CreateObject("adodb.recordset")
  rs2.open "select * from delivery where deliveryid="&rs("deliverymethord"),conn,1,1
        response.Write trim(rs2("subject"))
        rs2.close
        set rs2=nothing%>
  </td>
  <td><%=trim(rs("actiondate"))%></td>       <!--客户最近一次购物活动的时间-->
  <td><%select case rs("state")                       "订单的状态"
case "1"
response.write "未作任何处理"
case "2"
response.write "订单处理中"
case "3"
response.write "服务商收到款"
case "4"
response.write "服务商已发货"
case "5"
response.write "客户已收到货"
  end select%>
</td></tr>
<%
rs.movenext
loop
rs.close
```

404

```
set rs=nothing%></table>
<%end sub
sub loginnum()                                    '统计特定客户的登录次数
dim url
url=Request.ServerVariables("HTTP_REFERER") %> <!--取得url，因为统一定向到chkuser.asp来
```
检查客户用来设置comeurl，方便成功后重新转向请求页-->
```
………
<%
end sub
%>
```

17.6.6 购物车的实现

"我的购物车"的界面设计如图17-26所示。

图17-26 "我的购物车"界面

右侧的菜单栏中响应"我的收藏架"的代码如下：

Profile.asp
```
……
case "addtocart"
response.write "<center><B><font color=996633>我 的 收 藏 架</font></center>"
addtocart()
……
```
disuser.asp中的sub子过程addtocart()处理商品添加到购物车子过程的管理。
```
sub addtocart()    '添加到购物车子过程
set rs=server.CreateObject("adodb.recordset")
rs.open                    "select                    orders.actionid,orders.id,product.name,
product.price1,product.price2,product.discount from product inner join orders on product.id=orders.id
where        orders.username='"&request.cookies        ("timesshop")("username")&"'        and
orders.state=6",conn,1,1
```

右侧竖排电子商务网站设计综合实例

405

%>   '连接product表和orders表,从中选择该客户订购的订单的商品的详细信息

```
<table width="96%" border="0" align="center" cellpadding="0" cellspacing="1" bgcolor="#6699cc">
<%
```

判断是何处调用addtocart子过程。在addto.asp文件中（即收藏商品时）也会调用这个子过程。如果是从客户中心调用这个子过程，提交时会打开一个新的浏览器窗口；如果是收藏商品时调用这个子过程，则只需将表单的响应页设置为cart.asp即可。

```
if action="addtocart" then
'此处定义了form标单的action页为cart.asp，如果客户单击取下订单；则会转至cart.asp
response.write "<form action='cart.asp' target=shop onsubmit=""javascript:window.open('','','width=632,height=388,toolbar=no, status=no, menubar=no, resizable=yes, scrollbars=yes');"">"
else
response.write "<form name='form1' method='post' action=cart.asp>"
end if %>
……
```

下面的代码可显示收藏架中的所有商品，并且使用checkbox标记需要删除的商品。如果被check的话，就可以删除这条订单。遍历记录集中的所有数据,每一个checkbox的value都使用记录集中的id编号来标记。

```
<%  do while not rs.eof  %>
<tr bgcolor="#ffffff" align="center">
<td><input name="id" type="checkbox" checked value=<% = rs("id") %>></td>
<td style='padding-left: 5px' align=left><a href=product.asp?id=<% = rs("id") %> target=_blank><% = rs("name") %></a></td>
<td><% = rs("price1") %>元</td>
<td><font color="#FF0000"><% = rs("price2") %>元</font></td>
<td><% = rs("discount")*100 %>%</td>
<td>
<%
'判断是何处调用addtocart子过程，在addto.asp文件中即收藏商品时也会调用这个子过程
if action<>"addtocart" then
response.Write "<a href=addto.asp?action=del&actionid="&rs("actionid") &">"
else
response.Write "<a href=addto.asp?action=del&actionid="&rs("actionid") &"&ll=22>"
'每条记录的删除的超链接设置
end if
response.Write "<img src=images/trash.gif width=15 height=17 border=0></a></td></tr>"
rs.movenext            '遍历客户的订单表中所有的未处理的订单
loop
```

406

rs.close

set rs=nothing

response.write   "<tr><td   height=36   colspan=6   bgcolor=#FFFFFF><div   align=center><input type=submit name=Submit   value=去下订单 >   "

if action<>"addtocart" then

response.write   "<input   type=button   name=Submit2   value= 继 续 采 购 onclick=javascript:window.close()>"

end if

%>

</div></td></tr></form></table>

<%

end sub

客户在"我的购物车"界面单击"去下订单"按钮后，会进入下一流程。该流程在本章17.7节有详细的介绍。

17.6.7　收货人信息

"收货人信息"的界面如图17-27所示。

图17-27　"收货人信息"界面

下面的代码可实现图17-27所示的显示界面。

……

<%

end sub

```
sub receiveaddr()                                        '这个sub子过程完成的是显示收货人的详细信息
dim rs2
if request.cookies("timesshop")("username")="" then      '客户名为空，要求登录
response.Write "<center>请先登录</center>"
response.End
end if
set rs=server.CreateObject("adodb.recordset")
rs.open                                                                          "select
recepit,recepit,city,address,postcode,usertel,mobile,userqq,deliverymethord,paymethord   from  [user]
where username="'"&request.cookies("timesshop")("username")&"' ",conn,1,1
   %>                                             <!--从数据库中取出此客户的收货人详细信息-->
   ……
   <form name="receiveaddr" method="post" action="saveprofile.asp?action=receiveaddr">
   ……
   <td width="18%" style='padding-left: 10px'>收货人姓名：</td>
   <td  width="82%"><input  name="recepit"  type="text"  id="recepit"  size="12"  value="<%  =
trim(rs("recepit")) %>">
   ……
   <!--选择送货方式-->
   <td><select name="deliverymethord" size="5" id="deliverymethord">
   <%
   set rs2=server.CreateObject("adodb.recordset")
   rs2.open "select * from delivery where methord=0 order by deliveryidorder",conn,1,1    'delivery表
中methord为零的为送货方式,methord为1的为付款方式
   do while not rs2.EOF
   response.Write "<option value="&rs2("deliveryid")&">"&trim(rs2("subject"))&"</option>"
   rs2.MoveNext
   loop
   rs2.Close
   %>
   </select>
   ……
   <td><select name="paymethord" size="5" id="paymethord">         <!--选择支付方式-->
   <%
   rs2.Open "select * from delivery where methord=1 order by deliveryidorder",conn,1,1
   do while not rs2.EOF
   response.Write "<option value="&rs2("deliveryid")&">"&trim(rs2("subject"))&"</option>"
   rs2.MoveNext
   loop
```

```
rs2.Close
set rs2=nothing
%>
</select></td></tr>
......
<%
rs.close
set rs=nothing
end sub
```

17.7　收藏和购买商品

收藏和购买商品是一个购物站点的核心功能。收藏与客户中心一样，调用disuser.asp中的addtocart()子过程，购买则有所区别。

17.7.1　浏览商品

浏览商品有多种情况，如在"分类浏览"或"新品上架"等模块都需要商品的浏览功能。图17-28所示为分类浏览中的某一个商品的显示。

商品名称：DAVIDOFF Cool Water			
商品品牌：DAVIDOFF	商品简介：DAVIDOFF 大卫杜夫Cool Water冷水女士香水 30ml		
上市日期：2003年01月	浏览次数：5	商品型号：DAVIDOFF	商品等级：精 品
商品价格：240元	会员 价：167元	折　扣：70%	节　省：73元

图17-28　分类浏览中列出的某一商品

disuser.asp源代码中的addtocart()已经论述过，此处略过。下面分析"购买"的源代码cat.asp。cat.asp是商品分类的列表，其中每种商品都有"购买"和"收藏"两个选项。

```
<!--#include file="conn.asp"-->
<!--#include file="config.asp"-->
<%
dim sortsid,i,strcat
sortsid=request.querystring("catid")%>
<title><%=webname%>--商品分类</title>
<!--#include file="include/header.asp"-->
<%
'从数据中的分类表中选出此分类的商品的分类名称
```

电子商务网站设计综合实例

```
set rs=server.CreateObject("adodb.recordset")
        rs.open "select category from category where categoryid="&sortsid&" ",conn,1,1
        strcat = trim(rs("category"))      '取得分类的名称
rs.close
set rs = nothing
%>
```

rs记录集中存放的是categoryid等于相应的id的分类。如果没有指定sortsid，则从所有商品中选择最新的20个商品，并列出；否则，从数据库中选择指定分类下的所有商品列出，并且按照商品的添加时间排序。

......

```
if sortsid="" then
        set rs=server.CreateObject("adodb.recordset")
        rs.open  "select  top  20  prename,company,mark,pretype,intro,other,type,viewnum,
grade,predate,id,name,introduce,price1,price2,discount,productdate,pic from product order by adddate
desc",conn,1,1
        else
        set rs=server.CreateObject("adodb.recordset")
        rs.open "select predate,prename,company,mark,pretype,intro,name,other,type,viewnum,
grade,id,introduce,price1,price2,discount,productdate,pic  from  product  where  categoryid="&sortsid&"
order by adddate desc",conn,1,1
        end if
```

......

cart.gif是购买图标，上面的代码表示，客户单击"购买"按钮打开cart.asp的同时，商品的id也会作为查询串被传递，进入购物流程的第一步。如果放入购物车，则可以继续采购，最后统一到客户中心处理购物车中的商品。如果单击"下一步"按钮，则进入购物流程的第二步。

......

```
<td> <a href="#" onClick="javascript:window.open('cart.asp?id=<% = rs("id") %>','','width=632,
height=388,toolbar=no, status=no, menubar=no, resizable=yes, scrollbars=yes');return false;"><img
src="images/skin/default/cart.gif" width="50" height="19" align="absmiddle" border="0"></a>
</td>
<td colspan="2"><a href=# onClick="javascript:window.open('addto.asp?id=<% = rs("id") %>
&action=add','','width=632,height=388,toolbar=no,      status=no,      menubar=no,      resizable=yes,
scrollbars=yes');return    false;"><img    src="images/skin/default/addto.gif"    width="50"    height="19"
align="absmiddle" border="0"></a></td>
```

......

下面省略的都是在前面技术细节已经论述过的分页列表的代码，只是记录集有所不同。详细的代码可以参见随书电子资料包的"源代码"文件夹。

....

```
<!--#include file="include/footer.asp"-->
```

17.7.2 购买商品

购买商品分为几个步骤，并且存在两种方式。一种方式是先把商品放入购物车，然后统一购买；另一种方式是直接购买选中的商品。直接购买选中的商品时，第一步需要选中要购买的商品，单击"商品浏览"部分的"购买"按钮后，系统会弹出如图17-29所示的界面。

图17-29　购买流程的第一步

`cart.asp`将列出客户要购买的商品。

```
......
action=request.QueryString("action")
if request.QueryString("id")="" then
id=request.form("id")
else
id=request.QueryString("id")          '取得商品id的值
end if
......
select case action
case ""
......
```

根据action的值采取相应的动作。根据分析，cart.asp发现请求串是如下的形式：cart.asp?id=389。故此时action为空；action为空的情况下，主要是列出商品的一些信息，代码与技术细节中的列表差别不大。

```
......
<form name="form1" method="post" action="">
......
set rs=server.CreateObject("adodb.recordset")
rs.open "select id,name,price1,price2,vipprice,discount,score,stock from product where id in
("&id&")",conn,1,1     '根据此商品的id列表显示详细信息
......
<td height="32" colspan="9" align="center"><input type="submit" name="Submit2" style=
"height:20; font:9pt; border-bottom: #FFFFFF 1px groove; border-right: #FFFFFF 1px groove;
```

```
background-color: <% = bgclr1 %> "value=" 下 一 步 " onClick="this.form.action='cart.asp?action
=shop1&id=<%=id%>';this.form.submit()" >
```

......

如果客户单击"下一步"按钮，将会再次请求cart.asp，查询串的内容改为cart.asp?action=shop1&id=389。判断case的值将变为shop1，进入select case语句的另外一个分支。如果单击的是"放入购物车"按钮，则请求addto.asp?id=389&action=add。

```
<%if bookscount=1 then%>
    <input type="button" name="Submit22" style="height:20; font:9pt; border-bottom: #FFFFFF 1px
groove; border-right: #FFFFFF 1px groove; background-color: <% = bgclr1 %>"value="放入购物车"
onClick="location.href='addto.asp?id=<%=books%>&action=add'">
    <%end if%>
```

......

17.7.3 填写收货人信息

直接购买商品的第二步需要客户填写详细的收货人信息，以下是实现该界面的代码。

```
case "shop1"     '说明已经提交过，如cart.asp?action=shop1&id=389。
<!--首先选出客户的详细信息，取得客户的id放到userid中。-->
set rs=server.CreateObject("adodb.recordset")
rs.open        "select        recepit,userid,sex,useremail,city,address,postcode,usertel,paymethord,
deliverymethord,realname from [user] where username='"&request.cookies("timesshop")("username")
&"'",conn,1,1
    userid=rs("userid")%>
```

......

```
    <!--新的表单，请求的url变为cart.asp?action=ok&id=387&userid=2。这样再次提交时将进入另外的
select语句的分支。-->
    set rs2=server.CreateObject("adodb.recordset")
    rs2.open "select id from product where id in ("&id&") order by id",conn,1,1
    do while not rs2.eof
    %>
    <input name="<%="shop"&rs2("id")%>" type="hidden" value="<%=cint(request.form("shop"&rs2
("id")))%>">
    <%
    rs2.movenext
    loop
    rs2.close
    set rs2=nothing%>
```

......

```
    <!--利用隐藏域来传递一些信息是基本的Web编程技巧。-->
```

```
<input type="hidden" name="realname" value=<%=trim(rs("realname"))%>>
    <td width="150" style='padding-left: 6px'><b>收货人姓名：</b></td>
        <td width="600" height="28">
            <input name="recepit" type="text" id="recepit" size="12" value=<%=trim(rs("recepit"))%>>
```
......
```
    <!--填写收货人的详细信息。当然首先会从数据中选出相应的登记过的客户的信息，以加快客户的填
写进程。如上面的value=<%=trim(rs("recepit"))%-->
```
......
```
    <tr bgcolor="<%=bgclr3%>">
     <td></td>
            <td><input type="submit" name="Submit3" style="height:20; font:9pt; border-bottom:
#FFFFFF 1px groove; border-right: #FFFFFF 1px groove; background-color: <% = bgclr1 %>"value="
提交订单" onClick="return ssother();"></td>
    </tr>
```
......

单击"提交订单"按钮，订单提交给cart.asp?action=ok&id=387&userid=2，程序的控制流程转移到另外的一个分支继续执行。如果客户填写的信息都合法正确，则订单提交界面，如图17-30所示。

17.7.4 订单提交

订单提交界面如图17-30所示。

图17-30 订单提交界面

以下代码处理订单提交的请求。如果订单符合要求，则订单信息入库，并且显示订购成功信息；否则，提示出错信息。

```
case "ok"
    function HTMLEncode2(fString)
    fString = Replace(fString, CHR(13), "")
    fString = Replace(fString, CHR(10) & CHR(10), "</P><P>")
```

电子商务网站设计综合实例

413

```
    fString = Replace(fString, CHR(10), "<bR>")
    HTMLEncode2 = fString
  end function
```

select 语句新的分支，action="ok"。值得一提的是，上面的 HTMLEncode2 函数，实现了一些特殊字符的替换，因为在 TextArea 中的输入会涉及换行和回车的问题。例如，如果客户的留言中可能包含回车，转换到 HTML 输出显示时，则将 CHR（10）替换为 HTML 中的
，以 HTML 编码的方式显示出来。

```
  if session("myorder")<>minute(now) then
  shijian=now()                              '取得当前的时间
  goods=year(shijian)&month(shijian)&day(shijian)&hour(shijian)&minute(shijian)&second(shijian)
'订单表中会有一个字段存放订单的时间，这就是goods的目的
  set rs2=server.CreateObject("adodb.recordset")
  rs2.open "select id,name,score,price1,price2,vipprice,discount from product where id in ("&id&")
order by id ",conn,1,1        '取得商品的价格、折扣等信息
  do while not rs2.eofset rs=server.CreateObject("adodb.recordset")
  rs.open "select * from orders",conn,1,3
  rs.addnew                                  '向订单表中插入数据
  rs("username")=trim(request.cookies("timesshop")("username"))
  rs("id")=rs2("id")                         '商品id号
  rs("actiondate")=shijian                   '时间
  rs("productnum")=CInt(Request.form("shop"&rs2("id")))    '商品数量
  rs("state")=2                                            '订单的状态
  rs("goods")=goods                                       '订单的日期字符串
  rs("postcode")=int(request.form("postcode"))      '邮政编码
  rs("recepit")=trim(request.form("recepit"))       '收件人
  rs("address")=trim(request.form("address"))       '地址
  rs("paymethord")=int(request.form("paymethord"))     '支付方式
  rs("deliverymethord")=int(request.form("deliverymethord")) '送货方式
  rs("sex")=int(request.form("sex"))                '性别
  rs("comments")=HTMLEncode2(trim(request.form("comments")))
  ……
  rs.update
  rs.close
  set rs=nothing
  ……
```

下面这行代码用于删除订单中与指定的客户名相同、商品 id 相同，并且 state 为 6 的记录。

```
  conn.execute "delete from orders where username='"&request.cookies("timesshop")("username")
&"' and id in ("&id&") and state=6"
  rs2.movenext
```

```
loop                                    '循环遍历
rs2.close
set rs2=nothing
'重置会话myorder的时间；从下面的else语句可以发现session的目的是为了避免客户重复提交
session("myorder")=minute(now)
else
response.Write "<center>您不能重复提交！</conter>"
response.End
end if
```

下面的代码已经转移到了处理购物的第三步，即订单提交成功后。这时就需要打印出整个订单。

判断客户账户里面的存款是否足够，若足够的话，扣除此次购物的费用；如果存款不够，或者没有存款，就提示客户在一周内按选择的方式付款，同时累加相应的客户的积分。

```
set rsdeposit=server.CreateObject("adodb.recordset")
rsdeposit.open "select deposit,score from [user] where username='"&request.Cookies
("timesshop")("username")&"' ",conn,1,3
if rsdeposit.eof and rsdeposit.bof then
strtxtdeposit="请您在一周内按您选择的支付方式进行汇款，汇款时请注明您的订单号！汇款后请及
时通知我们"
else
strdeposit = CLng(rsdeposit("deposit"))
if strdeposit>sum then
rsdeposit("deposit")=strdeposit-sum
rsdeposit("score")=rsdeposit("score")+sums2
rsdeposit.update
strtxtdeposit="已从你的预存款中扣除"&""""&sum&""""&"元，给你加了"&""""&sums2&""""&"分"
……
<%'对已售出的记录加1，对库存减1。跟踪销售业绩，并且在客户购买商品时判断是否已经售空
set rs=server.CreateObject("adodb.recordset")
rs.open "select solded,stock from product where id in ("&id&")" ,conn,1,3
do while not rs.eof
rs("solded")=rs("solded")+1
rs("stock")=rs("stock")-1
rs.update
rs.movenext
loop
rs.close
```

415

```
set rs=nothing
end select
%>
……
<!—使用JavaScript正则表达式来验证客户的输入是否合法-->
<script language=javascript>
<!--
function regInput(obj, reg, inputStr)
{
 var docSel     = document.selection.createRange()
 if (docSel.parentElement().tagName != "input") return false
 oSel = docSel.duplicate()
 oSel.text = ""
 var srcRange    = obj.createTextRange()
 oSel.setEndPoint("StartToStart", srcRange)
 var str = oSel.text + inputStr + srcRange.text.substr(oSel.text.length)
 return reg.test(str)
}
//这是使用正则表达式验证客户输入；技术细节中有叙述。
function checkspace(checkstr) {
  var str = '';
  for(i = 0; i < checkstr.length; i++) {
    str = str + ' ';
  }
  return (str == checkstr);
}
//检验是否全为空格
//-->
</script>
```

17.8　商品查询

商品查询分为普通查询和高级查询两种方式，下面分别进行介绍。

17.8.1　普通查询

如图17-31所示的搜索框嵌套在每一个页面的头部，方便客户随时搜索商品。

图17-31　查询界面

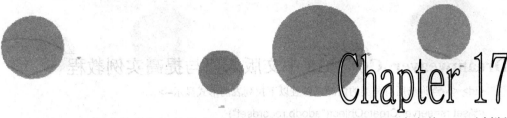

下面的代码实现了普通查询的处理功能。通过判断jiage的值是否为空值，可以判断是普通查询还是高级查询，从而采取不同的操作。

research.asp

………

```
if jiage="" then                    '普通查询
select case action
case "1"                            '商品名称
rs.open "select id,name,mark,introduce,price1,price2,discount,productdate from product where
name like '%"&searchkey&"%' ",conn,1,1
case "2"                            '商品品牌
rs.open "select id,name,mark,introduce,price1,price2,discount,productdate from product where
mark like '%"&searchkey&"%' ",conn,1,1
case "3"                            '商品简介
rs.open "select id,name,mark,introduce,price1,price2,discount,productdate from product where
introduce like '%"&searchkey&"%' ",conn,1,1
case "4"                            '详细说明
rs.open "select id,name,mark,introduce,price1,price2,discount,detail,productdate from product
where detail='"&searchkey&"' ",conn,1,1
end select
else
………
```

17.8.2　高级查询窗口

"高级查询"模块相对复杂一些，界面设计如图17-32所示。

图17-32　高级查询界面

在表单内的输入文本框和三个下拉列表中分别输入或选择相应的关键字、查找方式、价格范围和商品分类，然后单击"查找"按钮，即可将表单提交到research.asp页面。下面的代码实现了高级查询的商品分类。

Search.asp

……

```
<tr bgcolor="ffffff"> <td height="18" style="padding-left:6px">商品分类：</td>
```

```
<td> <!--查询出所有分类的情况，并且以下拉列表的形式显示-->
<%set rs=server.CreateObject("adodb.recordset")
 rs.open "select * from category order by categoryorder",conn,1,1     %>
<select name="categoryid"> <option value="0">查询所有分类</option>
<%do while not rs.eof%>
<option value="<%=rs("categoryid")%>"><%=trim(rs("category"))%></option>
<%rs.movenext
 loop
 rs.close
 set rs=nothing%>
</select></td></tr>
……
```

17.8.3 高级查询处理

如果客户在查询界面的"关键字"文本框中输入了"IBM"，会显示一些查询结果，如图17-33所示。

搜索结果						
您查询的关键字是：IBM						
商品名称	商品品牌	上货日期	市场价	折扣	会员价	购买
IBM T30-FBC	IBM	2003年8月	29888元	60%	18000元	购买 收藏
IBM T40-G1C	IBM	2003年8月	40888元	75%	30500元	购买 收藏
IBM T30-87C	IBM	2003年01月	29988元	63%	19000元	购买 收藏

首 页 上一页 下一页 末 页 第 1 页 共 1 页 共查询到 3 件商品 转到第 1 页 跳转

图17-33 查询结果

查询的实现主要是在research.asp中完成的，代码如下：

```
<!--#include file="conn.asp"-->
<!--#include file="config.asp"-->
<!--取得所有的查询参数的值，不论是从表单或者查询串中-->
<%dim action,searchkey,categoryid,jiage
categoryid=request.form("categoryid")
jiage=request.form("jiage")
action=request.QueryString("action")
searchkey=request.QueryString("searchkey")
if categoryid="" then categoryid=request.QueryString("categoryid")
if jiage="" then jiage=request.QueryString("jiage")
if action="" then action=int(request.form("action"))
if searchkey="" then searchkey=trim(request.form("searchkey"))%>
<%call sss()%>
```

......

```
<% if searchkey="" then
response.write "对不起，请您输入查询关键字"
response.End                                        '程序结束
else
response.write "您查询的关键字是：<font color=red>"&searchkey&"</font>"
end if%> </td></tr> </table><%'开始分页
Const MaxPerPage=20
dim totalPut
dim CurrentPage
dim TotalPages
dim j
dim sql
if Not isempty(request("page")) then                '如果page的值不为空
currentPage=Cint(request("page"))
else                                                '否则当前页置为1
currentPage=1
end if
```

　　如果jiage的值为空，说明是普通查询，否则是高级查询。对于高级查询，首先判断categoryid的值是否为空，如果不为空，则需要考虑商品分类的情况。然后根据"查找方式"下拉菜单选择的结果，编写不同的SQL语句。这样，就可以得到记录集的结果。

```
set rs=server.CreateObject("adodb.recordset")
if jiage="" then                                    '普通查询
......
else
'高级查询
if categoryid<>0 then                               '判断查询分类,分类不为空。
'商品分类不为空，需要在SQL语句中考虑categoryid的情况。如下面的语句所示
select case action                                  '多约束条件的第一个查找方式是"商品名称"
case "1"
rs.open  "select id,name,mark,introduce,price1,price2,discount,productdate from product where
name like '%"&searchkey&"%' and price2<"&jiage&" and categoryid="&categoryid,conn,1,1
case "2"   '多约束条件的第一个查找方式是"厂商说明",mark字段代表的是厂商的商标
rs.open  "select id,name,mark,introduce,price1,price2,discount,productdate from product where
mark like '%"&searchkey&"%' and price2<"&jiage&" and categoryid="&categoryid,conn,1,1
case "3"        '多约束条件的第一个查找方式是"商品简介"
rs.open  "select id,name,mark,introduce,price1,price2,discount,productdate from product where
```

```
introduce like '%"&searchkey&"%' and price2<"&jiage&" and categoryid="&categoryid,conn,1,1
     case "4"          '多约束条件的第一个查找方式是"详细说明"
     rs.open  "select id,name,mark,introduce,price1,price2,discount,detail,productdate from product
where detail='"&searchkey&"' and price2<"&jiage&" and categoryid="&categoryid,conn,1,1
     end select
     else
     '分类为空,需要使用不同的查询语句。最大的区别是不再需要考虑categoryid字段对记录集的过滤。
     select case action
     case "1"
     rs.open  "select id,name,mark,introduce,price1,price2,discount,productdate from product where
name like '%"&searchkey&"%' and price2<"&jiage,conn,1,1
     case "2"
     rs.open  "select id,name,mark,introduce,price1,price2,discount,productdate from product where
mark like '%"&searchkey&"%' and price2<"&jiage,conn,1,1
     case "3"
     rs.open  "select id,name,mark,introduce,price1,price2,discount,productdate from product where
introduce like '%"&searchkey&"%' and price2<"&jiage,conn,1,1
     case "4"
     rs.open  "select id,name,mark,introduce,price1,price2,discount,detail,productdate from product
where detail='"&searchkey&"' and price2<"&jiage,conn,1,1
     end select
     end if
     end if
     ……
```

现在,根据客户的查询条件,不论使用的是普通查询还是高级查询,数据库查询返回的记录集都已取得。下面的任务就是列表显示。

17.9 信息统计

本系统中的信息统计包括销售排行榜和关注排行榜。

17.9.1 销售排行

销售排行是对已经售出的商品做统计,筛选出最受欢迎的商品。关注排行则是对客户浏览的商品做统计,筛选出最受关注的商品。两者实质上都是从数据库中选出记录集,然后列表,将这些记录集显示出来。

下面分析的"销售排行"的部分主要是数据库操作。

sold.asp
     ……

```
set rs=server.CreateObject("adodb.recordset")
        rs.open  "select  id,prename,name,company,mark,intro,introduce,predate,productdate,
pretype,type,viewnum,price,price1,price2,other,grade,discount,pic from product order by solded
desc",conn,1,1

if err.number<>0 then
response.write "<p align='center'>数据库中暂时无数据</p>"
end if
......
```

solded标识的是商品的销售数量，SQL语句最后的"order by solded desc"是指将所有的记录按照solded字段的值降序排列。这样的效果，就是所有的商品列表时，按照销售业绩降序显示。

17.9.2 关注排行

实现"关注排行"功能的代码在hot.asp中，主要的选择数据集的代码如下：

```
......
set rs=server.CreateObject("adodb.recordset")
rs.open "select  id,prename,name,company,mark,intro,introduce,predate,  productdate,pretype,
type,viewnum,price,price1,price2,other,grade,discount,pic  from    product  order  by  viewnum
desc",conn,1,1
......
```

这个SQL语句完成的是，从数据库存储商品信息的product表中，选出所有需要的商品的信息，然后按照浏览次数（viewnum）降序排列。

17.10　程序发布

本系统的源代码文件在随书的电子资料包中，程序的部署过程相对简单。

配置好IIS服务器之后，只需将应用（假设应用名为ebuy）完全复制至Inetpub/wwwroot目录下即可。这时打开浏览器，在地址栏键入http://localhost/ebuy/index.asp，如果可以显示如图17-1所示的界面，则说明部署成功。

修改数据库文件的属性。在X:\Inetpub\wwwroot\ebuy\admin\database下有数据库文件#TimesShop.mdb。在数据库文件上单击鼠标右键，选择"属性"命令，弹出如图17-34所示的对话框。在"安全"选项卡中，单击"编辑"按钮，为客户IUSR添加"写入"权限，如图17-35所示，否则访问数据库时会出错。

电子商务网站设计综合实例

Chapter 17

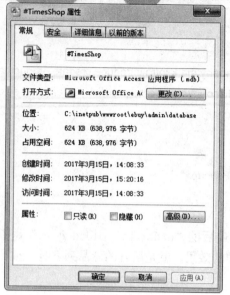

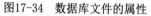

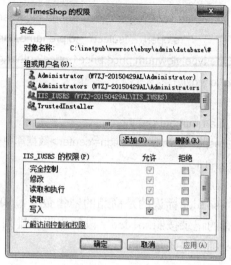

图17-34　数据库文件的属性　　　　图17-35　修改数据库文件的"安全"属性

至此，一个Web商业应用的前台已经具备了。但是作为一个真正的商业应用，还需要有完善的后台管理界面与支持。后台管理模块可以实现订单管理、商品信息管理、客户管理和网站配置管理等内容。"订单管理"模块用于维护和修改客户的订单；"商品信息管理"模块用于修改或删除库中已有商品信息，添加新的商品信息；"客户管理"模块用于维护前、后台的客户信息；"网站配置管理"模块用于实现一些诸如新闻、公告等的系统设置，以及对与客户交流的"意见反馈"和"留言板"进行管理。由于篇幅所限，后台管理的页面及功能本书不做介绍，读者可以依照前台的设计方法完成后台的设计。

此外，还有一些因素需要考虑，其中一个很重要的因素就是可扩展性。很多的Web应用开发之初由于受资金、技术条件的限制，没有经过大规模的测试，到了真正部署，投入运行之后，才发现客户访问Web站点会变得出奇地慢，甚至几乎变得不可使用。一个Web应用的访问量是难以估计的，一个成功的站点的访问量可能会在短期内获得巨大和持续的攀升，因此应用必须是可以扩展的。可扩展的应用必须更多地考虑与数据库的连接技术（connection pool）和缓存技术等。

另外一个需要重点考虑的问题是Web应用的安全性，如对重要的模块数据使用加密传输。安全性是一个永远的话题，加密传输和证书认证是有效的手段。对此有兴趣的读者可以参阅相关的书籍加印了解。